电气自动化控制与安全管理

吴士涛　闫瑾　梁磊◎著

燕山大学出版社
·秦皇岛·

图书在版编目(CIP)数据

电气自动化控制与安全管理 / 吴士涛，闫瑾，梁磊著. — 秦皇岛:燕山大学出版社，2022.12

ISBN 978-7-5761-0487-5

Ⅰ. ①电… Ⅱ. ①吴… ②闫… ③梁… Ⅲ. ①电气控制系统－研究 Ⅳ. ①TM921.5

中国国家版本馆CIP数据核字(2023)第021085号

电气自动化控制与安全管理

DIANQI ZIDONGHUA KONGZHI YU ANQUAN GUANLI

吴士涛　闫　瑾　梁　磊　著

出 版 人:陈　玉

责任编辑:孙志强　　**策划编辑**:刘韦希

责任印制:吴　波　　**封面设计**:刘韦希

出版发行:燕山大学出版社 YANSHAN UNIVERSITY PRESS　　**电　　话**:0335-8387555

地　　址:河北省秦皇岛市河北大街西段438号　　**邮政编码**:066004

印　　刷:涿州市般润文化传播有限公司　　**经　　销**:全国新华书店

开　　本:710mm×1000mm　1/16　　**印　　张**:17.5

版　　次:2022年12月第1版　　**印　　次**:2022年12月第1次印刷

书　　号:ISBN 978-7-5761-0487-5　　**字　　数**:286千字

定　　价:70.00元

作者简介 ABOUT THE AUTHOR

吴士涛(1973.12—　),男,汉族,山东泰安人,研究生学历,副教授,研究方向是电气控制、电力系统及其自动化、运动控制系统(变频驱动)、传感器与智能仪表等。毕业后曾在国有企业从事技术开发和管理工作,担任技术科科长。来山东科技大学任教后一直从事电气工程与自动控制方面的教学和科研工作,形成了独特的六化循遁教研法,深受师生欢迎,多次获得山东科技大学优秀教师、学生心目中的好老师、师德先进个人、教学能手、教学标兵等荣誉称号。近几年来,主持科研项目十余项,获得专利6项,编写教材3部,发表论文数篇。

冯雨剑(1988.02—　),男,汉族,江西九江人,毕业于景德镇陶瓷大学自动化专业。本科学历,工业电器工程师、高级电气工程师,研究方向是机电设计制造、配网自动化、中高压智能开关、物联网、智能传感技术。现就职于红光电气集团有限公司,任技术总监一职。长期致力于中高压开关的设计研究,在真空断路器、负荷开关、隔离开关、熔断器等产品的研究方面有较深的造诣,尤其是在智能开关方面的配网自动化、智能在线监测及智能传感技术、一二次融合技术、馈线自动化应用技术等方面。2019年9月取得JYPC颁发的高级电气工程师证书,有5项发明专利,2项软著。

梁磊(1989.10—　),男,汉族,湖南耒阳人,本科学历,中级职称(市政+电力),研究方向是工程安全质量管控。国家注册安全工程师,经济师。目前就职于深圳市属国企特区建工集团旗下天健坪山建设工程有限公司,历任安全工程师、安全主任、项目经理等职,主要从事安全质量管理工作,尤其对电力安全管理有较为丰富的经验。

前　言 PREFACE

随着我国经济水平的不断提高，科学技术的不断发展，我们已经进入了科技时代，电气工程及其自动化技术凭借其显著的发展优势逐渐融入人们的生活当中，许多行业的发展都已经无法离开电气工程及其自动化技术。同时，电气工程及其自动化属于一门综合性学科，主要建立在信息技术之上，在一定程度上带动了我国工业信息化的发展。电气自动化控制技术是工业现代化的重要标志和现代先进科学的核心技术，是使产品的操作、控制和监视，能够在无人（或少人）直接参与的情况下，按预定的计划或程序自动进行的技术。其具有提高工作的可靠性、运行的经济性、劳动生产率，改善劳动条件等作用，能够增强人类认识世界和改造世界的能力。

但是，在电能的转换与传递过程中，有可能对人、对电气线路与设备本身、对环境造成危害，同时这个过程受人的行为及环境影响。电能的转换与传递是在电气线路与电气设备中完成的。在这个过程中，因线路与设备自身缺陷（如设计缺陷、材料缺陷、制造与安装缺陷等）、运行过程中的故障（如短路、过载、缺相、接地、漏电等）等原因，可能会导致电气安全事故。这不仅会对设备本身造成损坏，而且还会危及人身安全以及对周围环境造成影响。人的行为，以及雷电、静电、高温、高湿、易燃易爆等环境因素也会影响这个过程的安全。基于以上风险，本书根据可能出现的触电、电气火灾、电气线路与设备事故、雷电、静电、电磁辐射等危害及防护技术，整理了电气安全管理的方法。

随着信息技术的发展，电气自动化、智能化的运用越来越广泛，电气系统设备的控制和安全管理也越来越重要。电气系统需要按照专业化的系统控制要求，才能更好地促使其自动化系统的形成，为电气控制系统更好地应用于社会生活奠定基础。而随着电气自动化技术的不断发展，电气设备和系统控制过程中对专业化的要求也越来越高，电气自动化行业的相关从业人员必须通过更加专业化、系统化的学习和研究，来适应这种科技与社会的进步，更要以较高的标准要求自己，为整个电气自动化技术的发展作出自己应有的贡献。

目 录 CONTENTS

第一章 电气自动化控制技术概述

第一节 电气自动化控制技术的概念

一、电气自动化控制技术概述

电气自动化是一门与电气工程相关的科学。我国的电气自动化控制系统经历了几十年的发展,分布式控制系统相对于早期的集中式控制系统具有可靠、实时、可扩充的特点,集成化的控制系统则更多地利用了新科学技术的发展,功能更为完备。电气自动化控制系统的功能主要包括:控制和操作发电机组,实现对电源系统的监控,对高压变压器、高低压厂用电源、励磁系统等进行操控。电气自动化控制技术系统可以分为:定值、随动、程序控制系统三大类,大部分电气自动化控制系统是采用程序控制以及采集系统。电气自动化控制系统对信息采集具有快速、准确的要求,同时对设备的自动保护装置的可靠性以及抗干扰性要求很高。电气自动化具有优化供电设计、提高设备运行与利用率、促进电力资源合理利用的优点。

电气自动化控制技术由网络通信技术、计算机技术以及电子技术高度集成,所以该项技术的覆盖面积相对较广,同时也对其核心技术——电子技术有着很大的依赖性。只有基于多种先进技术才能使其形成功能丰富、运行稳定的电气自动化控制系统,并将电气自动化控制系统与工业生产工艺设备结合后来实现生产自动化。电气自动化控制技术在应用中具有更高的精确性,并且其具有信号传输快、反应速度快等特点,如果电气自动化控制系统在运行阶段的控制对象较少且设备配合度高,则整个工业生产工艺的自动化程度便相对较高,这也意味着该种工艺下的产品质量可以提升至一个新的水平。现阶段基于互联网技术和电子计算机技术而成的电气自动化控制系统,可以实现对工业自动化生产线的远程监控,通过中心控制室来实现对每一条自动化生产线运行状态的监控,并且根据工业生产要求随时对其生产参数进行调整。①

电气自动化控制技术是由多种技术共同组成的,其主要以计算机技术、网络技术和电子技术为基础,并将这3种技术高度集成于一身。所以,电气自动化控制技术需要很多技术的支持,尤其是对这3种主要技术有着很强的依赖性。电气自动化技术充分结合各项技术的优势,使电气自动化控制系统具有更多功能,能更好地服务于社会大众。应用多领域的科学技术研发出的电气自动化控制系统,可以和很多设备产生联系,从而控制这些设备的工作过程。在实际应用中,电气自动化控制技术反应迅速,而且控制精度高。当电气自动化只需要负责控制相对较少的设备与仪器时,这个生产链便具有较高的自动化程度,而且生产出的商品或者产品,质量也会有所提高。在新时期,电气自动化控制技术充分利用了计算机技术以及互联网技术的优势,还可以对整个工业生产工艺的流程进行监控,按照实际生产需要及时调整生产线数据,来满足实际生产的需求。

二、电气工程自动化控制技术的要点分析

(一)自动化体系的构建

自动化系统的建设对于电气工程未来的发展非常必要。我国电气工程自动化控制技术研发的时间并不短,但实际使用时间不长,目前的技术水平还比较低,加上环境、人为、资金等多种因素的影响,使得我国的电气自动化建设更为曲折,对电气工程的影响很大。因此,需要建立一个具有中国特色的电气自动化体系,在排除影响因素、降低建设成本的情况下,还要提高工程的建设水准。另外,还要有先进的管理模式,以保证自动化系统的有效发展。通过有效管理,保证在构建自动化体系过程中,不存在“滥竽充数”的情况。

(二)实现数据传输接口的标准化

建立标准化的数据传输接口,以保证电气工程及其自动化系统的安全,是实现高效数据传输的必要因素。由于受到各种因素的干扰,在系统设计与控制过程中有可能出现一些漏洞,这也是电气工程自动化水平不高的另一个重要原因。所以,相关人员应保持积极的学习态度,学习国外先进的设计方案和控制技术,善于借鉴国外优秀的设计方案,实现数据传输接口的标准化,以确保在使用过程中,程序界面可以完美对接,提高系

①杨馥华. 电气自动化专业实训教学方法创新与实践[J]. 电气电子教学学报, 2022, 44(2):188-190.

统的开发效率，节省成本和时间。

（三）建立专业的技术团队

电气工程操作过程中，有些问题是因人员素质较低造成的。目前，许多企业员工技术水平不高，在设备设计和安装过程中，存在很多不安全因素，增加了设备损坏的概率，甚至可能导致故障和安全事故。所以，企业在管理过程中，一方面要以正确的方式，加大对现有人员的专业技术水平培训力度，如职前培训；另一方面也可以招收高质量、高水平的人才，为电气工程自动化控制技术提供可靠的保障，将人为因素导致的电气故障率降到最低。

（四）计算机技术的充分应用

当今社会已是网络化时代，计算机技术的发展对各行各业都产生了非常重要的影响，为人们的生活带来了极大的方便。如果在电气工程自动化控制中融入计算机技术，就可以推动电气工程向智能化方向发展，促进集成化和系统化电气工程的实现。特别是在自动控制技术中的数据分析和处理上，可以起到巨大的作用，大大节省了人力，提高了工作效率，可以实现工业生产自动化，也大幅度提高了控制精度。

三、电气自动化控制技术基本原理

电气自动化控制技术的基础是对其控制系统设计的进一步完善，主要设计思路是集中于监控方式，包括远程监控和现场总线监控两种。在电气自动化控制系统的设计中，计算机系统的主要作用是对所有信息进行动态协调，并实现相关数据储存和分析的功能。计算机系统是整个电气自动化控制系统运行的基础。在实际运行中，计算机主要完成数据输入与输出的工作，并对所有数据进行分析处理。通过计算机快速完成对大量数据的一系列处理操作从而达到系统控制的目的。

在电气自动化控制系统中，启动方式是非常多的，当电气自动化控制系统功率较小时，可以采用直接启动的方式实现系统运行，而在大功率的电气自动化控制系统中，要实现系统的启动，必须采用星形或者三角形的启动方式。除了以上两种较为常见的控制方式以外，变频调速也作为一种控制方式在一定范围内得到应用。从整体上说，无论何种控制方式，其最终目的都是保障生产设备安全稳定的运行。

电气自动化系统是将发电机、变压器组以及厂用电源等不同的电气系统的控制纳入 ECS 监控范围，形成 220 kV/500 kV 的发变组断路器出口，实现对不同设备的操作和开关控制。电气自动化系统在调控系统的同时，也能对其保护程序加以控制，包括励磁变压器、发电组和高厂变。其中发变组断路器出口用于控制自动化开关，除了自动控制，还支持对系统的手动操作控制。

一般集中监控方式不对控制站的防护配置提出过高要求，因此系统设计较为容易，设计方法相对简单，方便操作人员对系统的运行维护。集中监控是将系统中的各个功能集中到同一处理器，然后对其进行处理，因为内容比较多，处理速度较慢，这就使得系统主机冗余降低、电缆的数量相对增加，在一定程度上增加了投资成本，与此同时，长距离电缆容易对计算机引入干扰因素，这对系统安全造成了威胁，影响了整个系统的可靠性。集中监控方式不仅增加了维护量，而且有着复杂化的接线系统，这提高了操作失误的发生概率。

远程控制方式的实现需要管理人员在不同地点通过互联网联接需要被控制的计算机。这种监控方式不需要使用长距离电缆，降低了安装费用，节约了投资成本。然而这种方式的可靠性较差，远程控制系统的局限性使得它只能在小范围内适用，无法实现全厂电气自动化系统的整体构建。

四、电气自动化控制技术现存的缺点

相对于之前的电气工程技术来说，电气自动化技术有很大的突破，能够提高电气工程工作的效率和质量，增加了工作的精确性和安全性，在发生故障时可以立刻发出报警信号，并可以自动切断线路。所以电气自动化技术能够保证电网的安全性、稳定性以及可信赖性。电气自动化技术，因为是自动化，所以相对于之前的人工操作来说，大大节约了劳动力成本，也减轻了施工人员的工作任务量。而且，电气工程之中安装了卫星定位装置，能够准确地找到故障所在处，很好地保护了电气系统，减少了损失。自动化控制的优点还有很多，但仍不能忽视其缺点的存在。

（一）能源消耗现象严重

众所周知，电气工程是一项特别耗费能源的技术工程，因为没有能源的支撑就无法实施电气工程。但是在现代生活中，能源的利用率较低，这阻碍了电气工程的长效发展，所以电气工程必须提升能源的利用率，才能在节能的基础上保障电气自动化技术的发展。纵观现在的工业企业，在节约能源方面还存在欠缺，不论是设计还是技能方面都缺少节能意识。这是工程设计师亟待解决的问题。

(二)质量存在隐患

目前有不少企业都存在这样一个误区,只重视生产结果而忽视质量的好坏。不论是管理机制还是发展模式都不够健全,也使得电气行业发展停滞。现在随着人们安全意识的逐步提升,质量安全的关注又成了焦点,对于一个企业来说,质量的优劣关乎其生存淘汰,尤其是质量安全事故频发的工业、企业,设备的质量以及安全性对于企业的发展都起到至关重要的作用。

(三)工作效率偏低

生产力发展决定了企业生产的效率,生产力发展的水平对企业效益的影响是非常重要的。我国电气工程以及自动化技术在改革开放以来取得了非常优异的成绩,当然工作效率较低也是不可疏忽的。工作效率的偏低主要因素来源于三个方面:生产力水平、使用方法以及应用范围。企业在电气工程自动化技术方面是否能够熟练操作,直接影响到企业经济效益以及企业是否能长久地发展下去。

(四)尚未形成电气工程网络架构的统一标准

从目前的发展情况来看,电气工程与自动化技术二者实现高度融合已是大势所趋,一旦有所突破将直接提升工业的生产效率以及精准度。但想要得到进一步的发展,还需要先建立统一的网络架构。由于不同企业之间存在很大的差异,并且各个生产厂家在生产硬软件设备时未统一规范性的程序接口,导致很多信息数据不能共享,这也会为电气工程自动化技术的发展带来一定的负面影响,最终影响了电气工程及其自动化作用的发挥。

五、加强电气自动化控制技术的建议

(一)电气自动化控制技术与地球数字化互相结合的设想

电气自动化工程与信息技术很好结合的典型的表现方法就是地球数字化技术。这项技术中包含了自动化的创新经验,可以把大量的、高分辨率的、动态表现的、多维空间的和地球相关的数据信息融合成为一个整体,成为坐标,最终成为一个电气自动化数字地球。将整理出的各种信息全部放入计算机中,与网络互相结合。人们不管在任何地方,只要根据整理出的地球地理坐标,便可以知道地球任何地方关于电气自动化的数据信息。

(二)现场总线技术的创新使用,可以节省大量的电气自动化成本

电气自动化工程控制系统中大量运用了现场总线与以太网为主的计算机网络技术,经过了系统运行经验的逐渐积累,电气设备的自动智能化也飞速地发展起来。在这些条件的共同作用下,网络技术被广泛地运用到了电气自动化技术中,所以现场的总线技术也由此产生。这个系统在电气自动化工程控制系统设计过程中更加凸显其目的性,为企业最底层的设施之间提供了通信渠道,有效地将设施的顶层信息与生产的信息结合在一起。针对不一样的间隔会发挥不一样的作用,根据这个特点可以对不一样的间隔状况分别实行设计。现场总线的技术普遍运用在了企业的底层,初步实现了管理部门到自动化部门存取数据的目标,同时也符合了网络服务于工业的要求。与DCS进行比较,可以节约安装资金、节省材料、可靠性能比较高,同时节约了大部分的控制电缆,最终实现节约成本的目的。

(三)加强电气自动化企业与相关专业院校之间的合作

首先,鼓励企业到电气自动化专业的学校中去设立厂区、建立车间,进行职业技能培训、技术生产等,建立多种功能汇集在一起的学习形式的生产试验培训基地。走入企业进行教学,积极建设校外的培训基地,将实践能力和岗位实习充分结合在一起。扩展学校与企业结合的深广程度,努力培养订单式人才。按照企业的职业能力需求,制定出学校与企业共同研究培养人才的教学方案以及相关的理论知识的学习指导。

(四)改革电气自动化专业的培训体系

第一,在教学专业团队的协调组织下,对市场需求中的电气自动化系统的岗位群体进行科学研究,总结这些岗位群体需要具有的理论知识和技术能力。学校组织优秀的专业的教师,根据这些岗位群体反映的特点,制定与之相关的教学课程,这就是以工作岗位为基础形成的更加专业化的课程模式。

第二,将教授、学习、实践这三方面有机地结合起来,把真实的生产任务当作对象,重点强调实践的能力,对课程学习内容进行优化处理,专业学习中至少一半的学习内容要在实训企业中进行。教师在教学过程中,利用行动组织教学,让学生更加深刻地理解将来的工作程序。

随着经济全球化的不断发展和深入,电气自动化工程控制系统在我国社会经济发展中占有越来越重要的地位。本节介绍了电气自动化工程控制系统的现状,电气自动化工程控制系统信息技术的集成化,使电气自

动化工程控制系统维护工作变得更加简便。同时还总结了一些电气自动化系统的缺点，并根据这些缺点提出了使用现场总线的方法，不仅节省了资金和材料，还提高了可靠性。根据电气自动化系统现状分析了其发展趋势，电气自动化工程控制系统要想长远发展下去就要不断地创新，将电气自动化系统进行统一化管理，并且要采用标准化接口，还要不断进行电气自动化系统的市场产业化分析，保证安全地进行电气自动化工程生产，保证这些条件都合格时还要注重加强电气自动化系统设备操控人员的教育和培训。此外，电气自动化专业人才的培养应该从学生时代开始，要加强校企之间的合作，使员工在校期间就能掌握良好的职业技能。只有这样的人才能为电气自动化工程所用，才能利用所学的知识更好地促进电气自动化行业的发展壮大，为社会主义市场经济的建设添砖加瓦。

第二节 电气自动化控制技术的发展

一、电气自动化控制技术的发展历程

信息时代的快速发展，让信息技术的运用更加方便快捷。信息技术逐步渗透到电气自动化控制技术中，达到电气自动化系统的信息化。在此过程中，管理层被信息技术渗透，来提高业务处理和信息处理的效率，确保电气自动化控制技术实现全方位的监控，提高生产信息的真实性。同时，这种渗透作用确保了设备和有效控制系统、强大了通信能力、推广了网络多媒体技术。

电气自动化属于中国工业化之中不可或缺的内容，由于它有先进技术来指导，所以中国的电气自动化技术的进步是非常快的，早已渗透到社会生产中的各个行业。但目前我国给予电气自动化的重视程度以及投入还是远远不够的，中国电气自动化的发展还处于缓慢阶段，而且目前我国电气自动化技术还有许多问题需要解决。由于电气自动化技术已经广泛应用在我们的生活和生产之中，因此人们对电气自动化技术也有了更高要求，电气自动化技术发展已经迫在眉睫。

电气自动化控制技术发展的历史也比较久远，其起源可追溯到20世纪50年代。早在20世纪50年代，电机电力技术产品应运而生，当时的自动化控制主要为机械控制，还未实现电气自动化控制的实质性发展。第

一次产生了“自动化”这个名词，于是电气自动化技术就从无到有为，后期的电气自动化控制研究提供了基本思路，为电气自动化控制技术奠定了基础。进入到20世纪80年代，计算机网络技术的迅速崛起与发展，网络技术基本成熟，这一时期形成了计算机管理下的局部电气自动化控制方式，其应用范围较小，对于系统的复杂程度也有一定要求，如电网系统过于复杂，易出现各类系统故障。但不可否认，这一阶段促进了电气自动化控制技术的基本体系与基础结构的形成。

进入21世纪，高速网络技术、计算机处理能力、人工智能技术的逐步发展和成熟，促进了电气自动化控制技术在电力系统中的应用，电气自动化控制技术真正形成，其以远程遥感、远距离监控、集成控制为主要技术，电气自动化控制技术的基础也因此形成。且随着时代的不断发展，电气自动化控制技术日臻完善，电力系统逐步走向网络智能化、功能化和自动化。随着信息技术的发展，网络技术的发展，电子技术、智能控制技术等都得到快速发展。因此，电气自动化技术也适应社会经济发展的时代要求，并得到快速发展，且逐渐成熟。同时，为了适应社会发展的需求，主要院校开始建立了电气自动化专业，并培养了一批优秀的技术人员。随着电气自动化技术应用越来越广泛，在企业、医学、交通、航空等各方面都得到广泛应用与发展。这样一来，普通高等院校、职业技术学院、大专院校等都建立了自动化控制技术专业。可以这样说，电气自动化控制技术在我国经济发展过程中发挥着越来越重要的作用。①

如今，我国工业化技术水平越来越高，电气自动化控制技术已在各企业得到广泛应用，尤其对于新兴企业，电气自动化控制技术成为现代企业发展的核心技术。越来越多的企业使用机器设备来代替劳动生产力，节约了人工成本，提高了工作效率，同时也提高了操作的可靠性。电气自动化控制技术已成为现代化企业发展的重要标志。自动化设备的使用改善了劳动条件，降低了劳动强度，很多的重体力劳动都通过机器设备的使用得以完成。为了顺应时代的发展，很多高等院校也开设了电气自动化控制技术专业，此专业已成为一种热门，更重要的一点是，此专业的知识与社会的发展相适应，也能用于人们的日常生活中，给生活和生产都带来便利。这种技术发展迅速，且相对成熟，广泛应用于高新技术行业，推动着整个经济社会的快速发展。电气自动化控制技术的应用也十分广泛，在工业、农业、国防等领域都得到应用与发展。电气自动化控制技术的发

①李慧．PLC在煤矿电气自动化过程中的应用研究[J]．矿业装备，2022(2):4-5.

展，对整个社会经济发展有着十分重要的意义。电气自动化控制技术的发展能够提升城市品位和城市居民生活质量，是适应人们日益增长的物质生活条件的必然产物。

二、电气自动化控制技术的发展特点

电气自动化系统是适应未来社会的发展而出现的，可以促进经济发展，属于现代化所需要的系统。当今的企业之中，有许多的用电设施，不仅其工作量巨大，而且其过程也是十分复杂，一般电气设施的工作周期都是很久，能够维持在一个月至数个月。另外，电气设施工作的速度很快，必须有相应的装置来确保电气设施的稳定安全。结合电气设施所具有的特点，电气自动化系统和电气设施之间可以进行融合，管理的效果非常好。而且，企业运用了电气自动化平台以后，其电气设施的工作效率也相应提高。尽管电气自动化系统的优越性有很多，但现今的电气自动化系统研究还不是很成熟，还有许多问题，应对其进行完善。所以需要给予电气自动化足够的重视，加强电气自动化方面的研究，提高劳动生产率。

（一）电气自动化信息集成技术应用

信息集成技术应用于电气自动化技术主要包括两个方面：一是，信息集成技术应用在电气自动化的管理之中。如今，电气自动化技术不只是在企业的生产的过程得到应用，在进行企业生产管理的时候也会应用到。采用信息集成技术管理企业生产运营记录的所有数据，并对其进行有效的应用。集成信息技术能够对生产过程所产生的数据有效地进行采取、存储、分析等。二是，可以利用信息集成技术有效地管理电气自动化设备，而且通过对信息技术的利用，能提高设备自动化水平和生产效率。

（二）电气自动化系统检修便捷

如今，很多的行业都采用了电气自动化设备，尽管它的种类很多，但应用系统还是比较统一的，主要电气自动化系统是WindowsNT以及IE，形成了标准的平台。而且也应用到PLC控制系统，管理电气自动化系统，其操作比较简便，非常适用于生产活动当中。通过PLC系统和电气自动化系统两者的结合，使得电气自动化智能水平提高了许多，其操作界面也走向人性化，若是系统出现问题则可在操纵过程中及时发现，还有自动恢复功能，大大减轻了相应检修和维护工作，可避免设备故障而影响到生产，并且电气自动化设备应用效率也会提高。

（三）电气自动化分布控制技术的广泛应用

电气自动化技术的功能非常多，而且它的系统分很多部分。一般控制系统主要分为两种：①设备的总控制部分，通过相应的计算机信息技术控制整个电气自动化设备。②电气设备运行状况监督与控制部分，这属于总控制系统的一个分支，靠它来完成电气自动化系统的正常运行。总控制和分支控制两者的系统主要是通过线路串联，总控制系统能够得到有效进行控制的同时，分支控制系统也能够把收集的信息传递至总控制系统，可以有效地对生产进行调整，确保生产顺利进行。

三、电气自动化控制技术的发展现状

我国在现阶段，针对技术的关注度较高，希望应用系列的自动化技术将众多的工作任务更好地完成，减少以往的缺失与不足。电气自动化的开发和利用，将许多工作都进行了全面的改善处理。一般而言，电气自动化落实以后，可以在无人看管的情况下完成生产、监督、问题处理等，更大程度地减少了劳动力，对国家发展起到了很大的积极作用。与此同时，我们不能仅满足于当下的成就，还必须从长远的角度出发，确保电气自动化的发展方向更加多元化。

（一）平台开放式发展

OPC（OLE for Process Control）技术的出现，IEC61131的颁布，以及Microsoft的Windows平台的广泛应用，与未来的电气自动化控制技术相结合，计算机对于促进这些发挥着至关重要的作用。EC61131标准使得编程接口标准化。目前，世界上有2000多家PLC厂商，近400种PLC产品，虽然不同产品的编程语言和表达方式各不相同，但是IEC61131使得各控制系统厂商的产品编程接口标准化。IEC61131同时定义了它们的语法和语义。这就意味着不会有其他的非标准的语言出现。IEC61131已经成为一个国际化的标准，正被各大控制系统厂商广泛接受。

Windows正成为事实上的工控标准平台。微软技术如WindowsNT、WindowsCE和Internet Explore已经成为工业控制的标准平台、语言和规范。PC和网络技术已在商业和企业管理中得到广泛应用。在电气自动化领域，基于PC的人机界面已成为主流，基于PC控制系统由于其灵活性和易于集成的特点正在被更多用户所使用。在控制层采用Windows作为操作系统平台有很多好处，例如易于使用、维护，并且可以与办公平台进行简单的集成。

（二）现场总线和分布式控制系统的应用现场总线

现场总线是一种串行的数字式、通信总线，双向传输的分支结构的通信总线，可以连接智能设备和自动化系统。它通过一根串行电缆将位于中央控制室内的工业计算机、监视/控制软件和PLC的CPU与位于现场的远程I/O站、变频器、智能仪表、马达启动器、低压断路器等设备连接起来，并将这些现场设备的大量信息采集到中央控制器上来。分布式控制意味着PLC、I/O模块和现场设备通过总线连接起来，并将输入/输出模块转换成现场检测器和执行器。

（三）IT技术与电气工业自动化

PC、客户机/服务器体系结构、以太网和Internet技术引发了电气自动化的一次次革命。正是市场的需求驱动着自动化和IT平台的融合，电子商务的普及将加速这一过程。

信息技术对工业世界的渗透主要来自两个方向：一是从管理层纵向的渗透。企业的业务数据处理系统要对当前生产过程的数据进行实时的存取。二是信息技术横向扩展到自动化的设备、机器和系统中。信息技术已渗透到产品的所有层面，不仅包括传感器和执行器，而且还包括控制器和仪表。Internet/Intranet技术和多媒体技术在自动化领域也有着良好的应用前景。企业管理层利用标准的浏览器可以实现存取企业财务、人事等管理数据的功能，也可以对当前生产过程的动态画面进行监控，在第一时间了解最全面和准确的生产信息。虚拟现实技术和视频处理技术的应用，将对未来的自动化产品，如人机界面和设备维护系统的设计产生深远的影响。信息技术革命的原动力是微电子和微处理器的发展。随着微电子和微处理器技术应用的普及，原本定义明确的设备界限，如PLC、控制设备和控制系统逐渐变得模糊了。相对应的软件结构、通信能力及易于使用和统一的组态环境逐渐变得重要了，软件的重要性也在不断提高。

（四）电气自动化工程中的分散控制系统

分散控制系统的基础是以微处理机，加上微机分散控制，融合了先进的CRT技术、计算机技术和通信技术，是新型的计算机控制系统。生产过程中，它利用多台计算机来控制各个回路，这个控制系统技术的优势在于能够集中获取数据，并对这些数据进行集中管理和实施重点监控。当前计算机和信息技术飞速发展，分散控制系统的特点变得网络化和多元化，不同型号的分散系统可以同时并入连接相互进行信息数据的交换，然后将不同分散系统的数据经过汇总后再并入互联网，与企业的管理系统连接起来。DCS的系统控制功能可以分散开，在不同的计算机设置的系统结构采取的是容错设计，将来即使出现计算机瘫痪故障，也不会影响到整个系统的正常运行。如果采用特定的软件和专用的计算机，将更能提高电气自动化控制系统的稳定性。

四、电气自动化控制技术的发展趋势

电气自动化控制技术的发展趋势应该是分布式、开放化和信息化。分布式的结构是一种能确保网络中每个智能的模块独立工作的网络，达到系统危险分散的目的；开放化则是系统结构具有与外界的接口，实现系统与外界网络的连接；信息化则使系统信息能够进行综合处理，与网络技术结合实现网络自动化和管控一体化。在开创"电气自动化"新局面的时候，要牢牢把握从"中国制造"到"中国创造"的转变。在保持产品价格竞争力的同时，中国企业需要寻找一条更为健康的发展道路。"电气自动化"企业要不断吸收高新技术的营养，才能为开创"电气自动化"的新局面增添动力。要全面把握"科学发展观"的基本内涵和精神实质，结合本地区、本部门、本行业的客观实际，按照"以人为本、全面协调可持续发展的要求"，认真寻找差距，总结经验教训，转变发展观念，调整发展思路，切实把思想和行动统一到"科学发展观"的要求上来，把"科学发展观"贯彻到改革开放和我国"电气自动化"进一步实现现代化、国际化和全球化的过程上来。

（一）不断提高自主创新能力（智能化）

电气自动化控制技术正向智能化方向发展。随着人工智能的出现，电气自动化控制技术有了新的应用。现在很多生产型企业都已应用了电气自动化控制技术，减少了用工人数，但是，在自动化生产线运行过程中，还要通过工人来控制生产过程。结合人工智能研发出的电气自动化控制系统，可以再次降低企业对员工的需要，提高生产效率，解放劳动力。

在市场中，电气自动化产品占的份额非常大，大部分企业选用电气自动化产品。所以电气自动化的生产商想要获得更大的利益，就要对电气自动化产品进行改进，实行技术创新。对企业来说，加大对产品的重视度是非常必要的，要不断提高企业的创新能力，进行自主研发，适时进行电气自动化的开发。而且，做好电气自动化系统维护对电气自动化产品生产来说有极大的作用，这就要求生产型企业将系统维护工作做好。

（二）电气自动化企业加大人才要求（专业化）

随着电气行业的发展，我国也逐渐加大了对电气行业方面的重视，对电气企业员工综合素质的要求也越来越高，而且企业想让自己的竞争力变强，就要求员工不断提高技能。所以，企业要经常对员工进行电气自动化专业培养，重点是专业技术的培养，实现员工技能与企业同步。但目前在我国，电气自动化专业人才存在就业面窄的问题，国家也因此进行了一些整改，拓宽它的领域。尽管如此，电气行业发展迅速，人才需求量还有很大的缺口。所以高等院校要加大电气专业人才的培养力度，以填补市场上专业性人才的缺口。

针对自动化控制系统的安装和设计过程，时常对技术员工进行培训，提高了技术人员的素质，扩大培训规模也会让维修人员的操作技术变得更加成熟和完善，自动化控制系统朝着专业化的方向大踏步前进。随着技术培训不断增多，实际操作系统的工作人员也必将得到很大的帮助，培训流程的严格化、专业化，提高了他们的维修和养护技术，同时也加快了他们今后排除故障、查明原因的速度。

（三）逐渐统一电气自动化的平台（集成化）

电气自动化控制技术除了向智能化方向发展外，还会向高度集成化的方向发展。近年来，全球范围内的科技水平都在迅速提高，使得很多新的科学技术不断与电气自动化控制技术结合，为电气自动化控制技术的创新和发展提供了条件。未来电气自动化控制技术必将集成更多的科学技术，使电气自动化控制系统功能更丰富，安全性更高，适用范围更广。同时，还可以大大减小设备的占地面积，提高生产效率，降低企业生产成本。

推进控制系统一致性标志着控制系统的发展改革。一致性对自动化制造业有极大的促进作用，会缩短生产周期，并且统一养护和维修等各个生产环节，时刻立足于客观现实需要，有助于实现控制系统的独立化发展。将来，企业对系统的开发和进行生产的过程中，每个阶段都进行统一化，能够减少生产时间，提高劳动生产率，降低生产成本。为了让平台能够统一化发展，企业需要根据客户的需求，进行开发时采用统一的代码。

（四）电气自动化技术层次的突破（创新化）

虽然现在我国的电气自动化水平提高的速度很快，但该系统依然处在未成熟的阶段，还存在一些问题，包括信息不可以相互共享，致使该系统本有的功能不能被发挥出来。在电气自动化的企业当中，数据的共享需要网络来实现，然而我国企业的网络环境还不完善。不仅如此，共享的数据量很大，若没有网络来支持，而数据库出现事故时，就会致使系统平台停止运转。为了避免这种情况发生，加大网络的支持力度尤为重要。随着电力领域技术的不断进步，电气工程也在迅猛发展，技术环境日益开放，在接口方面自动化控制系统朝着标准化飞速前进。标准化进程对企业之间的信息沟通交流有极大的促进作用，方便不同的企业进行信息数据的交换活动，能够克服通信方面出现的一些障碍。还有，由于科学技术得到了较快发展，也将电气技术带动起来，目前我国电气自动化生产已经名列前茅，在某些技术层次上也处于很高水平。

通过对目前我国的自动化发展情况进行分析，我国在这方面的水平会不断得到提高，让我国的经济效益更好。整个技术市场大环境是开放型快速发展的，面对越来越残酷的竞争，各个企业为了适应市场，提高了自动化控制系统的创新力度，并且特别注重培养创新型人才，自主研发自动化控制系统，并取得一定成绩。企业在增强自身的综合竞争实力的同时，自动化控制系统也将不断发展创新，为电气工程的持续发展提供了技术层次的支撑和智力方面的保障。

第三节　电气自动化控制技术的影响因素

一、电子信息技术发展所产生的影响

如今，电子信息技术早已被人们所熟悉。它与电气自动化技术的发展关系十分紧密。相应的软件在电气自动化中得到良好应用，能够让电气自动化技术更加安全可靠。现在所处的时代是一个信息爆炸的时代，我们需要尽可能构建起一套完整有效的信息收集与处理体系，否则就无法跟上时代的步伐。因此，电气自动化的技术要想有突破性的进展，就需要我们能够掌握新的信息技术，通过自己的学习将电子技术与今后的工作有效地进行融合，找寻到可持续发展的路径，让电气自动化技术可以有更加良好的前景与发展空间。

信息技术的关键性影响。信息技术主要包括计算机、世界范围高速宽带计算机网络及通信技术，大体上讲就是指人类开发和利用信息所使用的一切手段，这些技术手段主要目的是用来处理、传感、存储和显示各种信息。现代信息技术又称为现代电子信息技术，它是建立在现代电子技术基础上并以通信、计算机自动控制等现代技术为主体将各个种类的

信息进行获取、加工处理并进行利用。现代信息技术是实现信息的获取、处理、传输控制等功能的技术。信息系统技术主要包括光电子、微电子以及分子电子等有关元器件制造的信息基础技术,主要是用于社会经济生活各个领域的信息应用技术。信息技术的发展取决于电气自动化中众多学科领域的持续技术创新。信息技术对电气自动化的发展具有较大的支配性影响。反过来信息技术的进步又同时为电气自动化领域的技术创新提供了更加先进的工具基础。①

二、物理科学技术发展产生的影响

20世纪后半叶,物理科学技术的发展对电气工程的成长起到了巨大的推动作用。电气自动化与物理科学间的紧密联系与交叉仍然是今后电气自动化的关键,并将拓宽到微机电、生物系统、光子学系统。因为电气自动化技术的应用属于物理科学技术的范围,所以,物理科学技术的快速发展,将会对电气自动化技术的发展以及应用发挥重大的、积极的促进作用。所以,要想电气自动化技术获得更好的发展,政府以及企业的管理者务必高度关注物理科学技术的发展状况,以免在电气自动化技术的发展过程中违背当前的物理科学技术的发展规律。

三、其他科学技术的进步所产生的影响

由于其他科学技术的不断发展,从而促进了电子信息技术的快速发展和物理科学技术的不断进步,进而推动了整个电气自动化技术的快速进步。除此之外,现代科学技术的发展以及分析、设计方法的快速更新,势必会推动电气自动化技术的飞速发展。

第四节 电气自动化技术发展的意义和趋势

随着我国人民生活水平的不断提高,人们越来越重视电气自动化控制系统的应用。电气自动化控制技术具有很多优点,比如智能化、节约化、信息化等。电气自动化技术给人们的生活和工作带来了极大的便利,对社会经济发展发挥着非常重要的作用。

随着电气自动化技术的发展,人们的生产和生活越来越便利,人们对

①赵榕. 电气自动化控制技术在煤矿生产中的应用探讨[J]. 矿业装备,2022(2):6-7.

电气自动化控制体系的关注日益增强。电气自动化技术具有的信息化、智能化、节约化等主要优势,可以持续促进社会经济的发展。基于此,政府部门和电气企业为满足市场发展过程中的相关需求,为促进电气自动化控制体系的智能化、开放化发展,应加大对电气自动化控制体系的投入力度,有效促进电气自动化控制体系功能的提升。

一、电气自动化技术发展的意义

20世纪50年代初,英国钢铁协会(BISRA)建立了电气设备弹跳方程和设备刚度的概念,将机器运行理论从单纯以经典力学知识为基础研究其变形规律转化为力学和自动控制理论相结合的统一研究,并建立了电气自动控制系统的数学模型,使得电气自动化控制研究从人工手动调节和电机压下阶段进入了自动控制阶段,实现了电气自动化控制史的一次重大突破。由于该自动控制系统的推广,使得制作出的产品在几何精度上有了较大提高,该系统也在一段时间内被广泛使用。而后随着计算机技术的飞速发展以及广泛应用,将计算机技术引入电气自动化控制中,再一次实现了自动化水平的飞跃,从此进入了计算机控制阶段。如今AGC在电气自动化生产中已相当成熟。①

随着电气自动化技术的不断发展,电气自动化控制设备已走向成熟阶段,我国消费群体及用户对电气自动化控制设备在性能与可靠性方面的要求越来越高,其中,提高电气自动化控制设备运行的可靠性是人们最基本的要求,这是因为具有可靠性的电气自动化控制设备可以将设备出现故障的概率控制在较小范围内,不仅提高了该设备的使用效率,还降低了使用单位的维护与管理方面的成本投入。所以,如何提高电气自动化控制设备的可靠性成为人们亟待解决的问题。

电气自动化控制设备的可靠性主要体现在以下几个方面:设备自身的经济性、安全性与实用性。按照实际生产经验来看,电气自动化控制设备的可靠性与产品生产和加工质量都有十分密切的关系,而电气产品生产和加工质量与电气自动化技术有关。由此可见,发展电气自动化技术对提高电气自动化控制设备的可靠性具有重要的意义。

二、电气自动化技术的发展趋势

IEC61131的颁布以及Microsoft的Windows平台的广泛应用,使得计算机技术在当前和未来电气自动化技术的发展过程中都将发挥十分重要

①刘嘉玮. 电气自动化在电气工程中的应用探究[J]. 矿业装备,2022(2):102-103.

的作用。IEC61131标准是国际电工委员会(简称IEC)提出的国际化电气自动化技术标准,目前被各种电气企业普遍运用。PC以太网和Internet技术、服务器架构引起了电气自动化的一次又一次革命。自动化和IT平台的融合是当前市场需求的必然趋势,而且范围不断扩大的电子商务也促进了这种结合。为了对自身的生产信息进行全方位的切实掌握,电气企业的管理者可以利用浏览器存储和调用企业内部的主要管理数据,还可以监控现有生产过程的动态画面。与此同时,Internet技术和多媒体技术在目前的信息时代和自动化发展过程中具备广阔的应用前景,使得电气自动化技术正在逐步由以往单一设施转化为集成化系统。此外,在未来的电气自动化产业中,虚拟现实技术和视频处理技术也会对其产生重大影响,如软件、组态环境、通信能力和软件结构在电气自动化控制体系中表现出重要性。为了便于读者理解,下面介绍四个方面电气自动化技术的发展趋势,具体内容如图1-1所示。

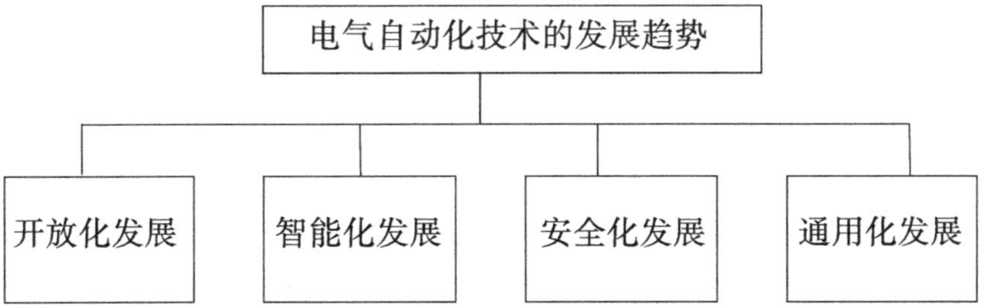

图1-1　电气自动化技术的发展趋势

(一)开放化发展

在研究人员将自动化技术与计算机技术融合后,计算机软件的研发项目获得了显著发展,企业资源计划(ERP体系)集成管理理念随着电气企业自动化管理的发展,受到了民众的普遍重视。ERP体系集成管理理念,是指对整个供应链的人、财、物等所有资源及其流程进行管理。现阶段,我国电气自动化技术正在朝着集成化方向发展。对此,研究电气自动化技术的工作人员应该加强对开放化发展趋势的重视。

电气自动化技术的开放化发展促进了电气企业工作效率的提升和信息资源的共享。与此同时,以太网技术的出现进一步推动电气自动化技术向开放化方向发展,使电气自动化控制体系在互联网和多媒体技术的协同参与中得到了升级。

(二)智能化发展

电气自动化技术的应用给人们的生产和生活带来了极大的便利。当前,电气自动化技术因以太网输送效率的提升面临着重大的发展机会和挑战。对此,相关研究人员应该重视电气自动化技术智能化发展的研究,以满足市场对电气自动化技术提出的发展要求,从而促使电气自动化技术在智能化发展的道路上走得更远,促进电气自动化技术的可持续发展。

目前,大部分电气企业着重研究和开发电气设备故障检测的智能化技术,这样做不仅可以提升电气自动化控制体系的安全性和可靠性,而且可以降低电气设备发生故障的概率。此外,大部分电气企业已对电气自动化技术的智能化发展有了一定的认识和看法,有些甚至已取得了阶段性的研究成果,如与人工智能技术进行了结合,这些都有效地促进了电气自动化技术朝着智能化方向发展。

(三)安全化发展

安全化是电气自动化技术得以在各个领域广泛应用的立足之本。为了确保电气自动化控制体系的安全运转,相关研究人员应该在降低电气自动化控制体系成本的基础上,对非安全型与安全型的电气自动化控制体系进行统一集成,确保用户可以在安全的状况下使用电气设备。为了确保网络技术的稳定性和安全性,相关研究人员应该站在我国现今电气自动化控制体系安全化发展的角度上,对电气设备硬件设施转化为软件设施的内容进行重点研究,使现有的安全级别向危险程度低的级别转化。

(四)通用化发展

目前,电气自动化技术正在朝着通用化的方向发展,越来越多的领域开始应用电气自动化技术。为了真正实现电气自动化技术的通用化,相关研究人员应该对电气设备进行科学设计、适当调试,并不断提高电气设备的日常维护水平,从而满足用户多方面的需求。当前越来越多的电气自动化控制体系开始普遍使用标准化的接口,这种做法有力地推动了多个企业和多个电气自动化控制体系资源数据的共享,实现了电气自动化技术和电气自动化控制体系的通用化发展,为用户带来更大的便利。在未来计算机技术与电气自动化技术结合的过程中,Windows平台、OPC技术和IEC61131标准将发挥重要的作用,应用广泛的电子商务可以使IT平台与电气自动化技术的融合进一步加快。

在电气自动化的发展过程中,电气自动化技术的集成化和智能化发展得较为顺利，通用化发展存在些许障碍。为了强化工作人员对电气自动化控制体系的认知，电气企业应该就电气自动化控制体系中的安装、工作人员的操作等内容进行培训，使工作人员可以充分掌握体系中的各个设备和安装环节。需要重点关注的是，电气企业需要对没有接触过新技术、新设施的工作人员进行培训。与此同时，电气企业应该对可能会降低电气自动化控制体系的可靠性和安全性进行预防，重视提升员工的技术操作水准，务必保证员工充分掌握体系中的硬件保养维修、软件操作等有关技术，以此推动电气自动化技术朝着通用化的方向发展。

第二章 电气自动化控制系统

第一节 电气自动化控制系统概述

一、电气自动化控制系统的含义

电气自动化控制系统指的是不需要人为参与的一种自动控制系统，可以通过监测、控制、保护等仪器设备实现对电气设施的全方位控制。电气自动化控制系统主要包括供电系统、信号系统、自动与手动寻路系统、保护系统、制动系统等。供电系统为各类机械设备提供动力来源；信号系统主要采集、传输、处理各类信号，为各项控制操作提供依据；自动与手动寻路系统可以借助组合开关实现自动和手动的切换；保护系统通过熔断器、稳压器保护相关线路和设备；制动系统可以在发生故障或操作失误时进行制动操作，以减少损失。

二、电气自动化控制系统的分类

电气自动化控制系统可以从多个角度进行分类：从系统结构角度分析，电气自动化控制系统可以分为闭环控制系统、开环控制系统和复合控制系统；从系统任务角度分析，电气自动化控制系统具体分为随动系统、调节系统和程序控制系统；从系统模型角度进行分类，电气自动化控制系统主要包括线性控制系统和非线性控制系统两种类型，还可以分为时变控制系统和非时变控制系统；从系统信号角度进行分类，电气自动化控制系统可以分为离散系统和连续系统。

三、电气自动化控制系统工作的原则

电气自动化控制系统的工作过程中，不是连接单一设备，而是多个设备相互连接同时运行，并对整个运行过程进行系统性调控，同时，需要应用生产功能较完整的设备进行生产活动控制，并设置相关的控制程序，对设备的运行数据进行显示和分析，从而全面掌握系统的运行状态。电气自动化控制系统需要遵循的工作原则主要包括以下内容。

具备较强抗干扰能力，由于是多种设备相互连接同时运行，不同设备之间会产生干扰，电气自动化控制系统要通过智能分析使设备提高排除异己参数的抗干扰能力。

遵循一定的输入和输出原则，结合工程的实际应用特点及工作设备型号，技术人员需调整好相关的输入与输出设置，并根据输入数据对输出数据进行转化，通过工作自检避免响应缓慢问题，并对设定的程序进行漏洞修补，从而实现定时、定量地输入和输出。①

四、电气自动化控制系统的应用价值

随着科技的进步和工业的发展，电气自动化生产水平也得到提高，因此，加强系统的自动化控制尤其重要。电气自动化控制系统可以实现过程的自动化操控及机械设备的自动控制，从而降低人工操作难度，进一步提高工作效率，其应用价值主要体现在以下几点。

（一）自动控制

电气自动化控制系统的一个主要应用功能就是自动控制，例如，在工业生产中的应用，只需要输入相关的控制参数就可以实现对生产机械设备的自动控制，以缓解劳动压力。电气自动化控制系统可以实现运行线路电源的自动切断，还可以根据生产和制造需要设置运行时间，实现开关的自动控制，避免人工操作出现的各种失误，极大地提高生产效率和质量。

（二）保护作用

工业生产的实际操作中，会受到各种复杂因素的影响，例如，生产环境复杂、设备多样化、供电线路连接不规范等，极易造成设备和电路故障。传统的人工监测和检修难以全面掌控设备的运行状态，导致各种安全隐患问题。通过应用电气自动化控制系统，在设备出现运行故障或线路不稳定时，可以通过保护系统实现安全切断，终止运行程序，避免安全事故和经济损失，保障电气设备的安全运行。

（三）监控功能

监控功能是电气自动化控制系统应用价值的重要体现，在计算机控制技术和信息技术的支持下，技术人员可以通过应用报警系统和信号系统，对系统的运行电压、电流、功率进行限定设置，通过报警装置和信号指示对整个系统进行实时监控。此外，电气自动化控制系统还可以实现远

①王杰．数字化矿山系统及智能化在矿井中的应用[J]．矿业装备，2022(2)：194-195.

程监控，将各系统的控制计算机进行有效连接，通过识别电磁波信号，在远程电子显示器中监控相关设备的运行状态，从而实现数据的实时监测和控制。

（四）测量功能

传统的数据测量主要通过工作人员的感官进行判断，例如，眼睛看、耳朵听，从而了解各项工作的相关数据。电气自动化控制系统具有对自身电气设备电压、电流等参数进行测量的功能，在应用过程中，可以实现对线路和设备的各种参数进行自动测量，还可以对各项测量数据进行记录和统计，为后期的各项工作提供可靠的数据参考，方便工作人员的管理。

第二节 电气自动化控制系统的特点

一、电气自动化控制系统的优点

说起电气自动化控制技术，不得不承认，现如今经济的快速发展是和工业电气自动化控制技术有关的。电气自动化控制技术可以完成许多人无法完成的工作，如一些工作是需要在特殊环境下完成的，辐射、红外线、冷冻室等这些环境都是十分恶劣的，长期在恶劣的环境下工作会对人体健康产生影响，但许多环节又是需要完成的，这时候机器自动化的应用就显得尤为重要。所以，工业电气自动化的应用可以给企业带来许多方便，它可以提高工作效率，减少人为因素造成的损失，工业自动化为工业带来的便利不容小觑。

据相关调查研究发现，一个完整的变电站综合自动化系统除了在各个控制保护单元中存有紧急手动操作跳闸以及合闸的措施之外，别的单元所有的报警、测量、监视以及控制功能等都可以由计算机监控系统来进行。变电站不需要另外设置一些远动设备，计算机监控系统可以使得遥控、遥测、遥调以及遥信等功能与无人值班的需要得到满足。就电气自动化控制系统的设计角度而言，电气自动化控制系统具有许多优点，具体如下。

集中式设计：电气自动化控制系统引用集中式立柜与模块化结构，使得各控制保护功能都可以集中于专门的控制与采集保护柜中，全部的报警、测量、保护以及控制等信号都在保护柜中予以处理，将其处理为数据信号之后，再通过光纤总线输送到主控室中的监控计算机中。

分布式设计：电气自动化控制系统主要应用分布式开放结构以及模块化方式，使得所有的控制保护功能都分布于开关柜中或者尽可能接近于控制保护柜之上的控制保护单元，全部报警、测量、保护以及控制等信号都在本地单元中予以处理，将其处理为数据信号之后，再通过光纤的总线输送到主控室的监控计算机中，各个就地单元之间互相独立。

简单可靠：因为在电气自动化控制系统中用多功能继电器来代替传统的继电器，能够使得二次接线得以有效简化。分布式设计主要是在主控室和开关柜间进行接线，而集中式设计的接线也局限在主控室和开关柜间。因为这两种方式都在开关柜中进行接线，施工较为简单，别的接线能够在开关柜与采集保护柜中完成，操作较为简单可靠。

具有可扩展性：电气自动化控制系统的设计可以对电力用户未来对电力要求的提高、变电站规模以及变电站功能扩充等进行考虑，具有较强的可扩展性。①

兼容性较好：电气自动化控制系统主要是由标准化的软件以及硬件所构成，而且配备有标准的I/O接口与穿行通信接口，电力用户能够根据自己的具体需求予以灵活的配置，而且系统中的各种软件也非常容易与当前计算机的快速发展相适应。

当然，电气自动化控制技术的快速发展与它自身的特点是密切相关的，例如，每个自动化控制系统都有其特定的控制系统数据信息，通过软件程序连接每一个应用设备，对于不同设备有不同的地址代码，一个操作指令对应一个设备，当发出操作指令时，操作指令会即刻到达所对应设备的地址，这种指令传达得快速且准确，既保证了即时性，又保证了精确性。与人工操作相比，这种操作模式发生操作错误的概率会更低，自动化控制技术的应用保证了生产操作快速高效完成。除此之外，相对于热机设备来说，电气自动化控制技术的控制对象少、信息量小，操作频率相对较低，且快速、高效、准确。同时，为了保护电气自动化控制系统，使得其更稳定，数据更精确，系统中连带的电气设备均有较高的自动保护装置，这种装置对于一般的干扰均可降低或消除，且反应迅速，电气自动化系统的大多设备有连锁保护装置，这一系列的措施能满足有效控制的要求。

作为一种新兴的工艺和技术，电气自动化解决的最主要的问题是很

①米捷．PLC技术在电气工程及其自动化控制中的应用分析[J]．中国设备工程，2022(7)：185-186.

多人力不能完成的工作，因为环境的恶劣而没有办法解决的问题也顺利完成。电气自动化技术可以通过控制机器，来完成这些需要在特定环境下完成的工作，很大程度上节省了人力、物力，同时使工人的健康得到保障，工作效益也进一步提高，企业也会减少一些不必要的损失。显而易见，电气自动化控制技术给企业带来的益处数不胜数。电气自动化控制技术的特点与它的飞速发展是紧密联系的，例如，每一个控制系统都不是随随便便建立的，它有其自身相关的数据信息，每一台设备都和相应的程序连接，地址代码也会因为设备的不同而有所差异，操作指令发出后会快速地传递到相应的设备当中，及时并且是准确的。电气自动化控制系统的这种操作大大降低了由于人工而造成的误差，并且在一定程度上提高了工作效率。

二、电气自动化控制系统的功能

电气自动化控制系统要实现对发电机-变压器组等电气系统断路器的有效控制，电气自动化控制技术系统必须具有以下基本功能：发电机-变压器组出口隔离开关及断路器的有效控制和操作；发电机-变压器组、励磁变压器、高变保护控制；发电机励磁系统励磁操作、灭磁操作、增减磁操作、稳定器投退、控制方式切换；开关自动、手动同期并网；高压电源监测和操作及切换装置的监视、启动、投退等；低压电源监视和操作及自动装置控制；高压变压器控制及操作；发电机组控制及操作；LPS、直流系统监视等。

电气自动化控制系统中的控制回路主要是确保主回路线路运行的安全性与稳定性。控制回路设备的功能主要包括以下几点。

自动控制功能：就电气自动化控制系统而言，在设备出现问题的时候，需要通过开关及时切断电路从而有效避免安全事故的发生，因此，具备自动控制功能的电气操作设备是电气自动化控制系统的必要设备。

监视功能：在电气自动化控制系统中，自变量电势是最重要的，其通过肉眼是无法看到的。机器设备断电与否，一般从外表是不能分辨出来的，这就必须要借助传感器中的各项功能，对各项视听信号予以监控，从而实时监控整个系统的各种变化。

保护功能：在运行过程中，电气设备经常会发生一些难以预料的故障问题，功率、电压以及电流等会超出线路及设备所许可的工作限度与范围，因此，这就要求具备一套可以对这些故障信号进行监测，并且对线路与设备自动进行处理的保护设备，而电气自动化控制系统中的控制回路设备就具备这一功能。

测量功能：视听信号只可以对系统中各设备的工作状态予以定性的表示，而电气设备的具体工作状况还需要通过专业设备对线路的各参数进行测量才能够得出。

电气自动化控制技术系统具有如此多的功能，给社会带来了许多的便利，电气控制技术自动化给人们带来了社会发展的稳定与进步和现代化生产效率的极大提高，因此，积极探讨与不断深入研究当前国家工业电气自动化的进一步发展和战略目标的长远规划有着十分深远的现实意义。

第三节 电气自动化控制系统的设计

一、电气自动化控制系统设计存在的问题

（一）设备的控制水平比较低

电气自动化的设备更需要不断地完善和创新，体系的数据也会出现改动，伴随数据的变化还有新设备的使用就需求厂商及时地导入新的数据。但是在这个过程中，因为设备控制的水平相对来说较低，阻止了新数据的导入，也使新的数据库不能有体系地去控制。因而需要不断地更新设备控制的水平。

（二）控制水平与系统设计脱节

控制水平直接影响着设备的使用寿命以及运转功能，对控制水平的需求也就相应较高，可是当前设备控制选用一次性开发，无法统筹企业的后续需求，直接造成控制水平与出产体系规划的开展脱节，所以企业应当注重设备控制水平的进步，使其契合体系的规划需求。

（三）自动化设备维护更重要

一个健康的人如果不断地工作，不定期去体检，得了小病不去治疗，长时间就会累积成大病，自动化体系长时间运行也会出毛病。自电气自动化操控体系进入出产技术以来，大大提高了出产运行的安全性、稳定性，减轻了职工的劳动强度，但在获益的同时，也存在一些问题。一是有些配件出现毛病后，由于自动化配件更新快，有些配件现已停产购不到；

二是有些自动化配件损坏后置办不到同类型，或厂家供给更换类型不符合当前的操控需求；三是自动化配件及体系的惯例配件收购渠道不畅通；四是缺乏懂自动化操控体系的人才，自动化设备出毛病后不能得到有效的保护。

二、电气自动化控制系统的作用

在企业进行工业生产时，利用电气自动化控制技术可以对生产工艺实现自动化控制。新时期的电气自动化控制技术，使用的是分布式控制系统，能在工业生产过程中，有效地进行集中控制。而且电气自动化控制技术还可以进行自我保护，当控制系统出现问题时，系统会自动进行检测，然后分析系统出现故障的原因，确定故障位置，并立刻中断电源，使故障设备无法继续工作。这样可以有效避免因为个别设备出现问题，而影响产品质量的情况出现，从而降低企业因为个别故障设备而造成的成本损失。所以，企业利用电气自动化控制技术来进行生产时，可以提高整个生产工艺的安全性，从某种程度上降低企业成本。而且，现在大部分企业中应用的电气自动化控制系统，都可以实现远程监控，企业可以通过电气自动化控制技术，来远程监控生产工艺中不同设备的运行状况。假如某个环节出现故障，控制中心就会以声光的形式来发出警告，通过电气自动化控制的远程监控功能，减少个别故障设备所造成的损失，并且当故障出现时，可以尽快被相关工作人员察觉，从而避免损失的扩大。

目前，在企业中应用的电气自动化控制系统，还可以在工作过程中分析生产过程中涉及设备工作情况，将设备实际数据与预设数据作比较，当某些设备出现异常时，电气自动化控制系统还可以对设备进行调节，因此企业采用电气自动化控制技术能提高生产线的稳定性。

三、电气自动化控制系统的设计理念

目前，电气自动化控制系统有三种监控方式，分别是远程监控、集中监控与现场总线监控。这三种方案依次可实现远程监测、集中监测与针对总线的监测。

集中监控的设计尤为简单，要求防护较低的交流措施，只用一个触发器进行集中处理，可以方便维护程序，但是对于处理器来说较大的工作量会降低其处理速度，如果全部的电气设备都要进行监控就会降低主机的效率，投资也因电缆数量的增多而有所增加。还有一些系统会受到长电缆的干扰，如果强制连接断路器也会无法正确地连接到辅助点，给相应人员的查找带来很大困难，一些无法控制的失误也会产生。远程监控方式同样有利有弊，电气设备较大的通信量会降低各地通信的速度。它的优点也有很多，比如灵活的工作组态、节约费用和材料并且相对来说可靠性更高。但是总体来说远程监控这一方式没有很好地体现出电气自动化控制技术的特点。经过一系列的试验和实地考察，现场总线监控结合了其余两种设计方式的优点，并且对其存在的缺点进行了有效改良，成为最有保障的一种设计方式，电气自动化控制系统的设计理念也随之形成。

设计理念在设计过程中的体现主要有以下几个方面：①电气自动化控制技术实行集中检测时，可以实现一个处理器对整个控制的处理，简单灵活的方式极大地方便了运行和维护。②电气自动化控制技术远程监测时，可以稳定地采集和传输信号，及时反馈现场情况，依据具体情况来修正控制信号。③电气自动化控制技术在监测总线时，集中实现控制功能，从而来实现高效的监控。从电气自动化控制技术的整体框架来说，在许多实际应用中都体现出电气自动化控制技术系统的设计理念，也取得了许多成绩，所以进行电气自动化控制技术设计时，可依据自身情况选择合理的设计方案。

四、电气自动化控制系统的设计流程

在机电一体化产品中，电气自动化控制系统具有非常重要的作用，其相当于人类的大脑，用来对信息进行处理与控制。所以，在进行电气自动化控制系统的设计时一定要遵循相应的流程。依照控制的相关要求将电气自动化控制系统的设计方案确定下来，然后将控制算法确定下来，并且选择适当的微型计算机，制定电气自动化控制系统的总体设计内容，最后开展软件与硬件的设计。虽然电气自动化控制系统的设计流程较为复杂，但是在设计时一定要从实际出发，综合考虑集中监测方式、现场总路线监控方式以及远程监控方式，唯有如此才能够将与相关要求相符的控制系统建立起来。

五、电气自动化控制系统的设计方法

据相关调查研究发现，在当前电气自动化控制系统中应用的主要设计思想有三种，分别是集中监控方式、远程监控方式以及现场总线监控方式，这三种设计思想各有特点，其具体选用应该根据具体条件而定。

使用集中监控的自动化控制系统时，中央处理器会分析生产过程中所产生的数据并进行处理，可以很好地控制具体的生产设备。同时，集中监控控制系统设计起来比较简单，维护性较强。不过，因为集中监控的设计方式会将生产设备的所有数据都汇总到中央处理器，中央处理器需要处理分析很多数据，因此电气自动化控制系统运行效率较低，出现错误的概率也相对较高。采用远程监控设计方式设计而成的电气自动化控制系统相对灵活，成本有所降低，还能给企业带来很好的管理效果。远程监控电气自动化控制系统在工作过程中，需要传输大量信息，现场总线长期处于高负荷状态，因此应用范围比较小。以现场总线监控为基础设计出的监控系统应用了以太网与现场总线技术，既有很强的可维护性，也更加灵活，应用范围更广。现场总线监控电气自动化控制系统的出现，极大地促进了我国电气自动化控制系统智能化的发展。生产型企业往往会根据实际需要，在这三种监控设计方式之中选取一种。

（一）现场总线监控

随着经济社会的发展、科学技术的进步，智能化电气设备有了较快的发展，计算机网络技术已经普遍应用在变电站综合自动化系统中，我们也积累了丰富的运行经验。这些都为网络控制系统应用于电力企业电气系统奠定了良好的基础。现场总线以及以太网等计算机网络技术已经在变电站综合自动化系统中得以较为广泛的应用，而且已经积累了较为丰富的运行经验，同时智能化电气设备也取得了一定的发展，这些都给在发电厂电气系统中网络控制系统的应用奠定了重要的基础。在电气自动化控制系统中，现场总线监控方式的应用可以使得系统设计的针对性更强，由于不同的间隔，其所具备的功能也有所不同，因此能够依照间距的具体情况来展开具体的设计。现场总线监控方式不但具备远程监控方式所具备的一切优点，同时还能够大大减少模拟量变送器、I/O 卡件、端子柜以及隔离设备等，智能设备就地安装并且通过通信线和监控系统实现连接，能够省下许多的控制电缆，大大减少了安装维护的工作量以及投入资金，进而使得所需成本得以有效降低。除此之外，各装置的功能较为独立，装置间仅仅经由网络来连接，网络的组态较为灵活，这就使得整个系统具有较高的可靠性，每个装置的故障都只会对其相应的元件造成影响，而不会使系统发生瘫痪。所以，在未来的发电厂计算机监控系统中，现场总线监控方式必然会得到较为广泛的应用。

（二）远程监控

最早研发的自动化系统主要是远程控制装置，主要采用模拟电路，由电话继电器、电子管等分立元件组成。这一阶段的自动控制系统不涉及软件。主要由硬件来完成数据收集和判断,无法完成自动控制和远程调节。它们对提高变电站的自动化水平,保证系统安全运行,发挥了一定的作用,但是由于这些装置相互之间独立运行,没有故障诊断能力,在运行中若自身出现故障,不能提供告警信息,有的甚至会影响电网安全。远程监控方式具有节约大量电缆、节省安装费用、节约材料、可靠性高、组态灵活等优点。由于各种现场总线(如Lonworks总线、CAN总线等)的通信速度不是很高,而电厂电气部分通信量相对又比较大,所有这种方式适用于小系统监控,而不适用于全厂的电气自动化系统的构建。

(三)集中监控

集中监控方式运行维护便捷,系统设计容易,控制站的防护要求不高。但基于此方法的特点是将系统各个功能集中到一个处理器进行处理,处理任务繁重致使处理速度受到影响。此外,电气设备全部进入监控,监控对象的大量增加会导致主机冗余的下降,电缆树立增加,成本加大,长距离电缆引入的干扰也会影响到系统的可靠性。同时,隔离刀闸的操作闭锁和断路器的连锁采用硬接线,通常为隔离刀闸的辅助接点经常不到位,造成设备无法操作,这种接线的二次接线复杂,查线不方便,增加了维护量,并存在因为查线或传动过程中由于接线复杂造成误操作的可能。

电气自动化控制系统的设计思想,一定要将各环节中的优势予以较好的把握,并且使其充分地发挥出来,与此同时,在电气自动化控制系统的设计过程中,一定要坚持与实际的生产要求相符,切实确保电气行业的健康可持续发展。在电气自动化控制系统的不断探索中,需要相关工作人员认识当前存在的不足,并且通过学习新技术、新方法等,不断提高自己,从而不断推动我国电气自动化控制系统的发展。

第四节 电气自动化控制设备可靠性测试与分析

一、加强电气自动化控制设备可靠性研究的重要意义

伴随着电气自动化的提高,控制设备的可靠性问题就变得非常突出。电气自动化程度是一个国家电子行业发展水平的重要标志,同时自动化技术又是经济运行必不可少的技术手段。电气自动化具有提高工作的可

靠性、提高运行的经济性、保证电能质量、提高劳动生产率、改善劳动条件等作用。

电气自动化控制设备可靠性对企业的生产有着直接的影响。所以在实际使用过程中，作为专业技术人员，必须切实加强对其可靠性的研究，结合影响因素，采取针对性的措施，不断地强化其可靠性。

（一）可靠性可以增加市场份额

随着国家经济的高速发展，人们对于产品的要求也越来越高，用户不仅要求产品性能好，更重要的是要求产品的可靠性水平高。随着电气自动化控制设备自动化程度、复杂度越来越高，可靠性技术已成为企业在竞争中获取市场份额的有力工具。

（二）可靠性可以提高产品质量

产品质量就是使产品能够实现其价值、满足明示要求的技术和特点。只有可靠性高，发生故障的次数才会少，那么维修费用也就随之减少，相应的安全性也随之提高。因此，产品的可靠性是非常重要的，是产品质量的核心，是每个生产厂家追求的目标。

二、提升电气自动化控制设备可靠性的必要性分析

由于电气自动化控制设备属于现代电气技术的结晶，其具有较强的专业性，所以为了确保其能更好地为生产提供服务，促进生产效率的提升，在实际工作中，作为电气专业技术人员，必须充分认识到提升其可靠性的必要性。具体来说，主要体现在以下几个方面。

提升其可靠性能够使生产环节安全高效地开展。现代企业为了满足消费者的需要，在产品生产过程中往往需要采取电气自动化控制设备的应用，有助于生产效率的提升，提高产品的技术含量。因而只有提升其可靠性，才能确保始终处于最佳的状态服务生产，从而确保企业的各项任务安全高效地开展。①

提升其可靠性能够使产品质量提升。产品质量就是生命，企业要想在竞争日益激烈的市场环境中占有一席之地，就必须在实际生产过程中注重产品质量的提升，而提升产品质量离不开现代科学技术的支持，尤其是电气自动化控制技术设备的支持，只有提高其可靠性，才能确保产品质量，从而在提高产品质量的同时促进企业核心竞争力的提升。

---

①李吴荣．PLC技术在电气自动化设备中的应用[J]．集成电路应用，2022，39(4)：242-243.

提升其可靠性有助于有效地降低企业生产成本。企业经济效益的高低源自自身成本控制的好坏,而在企业生产中,如果电气自动化控制设备的可靠性不足,势必会带来维修成本的提升,因而只有加强对其维护和保管,促进其可靠性的提升,才能更好地实现生产和降低成本的目标。

三、影响电气自动化控制设备可靠性的因素

既然提高电气自动化控制设备的可靠性具有十分重要的意义,那么为了更好地采取有效的措施促进其可靠性得到提升,就必须对影响电气自动化控制设备可靠性因素有一个全面的认识,具体来说,主要有以下几点。

(一)内在因素

内在因素主要是指电气自动化控制设备本身的元件质量较为低下,因此难以在恶劣的气候下高效运行,同时也难以抗击电磁波的干扰。这主要是因为生产型企业在生产过程中偷工减料,为了降低成本而降低生产工艺质量,导致电气自动化控制设备元件自身的可靠性和质量下降,加上很多电气自动化控制设备需要在恶劣环境下运行,就会导致其可靠性降低,而电磁波干扰又难以避免,也会影响其正常运行。

(二)外在因素

外在因素主要是指人为因素,在电气自动化控制设备使用和管理工作中,工作人员没有完全履行自身的职责,导致电气自动化控制设备长期处于高负荷的运行状态,电气自动化控制设备出现故障后难以得到及时修复,加上部分操作人员在实际操作中难以按照规范进行操作,导致其性能难以高效地发挥。

四、可靠性测试的主要方法

确定一个最适当的电气自动化控制设备可靠性测试方法是非常重要的,是对电气自动化控制设备可靠性作出客观准确评价的前提条件。国家电控配电设备质量监督检验中心提供了对电气自动化控制设备进行可靠性测试的方法,在实践中比较常用的主要有以下三种。

(一)实验室测试法

此种测试方法是通过可靠性模拟进行测试,利用符合规定的可控工作条件及环境对设备运行现场使用条件进行模拟,以便实现以最接近设备运行现场所遇到的环境应力对设备进行检测,统计时间及失效总数等

相关数据,从而得出被检测设备可靠性指标。用同样规定的可以控制的工作条件和环境条件,模拟现场的使用条件,使被测设备在现场使用时与所遇到的环境相同,在这种情况下进行试验,并将累计的时间和失败次数等其他数据通过数理统计得到可靠性指标,这是一种模拟可靠性试验。这种试验方法易于控制所得数据,并且得到的数据质量较高,试验结果可以再现、分析。但是受试验条件的限制很难与真实情况相对应,同时试验费用很高,而这种试验一般都需要较多的试品,所以还要考虑到被试产品的生产批量与成本因素。因此这种试验方法比较适用于生产大批量的产品。

(二)现场测试法

这种方法是通过对设备在使用现场进行的可靠性测试记录各种可靠性数据,然后根据数理统计方法得出设备可靠性指标的一种方法。该方法的优点是试验需要的设备比较少,工作环境真实,其测试所得到的数据能够真实反映产品在实际使用情况下的可靠性、维护性等参数,且需要的直接费用少,受试设备可以正常工作使用。不利之处是不能在受控的条件下进行试验、外界影响因素繁杂,有很多不可控因素,试验条件的再现性比实验室的再现性差。

电气自动化控制设备可靠性现场测试法具体又包含三种类型:一是可靠性在线测试,即在被测试设备正常运行过程当中进行测试;二是停机测试,即在被测试设备停止运行时进行测试;三是脱机测试,需要从设备运行现场将待检测部件取出,安装到专业检测设备当中进行可靠性测试。

单纯从测试技术方面分析,后两种测试方法相对简单,但如果系统较为复杂一般只有设备保持运行状态时才可以定位出现故障的准确位置,故只能选择在线测试。在实践中,进行现场测试时具体选择哪种类型的测试,要看故障的具体情况以及是否可以实现立即停机。

电气自动化控制设备可靠性现场测试法与实验室测试法相比较,不同之处主要体现在以下两点:第一,现场测试法安装及连接待测试设备的难度较大,主要原因在于,线路板已经被封闭在机箱当中,这就导致测试信号难以引进,即便是在设备外壳处预留了测试插座,也需要较长的测试信号线,在进行电气自动化控制设备可靠性现场测试时,无法使用以往的在线仿真器。第二,由于进行设备可靠性现场测试,通常不具备实验室的测试设备和仪器,这就给现场测试手段及方法提出更高要求。

(三)保证实验法

所谓保证实验法,就是通常谈到的“烤机”,具体指的是在产品出厂前,在规定的条件下对产品所实施的无故障工作试验。通常情况下,作为研究对象的电气自动化控制设备都有着数量较多的元器件,其故障模式显示方式并非以某几类故障为主,而是具有一定的随机性,并且故障表现形式多样。所以,其故障服从于指数分布,换句话说,其失效率是随着时间的变化而变化的。产品在出厂之前在实验室所进行的烤机,从本质上讲,就是测试和检测产品早期失效情况,通过对产品进行不断的改进和完善,以确保所出厂的产品的失效率均已符合相关指标的要求。实施电气自动化可靠性保证实验所花费的时间较长。因此,如果产品是大批量生产,这种可靠性检测方法只能应用于产品的样本,如果产品的生产量不大,则可以将此种保证实验测试法应用在所有产品上。电气自动化设备可靠性保证实验主要适用范围是电路相对复杂、对可靠性要求较高,并且数量不大的电气自动化控制设备。

五、电气自动化控制设备可靠性测试方法的确定

确定电气自动化控制设备可靠性测试方法,需要对实验场所、实验环境、待测验产品以及具体的实验程序等因素进行全面的考察和分析。

(一)实验场地的确定

电气自动化设备可靠性测试实验场地的选择,需要结合设备可靠性测试的具体目标来进行。如果待测试的电气自动化控制设备的可靠性高于某一特定指标,就需要选取最为严酷的实验场所进行可靠性测试;如果只是测试电气自动化控制设备在正常使用状况下的可靠性,就需要选取最具代表性的工作环境作为开展测试实验的场所;如果进行测试的目的只是获取准确的可比性数据资料,在进行实验场所选择时需要重点考虑与设备实际运行相同或相近的场所。

(二)实验环境的选取

因为对于电气自动化控制设备而言,不同的产品类型所对应的工况也有所不同,所以,在进行电气自动化控制设备可靠性测试时,选取非恶劣实验环境,这样被测试的电气自动化控制设备将处于一般性应力之下,由此所得到的设备自控可靠性结果更加客观和准确。

(三)实验产品的选择

在选择电气自动化控制设备可靠性测试实验产品时,要注意挑选比

较具有代表性、典型特点的产品。所涉及产品的种类比较多,例如,造纸、化工、矿井以及纺织等方面的机械电控设备等。从实验产品规模上分析,主要包括大型设备以及中小型设备;从实验设备的工作运行状况来分析,主要可以分为连续运行设备以及间断运行设备。

(四)实验程序

开展电气自动化控制设备可靠性实验,需要由专业的现场实验技术人员严格按照统一实验程序操作,主要涉及测试实验开始及结束时间、确定适当的时间间隔、收集实验数据、记录并确定自控设备可靠性相关指标、相应的保障措施以及出现意外状况的应对措施等方面的规范。只有严格依据规范进行自控设备可靠性实验操作,才可以确保通过实验获取的相关数据的可靠性及准确性。

(五)实验组织工作

开展电气自动化控制设备可靠性测试实验,最为重要的内容就是实验组织工作,必须组建一个高效、合理且严谨的实验组织机构,主要负责确定实施自控设备可靠性实验的主要参与人员,协调相关工作、对实验场所进行管理,组织相关实验活动,收集并整理实验数据,分析实验结果,对实验所得到的数据进行全面深入分析,并在此基础上得出实验结论。除此之外,实验组织机构还需要负责组织协调实验现场工程师、设备制造工程师以及可靠性设计工程师相互之间的关系与工作。

六、提高控制设备可靠性的对策

要提高电气自动化控制设备的可靠性,必须掌握控制设备的特殊性能,并采用相应的可靠性设计方法,从元器件的正确选择与使用、散热防护、气候防护等方面入手,使系统可靠性指标大大提高。

从生产角度来说,设备中的零部件、元器件,其品种和规格应尽可能少,应该尽量使用由专业厂家生产的通用零部件或产品。在满足产品性能指标的前提下,其精度等级应尽可能低,装配也应简易化,尽量不搞选配和修配,力求减少装配工人的体力消耗,便于厂家自动进行流水生产。

电子元器件的选用规则。根据电路性能的要求和工作环境的条件选用合适的元器件。元器件的技术条件、性能参数、质量等级等均应满足设备工作和环境的要求,并留有足够的余量;对关键元器件要进行用户对生产方的质量认定;仔细分析比较同类元器件在品种、规格、型号和制造厂商之间的差异，择优选择。要注意统计在使用过程中元器件所表现出来的性能与可靠性方面的数据，作为以后选用的依据。

电子设备的气候防护。潮湿、烟雾、霉菌以及气压、污染气体对电子设备影响很大，其中潮湿的影响是最主要的。特别是在低温高湿条件下，空气湿度达到饱和时会出现机内元器件、印制电路板上色和凝露现象，使电性能下降，故障概率上升。

在控制设备设计阶段，首先，研究产品与零部件技术条件，分析产品设计参数，研讨和保证产品性能和使用条件，正确制订设计方案。其次，根据产量设定产品结构形式和产品类型。全面构思、周密设计产品的结构，使产品具有良好的操作维修性能和使用性能，以降低设备的维修费用和使用费用。

控制设备的散热防护。温度是影响电子设备可靠性最广泛的一个因素。电子设备工作时，其功率损失一般都以热能形式散发出来，尤其是一些耗散功率较大的元器件，如电子管、变压管、大功率晶体管、大功率电阻等。另外，当环境温度较高时，设备工作时产生的热能难以散发出去，将使设备温度升高。

综上所述，保证电气设备的可靠性是一个复杂的涉及广泛知识领域的系统工程。只有在设计上给予充分的重视，采取各种技术措施，同时，在使用过程中按照流程操作、及时保养，才会有满意的成果。

第五节 电气自动化控制系统的应用

一、电气自动化控制系统在工业生产中的应用

自从改革开放以来，我国工业得到了迅速的发展，同时，在工业发展中，逐渐在使用电气自动化控制系统。在过去传统工业生产中，企业对人力、物力的投入很大，而且经常出现供不应求的局面，这在很大程度上影响了工业的生产效率。但是，从我国工业生产的发展现状来看，传统的机械设备已经逐渐被电气自动化设备取代，电气自动化设备不仅能够为工业生产节省大量的劳动力，而且能提高工业生产的效率。由此可见，在工业生产中使用电气自动化控制系统，能够给生产型企业带来很大效益，从

而保证生产型企业的稳定发展。

二、电气自动化控制系统在农业生产中的应用

据相关调查显示，电气自动化控制系统被广泛应用到农业生产中，电气自动化控制系统在很大程度上加快了农业生产机械化的进程，提高了粮食产量，减少了粮食的浪费情况。与此同时，电气自动化技术提高了农业机械装备的可操作性，比如谷物干燥机和施肥播种机的电气自动化应用技术。另外，在微灌技术领域中，还要注意对微喷灌设备、滴灌设备的改进，从而保证部分地区实现自动化灌溉系统，从而提高粮食的产量。

三、电气自动化控制系统在服务行业中的应用

近年来，随着人们物质生活水平的不断提高，人们对服务业的要求越来越高。因此，企业为了提高自身的服务质量，就应该重视电气自动化控制技术，更好地为人们提供优质的服务。在日常生活中，电子产品被越来越多的人群所使用，电子产品中也应用了电子自动化控制技术，如手机、电脑、跑步机、电梯等，这些电子产品给人们带来了很大的便利。再如，在自动取款机上也使用了电气自动化控制技术，有效地提高了银行的服务效率。

四、电气自动化控制系统在电网系统中的应用

目前，电气自动化控制技术也被广泛应用到电网系统中。电气自动化控制系统在电网系统中的应用主要指的是通过计算机网络系统、服务器等来实现电网调度自动化控制的目的。在具体电网系统中，通过电网的调动自动化技术，能够实现对相关数据的采集和整理，从而分析出电网的运行状态，最后，对电网系统做出一个整体的评价。总之，电网系统中使用电气自动化控制技术，顺应了时代发展的步伐，因此，相关研究人员应该加大对电气自动化控制技术在电网系统中应用的研究力度。①

五、电气自动化控制系统在公路交通中的应用

随着我国交通行业的快速发展，电气自动化控制系统已被广泛应用到公路交通中。人们物质生活水平越来越高，私家车的拥有量也变得越来越多，这给私家车的技术提出了更高的要求，很多汽车厂家都在使用自动化控制技术，只有这样才能保证自身的市场竞争地位。除此之外，电子警察、交通灯系统也在使用电气自动化控制技术，这给公路交通管制提供了较多的便利。

---

①郝强．发电厂中的自动化技术应用[J]．集成电路应用，2022，39(4)：272-273.

第三章 电气自动化控制系统的硬件模块

第一节 常用低压电器、电气元件及电子元器件

一、常用低压电器

凡是在电能的生产、输送、分配和使用过程中起到控制、调节、检测、转换及保护作用的电工器械均可称为电器。用于交流电路额定电压在1 200 V以下、直流电路额定电压在1 500 V以下的电器则称为低压电器。电器的用途广泛，功能多样，种类繁多，构造各异。本节主要研究在电气控制系统中常用的低压电器，为进行控制系统设计打下基础。

（一）熔断器

熔断器是一种结构简单、使用方便、价格低廉的保护电器，广泛用于供电线路和用电设备的过载和短路保护。熔断器通常由熔体和熔座两部分组成，结构形式有插入式、螺旋式、填料密封管式、无填料密封管式等，品种很多。常用的有RL6、RLS2、RT14、RT18、RT20、NT、NGT等系列。

选择熔断器的一般原则：①熔断器额定电压应大于线路的工作电压。②熔断器额定电流必须大于或等于所装熔体的额定电流。

熔体的额定电流的选择通常可分为下列几种情况：①对于电热器或照明等电阻性负载，熔体额定电流应略大于负载电流。②对于供电线路，熔体额定电流应等于或略小于线路的安全电流。③保护一台电动机时，考虑启动电流的影响，熔体的额定电流I_{FU}，可按下式选择：

$$I_{FU} \geqslant (1.5\sim2.5)I_N$$

式中，I_N为电动机额定电流（A）。对于带负载起动或频繁起动的电动机，式中的系数可加大至30。④保护多台电动机时可按下式选择：

$$I_{FU} \geqslant (1.5\sim2.5)I_{N\max} + \sum I_N$$

式中，$I_{N\max}$时容量最大的一台电动机额定电流；$\sum I_N$为其余电动机额定电流的总和。⑤上、下两级都装设熔断器时，为使两级保护互相配合良好，

两级熔体的额定电流比值不小于1.6∶1。⑥半导体器件对过载非常敏感，应采用半导体器件保护用熔断器（俗称快速熔断器），如RLS2、NGT等系列产品。

（二）接触器

接触器是一种通用性很强的电磁式电器，它可以频繁地接通和分断交直流主电路，并可实现远距离控制，主要用来控制电动机，也可以控制电容器、电热设备和照明器具等负载。接触器具有一定过载能力，但不能切断短路电流；它具有失电压保护功能，但本身没有过载保护功能。交流接触器的主触点通常有3对，直流接触器主触点为2对，还带有一定数量的辅助触点。近年来还出现了真空接触器和由晶闸管组成的无触点接触器。[①]

接触器选用时应注意下列问题：①根据负载性质及电源类型选择接触器的型号。②接触器主触点的额定电压大于或等于负载回路的电压。③接触器的额定电流应大于或等于被控回路的额定电流，如所控制的电动机频繁启动、制动或正反转时，接触器的额定电流还应增大一个等级。④线圈的额定电压选择：吸引线圈的额定电压应与控制电路的电压相一致，对于简单控制电路可直接选用交流380 V、220 V电压。⑤接触器的触点数量、种类的选择：接触器触点数量和种类应根据主电路和控制电路的需要来选择，有不少新型接触器备有多种附件，如不同种类和数量的辅助触点组合、空气式延时触点、机械联锁等可供选用，也可用增加中间继电器的方法来解决。

（三）继电器

继电器是一种根据某种输入信号的变化来接通或断开控制电路，实现自动控制或保护作用的电器。继电器通常由输入电路（又称感应元件）和输出电路（又称执行元件）两部分组成，当感应元件中的输入量，如电压、电流、温度、压力等变化到某一定值时执行元件动作，接通或断开控制回路。继电器的种类很多，随着电子技术的发展，新型电子式小型继电器比传统的继电器灵敏度更高、体积更小、功能更强、寿命更长，应用日益普遍。下面对经常使用的几种继电器做简单的介绍。

1. 电磁式继电器

电磁式继电器是应用最早也最多的继电器，按其输入信号性质可分

---

①高云聚．自动化控制技术在仪器仪表中的应用[J]．集成电路应用，2022，39(4)：286-287.

为电流、电压继电器和中间继电器三种。

电流继电器：电流继电器的线圈与被测电路串联，按照电路中电流变化而动作，其线圈匝数少、导线粗、阻抗小，常用于按电流原则进行控制的场合。按电流继电器的动作电流特点又可分为欠电流、过电流两种。

电压继电器：电压继电器的线圈与被测电路并联，其线圈匝数多、线径细、阻抗大。电压继电器根据所接电路电压值的变化而处于吸合或释放状态，按其动作电压特点而又有过电压、欠电压和零电压三种。过电压继电器在电压正常时释放，当发生过电压（$1.1 \sim 1.5\ U_N$）时吸合；欠电压、零电压继电器则在电路电压正常时吸合，当发生欠电压（$0.4 \sim 0.7\ U_N$）或零电压（$0.05 \sim 0.25\ U_N$）时释放。

中间继电器：中间继电器的吸引线圈是电压线圈，但它的触点数量较多（多达4对常开、4对常闭触点）、触点容量较大（可达5 A以上），在电路中起中间转换作用。

2.时间继电器

在感应元件获得信号后，执行元件要延迟一段时间才动作的继电器叫作时间继电器。时间继电器种类很多，按其工作原理可分为电磁式、空气阻尼式、电动式、晶体管式和数字式等；按其延时特点区分则有通电延时和断电延时等，此外，有些时间继电器还带有瞬时动作（不延时）的触点。

选用时间继电器时首先应考虑控制系统所提出的技术要求，对于延时精度要求不高和延时时间较短的，可选用廉价的空气阻尼式；要求延时精度较高、延时时间较长以及延时时间需要经常调节的场合，应选用晶体管式或数字式；在电源波动大的场合采用阻尼式或数字式较好；而在温度变化大的场合则不宜采用空气阻尼式等。数字式时间继电器具有数字显示，采用拨码开关整定延时时间，直观性、准确性好，延时调节范围宽，具有明显的优越性。

3.热继电器

热继电器是利用电流流过热元件时产生的热量使敏感元件——双金属片发生弯曲，这种变形达到一定程度时推动执行机构使控制触点发生转换的保护电器，主要用于交流电动机的过载、断相及电流不平衡运行的保护以及其他电气设备发热状态的控制。热继电器还与交流接触器配合组成磁力启动器。

热继电器根据其热元件的多少可分为单相式、两相式、三相式等；根据复位方式又可分为自动复位和手动复位两种；三相式热继电器又有带断相(又称差动)保护和不带断相保护两种。

热继电器只能用作电动机的过载保护而不能作为短路保护使用。热继电器的主要技术数据有热继电器的额定电流、热元件的极数及热元件的额定电流及调节范围等。在选用时要注意以下两点:①长期工作制度下,按电动机的额定电流来确定热继电器的型号及热元件的额定电流等级,热元件的额定电流I_{FR}应略大于电动机的额定电流I_N,在使用时热继电器的整定旋钮应调节到电动机的额定电流处,否则将起不到保护作用。当电动机的启动时间较长(5 s以上),热元件的额定电流可根据具体情况调节到电动机额定电流的1.1倍以上的数值处。②对于三角形连接的电动机,应选用带断相保护功能的三相式热继电器。

(四)低压断路器

低压断路器俗称自动空气开关或自动开关,它相当于刀开关、熔断器、热继电器、过电流继电器、欠电压继电器的功能组合,有些低压断路器还带有若干对辅助控制触点,是一种既有手动开关作用又能自动进行欠电压、失电压过载和短路保护的电器,它在低压配电系统中起着非常重要的作用。低压断路器通常用于不频繁地接通和分断电路,也可以用来控制电动机。低压断路器与接触器不同的是:接触器可以频繁地接通或分断电路,但不能分断短路电流;低压断路器则不仅可以分断额定电流,而且能够分断短路电流,但不宜频繁操作。

低压断路器种类繁多,可按用途、结构特点、极数、传动方式等来分类。①按用途分:有保护配电线路的、保护电动机的、保护照明线路的和漏电保护的等。②按主电路极数分:有单极、两极、三极、四极断路器,小型断路器还可以拼装组成多极断路器。③按保护脱扣器种类分:有短路瞬时脱扣器、短路延时脱扣器、过载长延时反时限保护脱扣器、欠电压瞬时脱扣器、欠电压延时脱扣器、远方紧急跳闸用分励脱扣器、漏电保护脱扣器等。上述各种脱扣器可以根据需要选择并组装在断路器上。④按动作方式分:有直接手柄操作、手柄储能操作快速合闸、电磁铁操作、电动机操作、电动机储能操作快速合闸等。⑤按结构型式分:有塑料外壳式、框架式两种。

在电气控制系统中通常选用塑料外壳式断路器。断路器的主要技术参数有额定电流、额定电压、极数、允许分断的极限电流、脱扣器的种类及整定值等。在设计时应根据被控电路的额定电压、短路容量、负载电流大小等参数选择断路器的型号规格,这就要求所选用的断路器的额定电压和额定电流不小于电路的正常工作电压和工作电流;极限分断能力要大于电路的最大短路电流;欠电压脱扣器额定电压应等于主电路额定电压;热脱扣器的整定电流应与所控制电动机或负载的额定电流相等;电流脱扣器的瞬时脱扣整定电流应大于负载电路正常工作时的尖峰电流,保护电动机时取其启动电流的1.5倍。

(五)主令电器

主令电器是在自动控制系统中发出指令或信号的电器,用来控制接触器、继电器或其他电器元件,使电路接通或分断,从而改变控制系统工作状态。主令电器种类很多,主要有按钮、行程开关、接近开关、万能转换开关、主令控制器及脚踏开关、紧急开关等。

控制按钮:是一种结构简单、应用广泛的手动操作电器。在低压控制电路中,通过按钮短时接通或断开小电流的控制电路,在可编程序控制器的电路中按钮是常用的输入信号元件。

通常按钮由按钮帽、复位弹簧、桥式动静触点和外壳组成,当按下按钮帽时其常闭触点先断开,然后常开触点闭合(即先断后合),松开按钮帽后,在复位弹簧的作用下其常开触点和常闭触点便恢复原来的状态。

按钮的结构也有多种形式,除上述的普通按钮外,还有紧急式、自锁式、旋钮式及钥匙式等。自锁式按钮在第一次操作后仍然保持转换的状态,要再操作一次才恢复原状。还有带指示灯的,它的按钮帽用不同颜色的透明塑料制成,兼作指示灯罩。旋钮式有两个或三个工作状态。

按钮通常安装在电控设备的操作部位,为了便于识别按钮的功能,通常将按钮做成红、绿、黄、蓝、黑、白等颜色,一般红色表示停止按钮,绿色表示启动按钮,红色蘑菇头表示紧急停止按钮等。

行程开关:又称限位开关或位置开关,是一种利用生产机械某个运动部件的碰撞来发出控制信号,主要用于生产机械运动方向转换、行程大小控制或位置保护等。行程开关的种类很多,按其头部结构可分为直动、杠杆、单轮、双轮、弹簧杆等;有的不能自动复位,有的动作距离很小被称为微动开关。

接近开关和光电开关:接近开关是一种非接触式、无触点行程开关,当运动着的物体与它接近到一定距离时就发出信号,控制电路执行相应的动作。接近开关不仅能代替上述有触点行程开关完成行程控制和限位保护,还可用于速度检测、液位检测等。

接近开关不受机械力的作用,工作可靠、寿命长,定位精度高,能适应恶劣的工作环境，在工业生产领域应用日益普遍。接近开关按其工作原理可分为高频振荡型、电容型、霍尔效应型、永久磁铁型（干簧管式）等。主要技术参数包括：动作距离、重复精度、操作频率、工作电压、电流等。

光电开关是另一种类型的非接触式检测装置，它由一个红外光发射器和接收器组成，根据两者的位置和光的接收方式的不同，可分为对射式和反射式两种，作用距离从几厘米到几十米不等。

二、常用电气元件

（一）蜂鸣器

蜂鸣器通电后会发出报警声音，以提醒工作人员注意，蜂鸣器有压电式、机械式、电磁式等，蜂鸣器的工作电压有DC 6 V、DC 12 V、DC 24 V、DC 36 V、AC 220 V、AC 380 V等不同的电压等级，报警声音也有很多种。

（二）电能表

电能表主要是用来计量线路中的输入、输出或两者之间的电能（单位为千瓦时，记为kW·h），电能表多数情况下用于计量负载侧（用户）消耗的电能。交流电能表有单相、三相四线或三相三线之分，居民家中使用的多为单相电能表，工业或单位使用的多数为三相四线或三相三线电能表。电能表的电压和电流接线有一定的相序（顺序），需要按说明书接线，如果电能表倒转则把所有三相的电流进出接线同时对调一下，单相表则对调一下。

（三）功率因数表

功率因数是指交流线路中电压和电流的相位角的余弦值，它的值在0～1之间，工业中大量使用的电气装置多数为感性负载（如电动机、变压器等），这就造成线路的电流相位滞后于电压相位0°～90°，这样负载侧除实际消耗的功率外，还占用了电源的无功功率，致使电能的利用率下降，线路损耗增加。实际应用中人们利用电容负载电流相位超前电压相位0°～90°的特性对功率因数进行补偿，使其尽量接近1，以解决无功损耗问题。

（四）刀开关

刀开关在过去的配电设备中是一种较常见的通断电控制装置，有2位和3位刀开关，刀开关上的熔丝起过载或短路保护的作用，合上开关，电流接通，拉下开关电源断开，上端口接进电侧，下端口接用户负载。

（五）漏电开关

漏电开关主要用于保护人身安全，有单相和三相漏电开关之分，它的主要原理是线路中各相电流的矢量之和为零。在单相线路中，相线上的电流I_A和零线上的电流I_N的矢量之和为零，也就是说来的电流和回去的电流应该相等，并且方向相反，即$I_A+I_N=0$，$I_A=-I_N$。当发生人身触电事故时，由于一部分电流通过人体直接流入大地，使得$I_A+I_N\neq0$。以单相漏电开关为例，它在一个铁芯上把相线和零线绕相同的圈数，铁心上还绕有一个测量线圈。当无人触电时，因$I_A=-I_N$，正向电流形成的磁场和负向电流形成的磁场作用相抵，所以测量线圈上无感应电流，漏电开关不动作。当有人触电时，$I_A\neq-I_N$，测量线圈上将有感应电流，该感应电流接在一个电磁线圈上，并使磁铁吸下，拉下漏电开关的脱扣器，使漏电开关断开，这就起到了保护人身安全的作用。三相电路漏电开关的原理基本相同，它也是利用无人触电时三相电流I_A、I_B、I_C和零线电流I_N的矢量和为零的原理，即$I_A+I_B+I_C+I_N=0$，当无人触电时，漏电开关不动作，当$I_A+I_B+I_C+I_N\neq0$时，说明有漏电的地方，电流通过其他通路流入地下，漏电开关动作，开关断开。漏电检测单元和空气开关共同组成一个漏电开关。

（六）气缸

气缸在自动化生产线和单机自动化设备中经常使用，最常见的是做直线运动和旋转运动，气缸的种类很多，有普通气缸、旋转气缸、双导杆气缸、标准气缸、无杆气缸、双活塞杆气缸、短行程气缸等。气缸通气后产生动作，有的气缸为了产生正反两个动作，要有两个进气口。

（七）开关电源

常规线性直流电源由变压器、整流桥、滤波电容和稳压器件组成，开关电源通过控制开关管的导通占空比来控制输出电压值，它比常规直流线性电源体积小、质量小，所以，近年来得到了大量的应用，它的输出电压可以有很多种，并且同时也可以有多组输出。常用的电压输出：DC 5 V、DC 6 V、DC 10 V、DC 12 V、DC 15 V、DC 24 V等。

（八）绝缘子

电气控制柜内使用的绝缘子主要用于支撑动力铜排、动力铝排和电控柜的零线接出。

（九）塑料配线槽和金属电缆桥架

控制箱内的线路较多时，为了美观和布线方便，把线放入塑料配线槽中，配线槽由槽底和槽盖两部分组成。

（十）尼龙扎带和缠绕管

自锁式尼龙扎带用于捆绑电线，以使布线显得规整。缠绕管（卷式结束保护带）用于保护电线不受磨损及绝缘，并可改变电线的美观度，它的使用方法是先用缠绕管固定起点一端，然后按顺时针方向环绕缠紧，即可将电线束为一体。

（十一）接线端头、定位块和电缆固定头

定位块的用法：用定位块自身的不干胶将定位块粘在柜体上，将电线用自锁式尼龙扎带绑在定位块上，一般用于对少量电线的固定，比如柜门上的电线固定（使用配线槽不方便）。电缆固定头的用法：当电线电缆从柜内接出时，为了防止线缆折损和从内部端子上被拉松，需要用电缆固定头将电线固定锁紧。接线端头的用法：将电线裸露一头插入接线端头，用冷压钳压紧，这样就可以实现可靠的连接，并且拆卸方便。

（十二）发电机

发电机同电动机的工作原理正好相反，电动机是通电后输出旋转动力，而发电机则是输入旋转动力而输出电能。发电机和电动机的界限有时不太明显，如一个普通的永磁直流电动机，用动力去旋转它，它也会发出电来。电动机被其他负载拖动旋转（如电梯向下运行），也会成为发电机而发出电来。专用发电机和专用电动机因各自的主要目的不同，设计结构也有所不同，一般不要互换使用，否则可能会使运行效率下降很多。

电气传动中，常用小型直流发电机测量电动机的旋转速度，转速不同，发电机产生的电压就不同，这种发电机称为直流测速发电机。

三、常见电子元器件及开发工具

（一）电阻

电阻对电流有阻碍作用，就像输水的管路对水流有阻碍作用一样，管道越细，水流动的阻力就越大。电阻也是一样，电阻越大，电流就越小，电阻在电路中起限流、分压等作用。电阻上的电压、电流和电阻符合欧姆定律，电气控制电路中常用某类电路来得出分压值。

大功率电阻的主要用途包括：用串电阻方式来启动电动机、作为变频器和伺服控制器的制动电阻、工业加热炉等。

有一些电阻对光、某种气体或电压等较敏感，电阻值同时会发生相应

的变化。对光和气体敏感的电阻常用于测光和测气的传感器。对电压敏感的电阻,称为压敏电阻,它的特性是电压高于某一值时,电阻会瞬间短路,将电荷放掉,这类电阻和熔断器配合常用于保护内部电路,防止外部高电压对内部电路的损伤。常见电阻有金属膜、碳膜、氧化膜、绕线、釉、水泥、贴片、无感、光敏、压敏、热敏、气敏、熔断等不同类型。电阻的主要参数是电阻值、功率、精度和温变系数等。

(二)电容电感

电容能存储电荷,就像水池能储存水一样,电容上的电压不会突变。

电容的主要参数是电容值、耐压、漏电系数、温度系数等。电容有独石、云母、聚乙酯膜、陶瓷、钽、铝电解、金属化聚丙烯薄膜、金属化聚碳酸酯、贴片等不同种类。

电感有的是用空心线圈做成的,也有的是将线圈缠在其他磁性材料上制成的。电感和电容可以组成LC振荡电路,由于电感中流过的电流不能突变,所以电感在电路中也常被用于消除高频干扰,在变频器中用直流电抗器进行续流。一般情况下,电感的应用场合不如电容和电阻的多。

电感有色环(码)电感、可调电感、滤波电感、空心电感、屏蔽电感、扼流线圈、固定电感、贴片电感、磁珠电感、表面安装电感等。

(三)二极管

二极管的作用有点像供水管路中的单向阀,单向阀只允许水向一个方向流动,当水反向流动时它的阀板由于重力(或弹簧等其他力量)就关闭。二极管对于电流也有单向导通作用,二极管其实就是一个PN结,它允许电流从P(正)端流向N(负)端,电流可以顺箭头所指方向流过,二极管的压降约为0.3 V(锗管)和0.7 V(硅管)。

二极管反向不导通,但是当反向电压高于某一值时,会发生反向雪崩击穿,利用二极管的这一特性可以做成稳压管,稳压二极管的作用是将不稳定的电压经过电阻和稳压二极管后变为稳定的电压输出,在电路中常用作稳定的供电电源或是电压基准。发光二极管的作用是通电后发光。

二极管的主要参数:最大电流、耐压系数、最高工作频率、正反电阻、压降、稳压值、发光颜色等。二极管的种类有检波、整流、开关、稳压、快恢复、发光、光敏、激光等不同类型,常用小功率二极管的型号有1N4001-1N4007、UF4001-UF4007,1N4148等。

(四)晶体管

晶体管在电路中主要起放大(反相或驱动)作用,它的主要参数包括:放大倍数、耐压、最大电流、最高工作频率等。晶体管类似于管道上的按压式冲水阀(或液压千斤顶),人用很小的力,就可以控制输出一个较大的力。晶体管有NPN型和PNP型之分,P是Positive(正)的缩写,N是Negative(负)的缩写。

(五)三端稳压器

三端稳压器是由很多电阻、二极管和晶体管组成的集成电路,它的主要作用就是将输入的直流电压变为一个稳定的输出电压,三端中的一个端为输入端、一个端为输出端、另一个端为公共端。

(六)数码管

数码管是由多个发光二极管按照阿拉伯数字8的形状排列组成,数码管有共阴极和共阳极之分,颜色有红、绿、黄、蓝等不同种类。

(七)放大器

放大器是由很多电阻、二极管和晶体管组成的集成电路,它的主要作用就是将输入信号放大。

(八)与门

与门电路是数字电路中的基本单元之一,它是由很多电阻、二极管、晶体管组成的集成电路。

(九)或门

或门是数字电路的基本单元之一,它是由很多电阻、二极管和晶体管组成的集成电路。

(十)非门

非门(反相门)是数字电路的基本单元之一。

(十一)触发器

触发器有D和JK等几种形式,它是数字电路的基本单元之一。

(十二)AVD转换器

A/D转换器(模拟1数字转换器)用于将模拟信号转换成数字信号(二进制信号),A/D转换器转换为二进制的位数决定了它的分辨率,如把0~5 V信号转换成8位数字二进制信号,也就是转换成0~255,如转换成10

位二进制数则为0～1023，显然位数越高精度也越高。为了减少A/D转换器的引脚数有用串行方式输出的二进制数据的A/D换器，还有的A/D转换器（如万用表上的A/D转换器7106）可以直接输出十进制的8421码。以AD0809为例，给出把0～5 V转换成8位二进制数的A/D转换器的接线方式。

（十三）D/A转换器

D/A转换器（数字1模拟转换器）用于将数字电路的二进制信号转换成模拟信号输出，它与A/D转换器的原理相反，D/A转换器的分辨率有8位、10位、12位、14位等，分辨率越高，其D/A转换输出的模拟信号就越精细，精度也就越高。

（十四）存储器

存储器是专门用于存放程序和数据的器件，它有很多种类，包括随机存储器RAM、可擦除存储器EPROM（紫外线擦除）、E2PROM（电擦除）、Flash（闪存）、只读存储器ROM等，它的主要参数：存储容量（16 KB、64 KB等）、读写方式（并行或串行）、存储位数（1位、8位、16位等）、存储速度等。RAM的速度快，但是掉电后内容无法保存；ROM存储器只能在线读取数据或程序，必须在出厂时定制；Flash的读取方便且速度也较快。

（十五）单片机系统及开发设备

单片机可以按照预先编好的程序，能完成诸如数据输入、复杂运算、数据显示、动作输出等功能，它可以接收外围器件的模拟信号输入、显示数据到外围显示器件、接收按键指令、输出模拟信号、接收开关量信号、输出开关量信号等。以单机片控制为中心的设备开发，需要用专门的单片机开发设备，对其进行编程调试，形成完整的单片机产品，如PID控制器、数据显示仪等。

（十六）电路绘图及制板软件Protel

具有一定功能的电路，是由电子元器件在印制电路板上焊接后连在一起来实现的。用于绘制电子线路图和设计印制电路板最常用软件是Protel，Protel软件用于电子电路绘图时，先从元器件库中把所要使用的元器件调入画面中，并选定好封装形式、输入数值或标记，然后将各引脚根据设计的电子电路连接好，最后形成网点图。Protel软件用于绘制印制电路板设计时，先画出印制电路板的尺寸，再将设计的电子电路的网点图及所用到的电子元器件调入该印制线路板中，将元器件在该印制电路板上做一个基本布局，选择在哪个面上布线，哪个面上布件，是单面、双面还是多面等，然后可以选择人工布线或自动布线方式进行布线操作，布线完成之后，可以让Protel软件将电子电路图和制板图做一个对比检查，看有无错误。最后，在丝网印刷层写好附加信息（如编号、公司等），可以将设计好的印制板电子文档发送到专门的制板厂加工即可。

第二节 在电气自动化控制系统中常用的动力设备

一、电动机

电动机是电气自动化领域最常见的动作执行装置，接入合适的电源后电动机将产生旋转运动。电动机因供电电源不同而分为直流电动机和交流电动机。早期由于直流电动机的调速方法易实现且调速性能好，其在工业调速领域中发挥了主要作用。随着电力电子技术的快速发展，目前交流调速技术已经成熟，由于直流电动机的碳刷存在磨损和打火问题，易发生故障，所以近年来直流电动机正逐渐被交流电动机所取代。不过在很多小型的电子装置中，直流电动机仍发挥着主要作用，如录音机、录像机、照相机等。常见的普通交流电动机有单相和三相之分，交流电动机的工作电压有很多种，在我国多数为AC 220 V、AC 380 V、AC 6 kV、AC 10 kV等，交流电动机的主要参数为额定工作电压、额定输出功率、防保等级（潜水、防水等）等，交流电动机的外形因功率和使用场合的不同差异较大。

转子速度低于定子旋转磁场速度的交流电动机叫异步电动机，转子速度等于定子旋转磁场速度的交流电动机叫同步电动机。伺服电动机主要用于需要精密同步和控制的场合，它的主要特点是精度高、响应快、全速度范围提供额定转矩。变频调速电动机可以长时间低速运行，它的特点是低速时仍可以提供较大的转矩，使它优于普通交流电动机。步进电动机每次动作都转过一个固定角度，它的优点是不需要反馈，控制简单，且可以直接定位，缺点是高速运转时力矩变小。能直接产生直线运动的电动机叫直线电动机，它不再需要将旋转运动通过机械变为直线运动，它体积小、精度高。

二、变压器

变压器由绕在特制铁芯上的几组线圈组成，变压器因用途不同分为电力变压器、自耦减压变压器和控制变压器等，常见变压器有单相变压器和三相变压器。也有一种类似变压器的装置叫电抗器，它利用电感线圈中的电流不能突变的原理，提供续流和稳流作用。在变频器应用中，有时需要在电源输入侧串接输入电抗器以减少变频器产生的谐波对电网的干扰；在变频器的中间直流环节串接直流电抗器以提高功率因数；在接电动机的输出侧串接输出电抗器以减少变频器产生的谐波对大地形成的位移电流漏电效应，延长变频器到电动机之间的使用距离。①

自动化控制领域常用的为控制变压器和自耦减压变压器。控制变压器用于为控制电路或装置提供低压电源或提供抗干扰隔离电源，输入侧电压和输出侧电压之比等于输入线圈匝数与输出线圈匝数之比，它的主要参数为额定功率、输入电压和输出电压等，常用的输出电压为AC 6 V、AC 12 V、AC 24 V和AC 36 V等，当用作抗干扰隔离变压器时输入电压和输出电压相等。不过请注意，隔离后的输出侧如果没有实施一端接地，电压就不再有零线相线之分，接任何一根输出线都不会触电。自耦减压变压器是通过缠在铁芯上的同一组线圈在不同处的抽头来实现升压或降压的，不过在电气自动化领域应用较多的是启动电动机用的三相自耦减压变压器，多数三相自耦减压变压器有65%和85%两组减压抽头，其主要参数为功率。自耦减压变压器一般为短时工作制，时间太长就会发热而烧毁，日常工作中一定要注意这一点。

三、电磁阀

电磁阀是一种控制液体或气体通断的装置，通电后电磁阀动作，断电后恢复原状态。电磁阀分为通电关闭和通电打开两种，这主要是从安全角度考虑的，有些控制过程要求突然断电时，要把介质关断（如煤气）才行，而另一些控制过程可能要求突然断电后打开才安全，当要求对多路气体或液体进行通断控制时，就要用多位多通电磁阀。

（一）电动调节阀

电动调节阀与电磁阀的不同在于电动调节阀阀门的打开角度可以控制，而不只是简单的通和断。带有阀门定位器的电动调节阀在控制系统中可以用标准信号（0～5 V，4～20 mA）等进行阀门的开度控制，不带阀门

①熊锐．火电厂电气控制系统设计与应用[D]．南昌：南昌大学，2020.

定值器的电动阀，利用阀门电动机的正反转及阀门开度反馈信号来控制阀门的开度。气动调节阀利用压缩空气为动力控制阀门的开关，气动调节阀有气开和气关两种，气开和气关功能的选择主要依据的是因意外原因突然断气后系统的安全性要求，如煤气控制阀可能多数情况下选气开是安全的，这样在突然断气后阀门关闭使得煤气系统更安全，气开和气关的选择会影响到控制器控制作用的正反选择。

（二）电线

一般电控柜内的控制电路（也叫二次线路）多用0.3～1.5 mm^2的电线连接。电动机主电源线路（也叫主电路或动力线路）根据线路工作电流的大小选择相应截面积的电线。电流太大时，因电线走线不方便，在电控柜内用铜（或铝）排代替动力电线，为便于检查相线的对错，三相电源线ABC在柜内按上中下、左中右、后中前布置，ABC相对应的色标为黄、绿、红。控制柜到电动机的电线多用动力电缆，线径粗大，一般为三芯或四芯，相间绝缘较厚，外侧有金属铠甲保护。

（三）接线端子

当电控柜需要同柜外装置、远端控制盘或柜门上的元器件连接时，多数情况下，外边的电线不是直接接到内部元器件上，而是先将柜内需要外接的接点连接到端子上，再从端子上与外界元器件连接。

第三节 在电气自动化控制系统中常用的传感器

一、传感器的组成和分类

在生产型企业中，为了保证生产安全、产品质量和实现生产过程自动化，必须用检测装置来准确而及时测定各种工艺参数，传感器就是检测装置的关键器件。国家标准《传感器通用术语》对于传感器作了如下定义："能感受（或响应）规定的被测量，并按照一定规律转换成可用信号输出的器件或装置。传感器通常由直接响应于被测量的敏感元件和产生可用信号输出的转换元件以及相应的电子线路所组成。"在不同的技术领域中对于传感器一类的器件还有其他的名称，例如，在电子技术领域，通常把能感受信号的电子元器件称为敏感元件，如热敏元件、磁敏元件、光敏元件及气敏元件;在超声波技术中则更强调能量转换,如压电式换能器等,而“传感器”是使用最为广泛的名称。

上面已经说明了传感器是由敏感元件和转换元件组成的,其中,敏感元件是指传感器中能直接感受或响应被测量的部分;转换元件是指传感器中将敏感元件感受或响应的被测量转换成适于传输或测量的电信号部分。由于敏感元件的输出信号一般都很微弱,因此需要有信号调理与转换电路对其进行放大、运算调制等。随着半导体器件与集成技术在传感器中的应用,传感器的信号调理与转换电路可能安装在传感器的壳体里或与敏感元件一起集成在同一芯片上。此外,信号调理与转换电路以及传感器工作必须有辅助的电源,因此,信号调理转换电路以及所需的电源都应作为传感器组成的一部分。

传感器技术是一门知识密集型技术,它与许多学科相关。传感器的工作原理各种各样,其种类繁多,分类方法也很多,但目前一般采用两种分类方法:一是按被测参数分类,如温度、压力、位移、速度等;二是按传感器的工作原理分类,如应变式、电容式、压电式、磁电式等。本节是按后一种分类方法来介绍各种传感器,而在工程应用上则是根据被测参数种类来选择传感器的。

二、传感器的基本特性

在生产过程和科学实验中,要对各种各样的参数进行检测和控制,就要求传感器能感受被测参数的变化,并将其不失真地变换成相应的电量,这不仅要求敏感元件对所测参数的响应有足够的灵敏度,而且还要求它尽可能少受环境因素的影响,也就是说,敏感元件的输出最好与输入量有单值对应关系(单值函数)。为了掌握传感器的基本特性,需要从静态和动态两个方面进行考察。①

(一)传感器的静态特性

传感器的静态特性是指被测量的值处于稳定状态时的输出输入关系。只考虑传感器的静态特性时,输入量与输出量之间的关系式中不含有时间变量。衡量静态特性的重要指标是线性度、灵敏度、迟滞和重复性等。

线性度:传感器的线性度是指传感器的输出与输入之间数量关系的线性程度。输出与输入关系可分为线性特性和非线性特性。从传感器的

①梁国美. 铜冶炼设备圆盘浇铸机组电气自动化控制设计[D]. 南昌:南昌大学,2019.

性能看，希望具有线性关系，即具有理想的输出输入关系。但实际遇到的传感器大多为非线性，如果不考虑迟滞和蠕变等因素，传感器的输出与输入关系可用一个多项式表示：

$$y = a_0 + a_1x + a_2x^2 + \cdots + a_nx^n$$

式中，a_0为输入量x为零时的输出量；a_1为线性项系数；$a_2,a_3\cdots,a_n$为非线性项系数。各项系数不同，决定了特性曲线的具体形式各不相同。

静态特性曲线可通过实际测试获得。在实际使用中，为了标定和数据处理的方便，希望得到线性关系，因此需引入非线性补偿环节。如采用非线性补偿电路或计算软件进行线性化处理，从而使传感器的输出与输入关系为线性或接近线性。但如果传感器非线性的方次不高，输入量变化范围较小时，可用一条直线（切线或割线）近似地代表实际曲线的一段，使传感器输出—输入特性线性化，所采用的直线称为拟合直线。实际特性曲线与拟合直线之间的偏差称为传感器的非线性误差（或线性度），通常用相对误差γ_L表示，即

$$\gamma_L = \pm\frac{\Delta L_{\max}}{Y_{FS}} \times 100\%$$

式中，$\Delta L_{\max}$为最大非线性绝对误差；Y_{FS}为满量程输出。即使是同类传感器的拟合直线不同，其线性度也是不同的。选取拟合直线的方法很多，用最小二乘法求取的拟合直线的拟合精度最高。

灵敏度：灵敏度S是指传感器的输出量增量与引起输出量增量的输入量增量的比值，即

$$S = \Delta y/\Delta x$$

对于线性传感器，它的灵敏度就是它的静态特性的斜率，而非线性传感器的灵敏度为一变量。

迟滞：传感器在正（输入量增大）反（输入量减小）行程期间其输出—输入特性曲线不重合的现象称为迟滞。也就是说，对于同一大小的输入信号，传感器的正反行程输出信号大小不相等。产生这种现象的主要原因是传感器敏感元件材料的物理性质和机械零部件的缺陷所造成的，例如，弹性敏感元件的弹性滞后、运动部件摩擦、转动机构的间隙、紧固件松动等。

迟滞大小通常由实验确定。迟滞误差可由下式计算：

$$\gamma_R = \pm\frac{1}{2}\frac{\Delta L_{\max}}{Y_{FS}} \times 100\%$$

（二）传感器的动态特性

传感器的动态特性是指其输出对随时间变化的输入量的响应特性。当被测量随时间变化是时间的函数时，则传感器的输出量也是时间的函数，其间的关系要用动态特性来表示。一个动态特性好的传感器，其输出将再现输入量的变化规律，即具有相同的时间函数。实际上除了具有理想的比例特性外，输出信号将不会与输入信号具有相同的时间函数，这种输出与输入间的差异就是所谓的动态误差。

为了说明传感器的动态特性，下面简要介绍动态测温的问题。在被测温度随时间变化或传感器突然插入被测介质中，以及传感器以扫描方式测量某温度场的温度分布等情况下，都存在动态测温问题。如把一只热电偶从温度为t_0环境中迅速插入一个温度为t_1的恒温水槽中（插入时间忽略不计），这时热电偶测量的介质温度从t_0突然上升到t_1，而热电偶反映出来的温度从t_0变化到t_1需要经历一段时间，即有一段过渡过程。热电偶反映出来的温度与介质温度的差值就称为动态误差。

造成热电偶输出波形失真和产生动态误差的原因是温度传感器有热惯性和传热热阻，使得在动态测温时传感器输出总是滞后于被测介质的温度变化。如带有套管的热电偶的热惯性要比裸热电偶大得多。这种热惯性是热电偶固有的，这种热惯性决定了热电偶测量快速温度变化时会产生动态误差。影响动态特性的“固有因素”任何传感器都有，只不过它们的表现形式和作用程度不同而已。

动态特性除了与传感器的固有因素有关之外，还与传感器输入量的变化形式有关。对于正弦波输入信号，传感器的响应称为频率响应或稳态响应；对于阶跃输入信号，则称为传感器的阶跃响应或瞬态响应。

三、应变式传感器

电阻应变式传感器是利用电阻应变片将机械变形转换为电阻变化的传感器，传感器由在弹性元件上粘贴电阻应变敏感元件构成。当被测物理量作用在弹性元件上时，弹性元件的变形引起敏感元件的阻值变化，通过转换电路将其转变成电量输出，电量变化的大小反映了被测物理量的大小。应变式电阻传感器是目前测量力、力矩、压力、加速度、重量等参数最常用的传感器。

（一）工作原理

电阻应变片的工作原理是基于应变效应，即在导体产生机械变形时，

它的电阻值相应发生变化。一根金属电阻丝，在其未受力时，原始电阻值为

$$R = \frac{\rho L}{S}$$

式中，ρ 为电阻丝的电阻率；L 为电阻丝的长度；S 为电阻丝的截面积。

当电阻丝受到拉力 F 作用时，将伸长 ΔL，横截面积相应减小 ΔS，电阻率将因晶格发生变形等因素而改变 $\Delta\rho$，故引起电阻值相对变化量为

$$\frac{\Delta R}{R} = \frac{\Delta L}{L} - \frac{\Delta S}{S} + \frac{\Delta\rho}{\rho}$$

式中，$\frac{\Delta L}{L}$ 是长度相对变化量，用应变 ε 表示为

$$\varepsilon = \frac{\Delta L}{L}$$

$\frac{\Delta S}{S}$ 为圆形电阻丝的截面积相对变化量，即

$$\frac{\Delta S}{S} = \frac{2\Delta r}{r}$$

由材料力学可知，在弹性范围内，金属丝受拉力时，沿轴向伸长，沿径向缩短，那么轴向应变和径向应变关系可表示为

$$\frac{\Delta r}{r} = -\mu\frac{\Delta L}{L} = -\mu\varepsilon$$

式中，μ 为电阻丝材料的泊松比，负号表示应变方向相反。根据以上公式，可得

$$\frac{\Delta R}{R} = (1 + 2\mu)\varepsilon + \frac{\Delta\rho}{\rho}$$

或

$$\frac{\frac{\Delta R}{R}}{\varepsilon} = (1 + 2\mu) + \frac{\frac{\Delta\rho}{\rho}}{\varepsilon}$$

通常把单位应变引起的电阻值变化称为电阻丝的灵敏度系数，其物理意义是单位应变所引起的电阻相对变化量，其表达式为

$$K = (1 + 2\mu) + \frac{\frac{\Delta\rho}{\rho}}{\varepsilon}$$

灵敏度系数受两个因素影响：一个是受力后材料几何尺寸的变化，即

$(1+2\mu)$；另一个是受力后材料的电阻率发生的变化，即$\frac{\frac{\Delta\rho}{\rho}}{\varepsilon}$。对金属材料电阻丝来说，灵敏度系数表达式中前者的值要比后者大得多，而半导体材料则恰恰相反。大量实验证明，在电阻丝拉伸极限内，电阻的相对变化与应变成正比，即K为常数。

用应变片测量应变或应力时，在外力作用下，被测对象产生微小机械变形，应变片随之发生相同的变化，同时应变片电阻值也发生相应变化。当测得应变片电阻值变化ΔR时，便可得到被测对象的应变值。根据应力与应变的关系，得到应力值为

$$\sigma = E\varepsilon$$

式中，σ为试件的应力；ε为试件的应变；E为试件材料的弹性模量。

由此可知，应力值正比于应变，而试件应变正比于电阻值的变化，所以应力正比于电阻值的变化，这就是利用应变片测量应变的基本原理。

（二）电阻应变片特性

1.电阻应变片的种类

电阻应变片品种繁多，形式多样，但常用的应变片可分为两类：金属电阻应变片和半导体电阻应变片。

金属应变片由敏感栅、基片、理盖层和引线等部分组成。敏感栅是应变片的核心部分，它粘贴在绝缘的基片上，其上再粘贴起保护作用的覆盖层，两端焊接引出导线。金属电阻应变片的敏感栅有丝式、箔式和薄膜式三种。箔式应变片是利用光刻、腐蚀等工艺制成的一种很薄的金属箱栅，其厚度一般为0.003~0.01 mm。其优点是散热条件好，允许通过的电流较大，可制成各种所需的形状便于批量生产。薄膜应变片是采用真空蒸发或真空沉淀等方法在薄的绝缘基片上形成的0.1 μm以下的金属电阻薄膜的敏感栅，最后再加上保护层。它的优点是应变灵敏度系数大，允许电流密度大，工作范围广。

半导体应变片是用半导体材料而制成的，其工作原理是基于半导体材料的压阻效应。所谓压阻效应，是指半导体材料在某一轴向受外力作用时，其电阻率发生变化的现象。半导体应变片突出优点是灵敏度高，比金属丝式高50～80倍，尺寸小，横向效应小，动态响应好。但它有温度系数大、应变时非线性比较严重等缺点。

2.横向效应

当将应变片粘贴在被测试件上时，由于其敏感栅是由n条长度为1的

直线段和$n-1$个半径为r的半圆组成，若该应变片承受轴向应力而产生纵向拉应变时，则各直线段的电阻将增加。圆弧段电阻的变化将小于沿轴向安放的同样长度电阻丝电阻的变化。综上所述，将直的电阻丝绕成敏感栅后，虽然长度不变，应变状态相同，但由于应变片敏感栅的电阻变化较小，因而其灵敏系数K较电阻丝的灵敏系数K_0小，这种现象称为应变片的横向效应。

当实际使用应变片的条件与其灵敏系数K的标定条件不同时，由于横向效应的影响，实际K值要改变，如仍按标称灵敏系数来进行计算，可能造成较大误差。当不能满足测量精度要求时，应进行必要的修正。为了减小横向效应产生的测量误差，一般多采用箔式应变片。

（三）电阻应变片的测量电路

由于机械应变一般都很小，要把微小应变引起的微小电阻变化测量出来，同时要把电阻相对变化值转换为电压或电流的变化。因此需要有专用测量电路用于测量应变变化而引起电阻变化的测量电路，通常采用直流电桥或交流电桥。

为了减小和克服非线性误差，常采用差动电桥。在试件上安装两个工作应变片，一个受拉应变，一个受压应变，接入电桥相邻桥臂，称为半桥差动电路；若将电桥四臂接入四片应变片，即两个受拉应变，两个受压应变，将两个应变符号相同的接入相对桥臂上，构成全桥差动电路。

（四）应变式传感器应用实例

被测物理量为荷重或力的应变式传感器，统称为应变式力传感器。主要用于各种电子秤与材料试验机的测力元件、发动机的推力测试、水坝坝体承载状况监测等。

应变式力传感器要求有较高的灵敏度和稳定性，当传感器在受到侧向作用力或力的作用点发生轻微变化时，不应对输出有明显的影响。

柱式、筒式力传感器，应变片粘贴在弹性体外壁应力分布均匀的中间部分，对称地粘贴多片，电桥接线时应尽量减小载荷偏心和弯矩的影响，贴片在圆柱面上的位置及其在桥路中的连接为R_1和R_3串接，R_2和R_4串接，并分别置于桥路斜对面的支路上以减小弯矩影响，横向贴片R_5至R_8作温度补偿用。

（五）扩散硅式压力变送器

扩散硅式压力变送器是近年来得到广泛使用的器件，它的敏感元件就是半导体应变片。将P型杂质扩散到N型硅片上，形成极薄的P型导电层，焊上引线就成为应变片，由于它和弹性元件（即N型硅基片）结合在一起，因而用不着黏结。这种敏感元件中间很薄，边缘是有一定厚度的环形，故也称为“硅杯”。在硅杯的膜片上共有四个扩散电阻，杯的内腔承受的压力为P_1，杯外承受的压力为P_2，当$P_1>P_2$时，R_2、R_3将承受拉应力，R_1、R_4将承受压应力，将这四个电阻接成电桥，便可以将压力差转换为电信号输出。

四、电感式传感器

利用电磁感应原理将被测非电量如位移、压力、流量、振动等转换成线圈自感量L或互感量M的变化，再由测量电路转换为电压或电流的变化量输出，这种装置称为电感式传感器。

电感式传感器具有结构简单、工作可靠、测量精度高、零点稳定、输出功率较大等一系列优点，其主要缺点是灵敏度、线性度和测量范围相互制约，传感器自身频率响应低，不适用于快速动态测量。这种传感器能实现信息的远距离传输、记录、显示和控制，在工业自动控制系统中被广泛采用。

电感式传感器种类很多，这里主要介绍自感式、互感式和电涡流式的三种传感器。

（一）变磁阻式传感器

工作原理：变磁阻式传感器的结构由线圈、铁芯和衔铁三部分组成。铁芯和衔铁由导磁材料，如硅钢片或坡莫合金制成，在铁芯和衔铁之间有气隙，气隙厚度为δ，传感器的运动部分和衔铁相连。当衔铁移动时，气隙厚度δ发生改变，引起磁路中磁阻变化，从而导致电感线圈的电感值变化，因此只要能测出这种电感量的变化，就能确定衔铁位移量的大小和方向。设电感传感器初始气隙为δ_0，初始电感量为L_0，铁位移引起的气隙变化量为$\Delta\delta$，L与δ之间是非线性关系。

可见，变间隙式电感传感器的测量范围与灵敏度及线性度相矛盾，所以变隙式电感式传感器用于测量微小位移时是比较精确的。为了减小非线性误差，实际测量中广泛采用差动变隙式电感传感器。

差动变隙式电感传感器由两个相同的电感线圈和磁路组成。测量时，衔铁通过导杆与被测位移量相连，当被测体上下移动时，导杆带动衔铁也以相同的位移上下移动，使两个磁回路中磁阻发生大小相等、方向相反的变化，导致一个线圈的电感量增加，另一个线圈的电感量减小，形成差动形式，其灵敏度可以提高一倍，线性度也得到了明显改善。

变磁阻式传感器的应用：差动变隙式电感压力传感器主要由C形弹簧管、衔铁、铁芯和线圈等组成。当被测压力P进入C形弹簧管时，C形弹簧管产生变形，其自由端发生位移，带动与自由端连接成一体的衔铁运动，使线圈1和线圈2连接成一体的衔铁运动，使线圈1和线圈2中的电感发生大小相等、符号相反的变化，即一个电感量增大，另一个电感量减小。电感的这种变化通过电桥电路转换成电压输出。由于输出电压与被测压力之间成比例关系，所以只要用检测仪表测量出输出电压，即可得知被测压力的大小。

（二）差动变压器式传感器

把被测的非电量变化转换成为线圈互感量变化的传感器称为互感式传感器。这种传感器是根据变压器的基本原理制成的，并且两次绕组都用差动形式连接，故称差动变压器式传感器。差动变压器结构形式较多，有变隙式、变面积式和螺线管式等，但其工作原理基本一样。非电量测量中，应用最多的是螺线管式差动变压器，它可以测量1～100 mm范围内的机械位移，并具有测量精度高、灵敏度高、结构简单、性能可靠等优点。

工作原理：差动变压器式传感器中的两个二次绕组反向串联，并且在忽略铁损、导磁铁磁阻和线圈分布电容的理想条件下，当一次绕组加以励磁电压时，根据变压器的工作原理，在两个二次绕组中便会产生感应电动势。如果工艺上保证变压器结构完全对称，则当活动衔铁处于平衡位置时，必然会使两互感系数$M_1=M_2$。由于变压器二次绕组反向串联，差动变压器输出电压为零。

差动变压器式传感器可以直接用于位移测量，也可以测量与位移有关的任何机械量，如振动、加速度、应变、张力和厚度等。

（三）电涡流式传感器

根据法拉第电磁感应原理，块状金属导体置于变化的磁场中或在磁场中作切割磁力线运动时，导体内将产生呈涡旋状的感应电流，此电流叫电涡流，以上现象称为电涡流效应。根据电涡流效应制成的传感器称为电涡流式传感器。按照电涡流在导体内的贯穿情况，此传感器可分为高频反射式和低频透射式两类，但从基本工作原理上来说仍是相似的。

电涡流式传感器最大的特点是能对位移、厚度、表面温度、速度、应力、材料损伤等进行非接触式连续测量，另外还具有体积小、灵敏度高、频率响应宽等特点，应用极其广泛。

工作原理：图3-1为电涡流式传感器的原理图，该图由传感器线圈和被测金属导体组成线圈—导体系统。

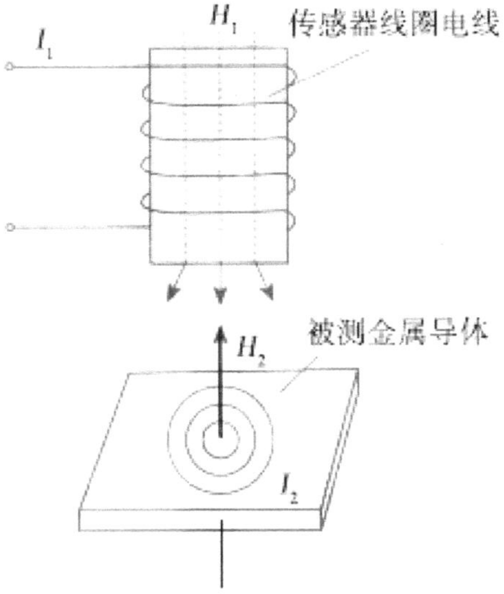

图3-1　电涡流式传感器的原理图

根据法拉第定律，当传感器线圈通以正弦交变电流I_1时，线圈周围空间必然产生正弦交变磁场H_1，使置于此磁场中的金属导体中感应电涡流I_2，I_2又产生新的交变磁场H_2。根据楞次定律，H_2的作用将反抗原磁场H_1，导致传感器线圈的等效阻抗发生变化。由上可知，线圈阻抗的变化完全取决于被测金属导体的电涡流效应。而电涡流效应既与被测体的电阻率、磁导率以及几何形状有关，又与线圈几何参数、线圈中励磁电流频率有关，还与线圈与导体之间的距离有关。因此，传感器线圈受电涡流影响时的等效阻抗Z的函数关系为

$$Z = F(\rho, \mu, r, f, x)$$

式中，r为线圈与被测体的尺寸因子。

如果保持上式中其他参数不变，而只改变其中一个参数，传感器线圈阻抗Z就仅仅是这个参数的单值函数。通过与传感器配用的测量电路测出阻抗Z的变化量，即可实现对该参数的测量。

图3-2所示为低频透射式涡流厚度传感器结构原理图。在被测金属的上方设有发射传感器线圈L_1，在被测金属板下方设有接收传感器L_2。当在L_1上加低频电压U_1时，则L_1上产生交变磁通ϕ_1，若两线圈间无金属板，则交变磁场直接耦合至L_2中，L_1产生感应电压U_2。如果将被测金属板

放入两线圈之间，则L_1线圈产生的磁通将导致在金属板中产生电涡流。此时磁场能量受到损耗，到达L_2磁通将减弱为ϕ_1，从而使L_2产生的感应电压U_2下降。金属板越厚，涡流损失就越大，U_2电压就越小。因此，可根据U_2电压的大小得知被测金属板的厚度，透射式涡流厚度传感器检测范围可达1～100 mm，分辨率为0.1 μm，线性度为1%。

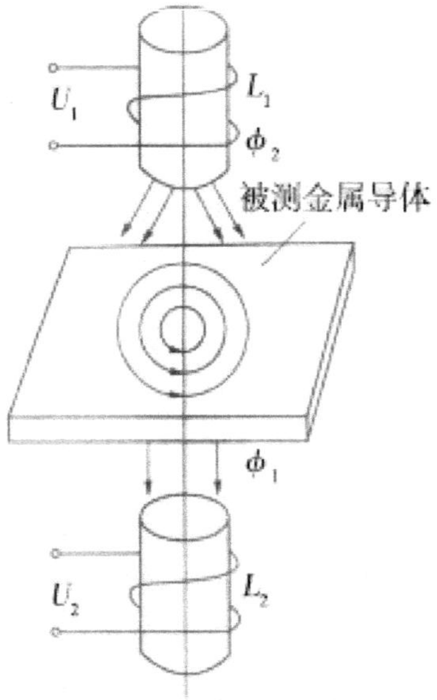

图3-2　低频透射式涡流厚度传感器结构原理图

图3-3为电涡流式转速传感器工作原理图。在软磁材料制成的输入轴上加工一键槽，在距输入表面d_0处设置电涡流传感器，输入轴与被测旋转轴相连。

当被测旋转轴转动时，输出轴的距离发生$d_0+\Delta d$的变化。

由于电涡流效应，这种变化将导致振荡器回路的品质因素变化，使传感器线圈电感随Δd的变化也发生变化，它们将直接影响振荡器的电压幅值和振荡频率。因此，随着随入轴的旋转，从振荡器输出的信号中包含有与转数成正比的脉冲频率信号。该信号由检波器检出电压幅值的变化量，然后经整形电路输出脉冲频率信号f。该信号经电路处理便可得到被测转速。

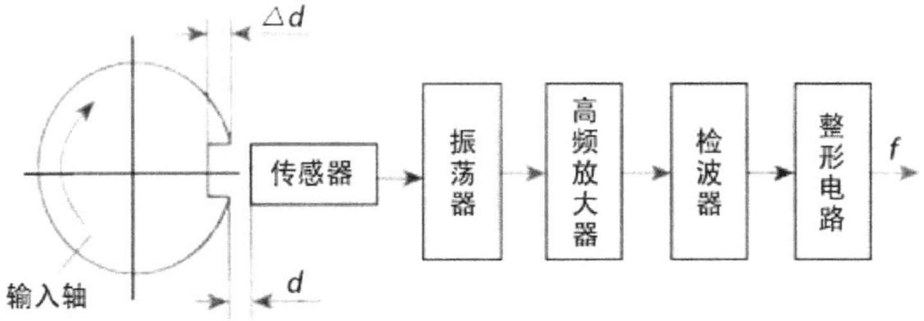

图3-3　电涡流式转速传感器工作原理图

这种转速传感器可实现非接触式测量，抗污染能力很强，可安装在旋转轴近旁长期对被测转速进行监视，其最高测量转速可达600 000 r/min。

五、磁电式传感器

磁电式传感器是通过磁电作用将被测量转换成电信号的一种传感器。磁电式传感器包括磁电感应式传感器、霍尔式传感器等，下面将分别讨论。

（一）磁电感应式传感器

磁电感应式传感器又称为电磁式或电动式传感器，是利用电磁感应原理将被测量（如振动、位移、扭矩、转速等）转换成电信号的一种传感器。它不需要辅助电源就能将被测对象的机械量转换成易于测量的电信号，它的输出功率大且性能稳定，但几何尺寸和重量都较大。

1.工作原理

电磁感应现象有两种典型状态，一是导体在磁场中作切割磁力线运动时，产生的感应电动势为

$$E = BLv$$

式中，B为磁感应强度；v为导体切割磁力线的速度；L为导体长度。

磁场方向、导体运动方向和电动势方向三者之间的关系由右手定则确定。二是当穿过线圈的磁通量发生变化时，线圈内产生的感应电动势为

$$E = -w\mathrm{d}\phi/\mathrm{d}t$$

式中，w为线圈的匝数；$\mathrm{d}\phi/\mathrm{d}t$为磁通的变化率；负号表示感应电流的方向是阻碍磁通变化的。根据电磁感应原理，可以设计成两种磁电传感器结构：变磁通式和恒磁通式。

开磁路变磁通式：线圈、磁铁静止不动，测量齿轮安装在被测旋转体

上，随之一起转动。每转动一个齿，齿的凹凸引起磁路磁阻变化一次，磁通也就变化一次，线圈中产生感应电动势，其变化频率等于被测转速与测量齿轮齿数的乘积。这种传感器结构简单，但输出信号较小，且因高速轴上加装齿轮较危险而不宜测量高转速。

闭磁路变磁通式，它由装在转轴上的内齿轮、外齿轮、永久磁铁和感应线圈组成，内外齿轮齿数相同。当转轴连接到被测转轴上时，外齿轮不动，内齿轮随被测轴而转动，内、外齿轮的相对转动使气隙磁阻产生周期性变化，从而引起磁路中磁通的变化，使线圈内产生周期性变化的感生电动势。显然，感应电势的频率与被测转速成正比。恒磁通式磁电传感器典型结构由永久磁铁、线圈、弹簧、金属骨架等组成。

磁路系统产生恒定的直流磁场，磁路中的工作气隙固定不变，因而气隙中磁通也恒定不变。其运动部件可以是线圈（动圈式），也可以是磁铁（动铁式），它们的工作原理是完全相同的。当壳体随被测振动体一起振动时，由于弹簧较软，运动部件质量相对较大，当振动频率足够高（远大于传感器固有频率）时，运动部件惯性很大，来不及随振动体一起振动，近乎静止不动，振动能量几乎全被弹簧吸收，永久磁铁与线圈之间的相对运动速度接近于振动体振动速度，磁铁与线圈的相对运动切割磁力线，从而产生感应电动势为

$$E = B_0 L w v$$

式中，B_0为工作气隙磁感应强度；L为每匝线圈平均长度；w为线圈在工作气隙磁场中的匝数；v为相对运动速度。

2.磁电感应式传感器的应用

根据电磁感应定律为基础可构成电磁流量计及动圈式振动速度传感器。

动圈式振动速度传感器结构主要由钢制圆形外壳制成，里面用铝支架将圆柱形永久磁铁与外壳固定成一体，永久磁铁中间有一小孔，穿过小孔的芯轴两端架起线圈和阻尼环，芯轴两端通过圆形膜片支撑架空且与外壳相连。

工作时，传感器与被测物体刚性连接，当物体振动时，传感器外壳和永久磁铁随之振动，而架空的芯轴、线圈与阻尼环因惯性而不随之振动。因而，磁路空气隙中的线圈切割磁力线而产生正比于振动速度的感应电动势，线圈的输出电动势与位移成正比；若在测量电路中接入微分电路，则其输出与加速度成正比。

(二)霍尔式传感器

霍尔传感器是基于霍尔效应的一种传感器。1879年美国物理学家霍尔首先在金属材料中发现霍尔效应。随着科学技术的发展,采用半导体材料制成的霍尔器件结构简单,工作可靠。

频率响应宽(从直流到1 MHz),易于微型化和集成电路化,广泛用于测量交、直流电流、电压等参数,测量压力、位移、速度、振动等机械量,还可以进行乘、除、乘方、开方等运算,因而应用领域极为广泛。

1.霍尔效应及霍尔元件

置于磁场中的静止载流导体,其电流与磁场方向垂直,载流导体上平行于电流和磁场方向的两个面之间产生电动势,这种现象称霍尔电动势。如图3-4所示,在垂直于外磁场B的方向上放置一导电板,导电板通以电流I,方向如图所示。导电板中的电流是金属中自由电子在电场作用下的定向运动。此时,每个电子受洛仑兹力F_L的作用,F_L大小为

$$F_L = eBv$$

式中,e为电子电荷;v为电子运动平均速度;B为磁场的磁感应强度。

F_L的方向在图3-4中是向上的,此时电子除了沿电流反方向做定向运动外,还在F_L的作用下向上漂移,结果使金属导电板上底面积积累电子,而下底面积累正电荷,从而形成了附加内电场E_H,称霍尔电场。

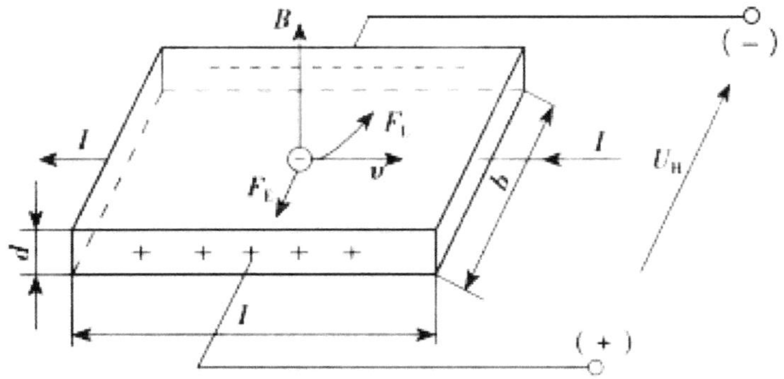

图3-4 霍尔效应原理图

霍尔电场的出现,使定向运动的电子除受洛仑兹力作用外,还受到霍尔电场的作用力,其大小为eE_H,此力阻止电荷继续积累。随着上、下底面积积累电荷的增加,霍尔电场增加,电子受到的电场力F_0也增加,当电子所受洛仑兹力与霍尔电场作用大小相同、方向相反时,即

$$eE_H = evB$$

则

$$E_H = vB$$

此时电荷不再向两底面积累,达到平衡状态。若金属导电板单位体积内电子数为n,电子定向运动平均速度为v,则激励电流:

$$I = nebvd$$

$$v = \frac{1}{bdne}$$

根据上式可得

$$E_H = \frac{IB}{bdne}$$

所以

$$U_H = \frac{IB}{ned}$$

令$R_H=I/(ne)$,称为霍尔常数,其大小取决于导体载流子密度,则

$$U_H = R_H\frac{IB}{d} = K_H IB$$

式中,$K_H = \frac{R_H}{d}$称为霍尔片的灵敏度。可见,霍尔电动势正比于激励电流及磁感应强度,当I为交变电流时,得到的U_H也是交流电压,因而霍尔元件可以用于测量交直流电量。

对霍尔片材料的要求,希望有较大的霍尔常数R_H,霍尔元件激励极间电阻$R = \rho L/bd$同时$R = U_1/I = E_1L/I = vL/(\mu nevbd)$,其中$U_1$为加在霍尔元件两端的激励电压,$E_1$为霍尔元件激励极间内电场,$v$为子电子移动的平均速度,则

$$\frac{\rho L}{bd} = \frac{L}{\mu nebd}$$

解得

$$R_H = \mu\rho$$

由此可知,霍尔常数等于霍尔片材料的电阻率与电子迁移率的乘积。若要霍尔效应强,则R_H值大,因此要求霍尔片材料有较大的电阻率和载流子迁移率。一般金属材料载流子迁移率很高,但电阻率很小;而绝缘材料电阻率极高,但载流子迁移率极低。故只有半导体材料适于制造霍尔片。目前常用的霍尔元件材料有:锗、硅、砷化钢、锑化钢等半导体材料。其中N型锗容易加工制造,其霍尔系数、温度性能和线性度都较好。N型硅的

线性度最好，其霍尔系数、温度性能同N型锗相近。锑化钢对温度最敏感。尤其在低温范围内温度系数大，但在室温时其霍尔系数较大。砷化钢的霍尔系数较小，温度系数也较小，输出特性线性度好。

霍尔元件的结构很简单，它由霍尔片、引线和壳体组成，如图3-5所示。霍尔片是一块矩形半导体单晶薄片，引出四个引线，1、1′两根引线加激励电压或电流，称为激励电极；2、2′引线为霍尔输出引线，称为霍尔电极。霍尔元件壳体由非导磁金属、陶瓷或环氧树脂封装而成。在电路中霍尔元件可用两种符号表示，如图3-6所示。

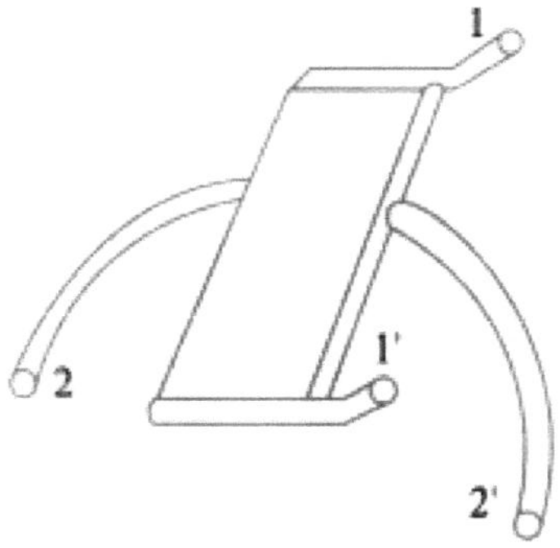

图3-5 霍尔元件外形结构示意图

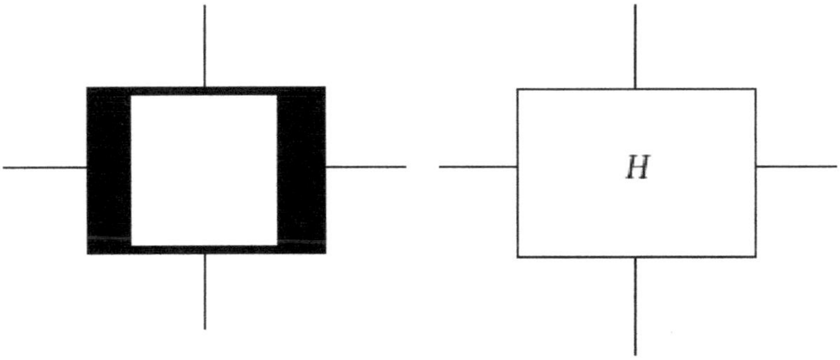

图3-6 霍尔元件图形符号

霍尔元件是采用半导体材料制成的，因此它们的许多参数都具有较大的温度系数。当温度变化时，霍尔元件的载流子浓度、迁移率、电阻率及霍尔系数都将发生变化，从而使霍尔元件产生温度误差。

为了减少霍尔元件的温度误差，除选用温度系数小的元件或采用恒温措施外，采用恒流源供电是个有效措施，可以使霍尔电动势稳定。但也只能减少由于输入电阻随温度变化而引起的激励电流I变化所带来的影响。

霍尔元件的灵敏系数K,也是温度的函数,它随温度的变化引起霍尔电势的变化。霍尔元件的灵敏度系数与温度的关系可写成:

$$K_H = K_{H0}(1 + \alpha\Delta T),$$

式中,K_{H0}为温度T_0时的K值;ΔT为温度变化量,$\Delta T=T-T_0$;α为霍尔元件的电阻温度系数。由于大多数霍尔元件的电阻温度系数α是正值,它们的霍尔电动势随温度升高而增加$1 + \alpha\Delta T$倍。如果与此同时让激励电流I相应的减小,并能保持K_HI乘积不变,也就抵消了灵敏系数K_H增加的影响。图3-7就是按此思路设计的一个既简单、补偿效果又较好的补偿电路。电路中用一个分流电阻R与霍尔元件的激励电极相并联。当霍尔元件的输入电阻随温度升高而增加时,旁路分流电阻R自动地加强分流,减少了霍尔元件的励磁电流I_H,从而达到补偿的目的。

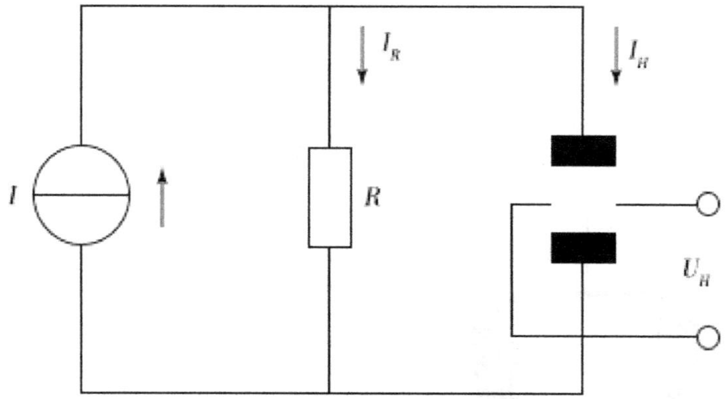

图3-7 恒流温度补偿电路

2.应用实例

霍尔式微位移传感器:霍尔元件具有结构简单、体积小、工作频率范围宽、动态特性好和寿命长等优点,它不仅用于磁感应强度,有功功率及电能参数的测量,也在位移测量中得到广泛应用。

图3-8给出了一些霍尔式位移传感器的工作原理。图a是磁场强度相同的两块永久磁铁,同极性相对的位置,霍尔元件处在两块磁铁的中间。由于磁铁中间的磁感应强度B=0,因此霍尔元件输出的霍尔电动势U_H也等于零,此时位移Δx=0。若霍尔元件在两磁铁中产生相对位移,霍尔元件感受到的磁感应强度也随之改变,这时U_H不为零,其量值大小反映

出霍尔元件与磁铁之间相对位置的变化量，这种结构的传感器，其动态范围可达5 mm，分辨率为0.001 mm。

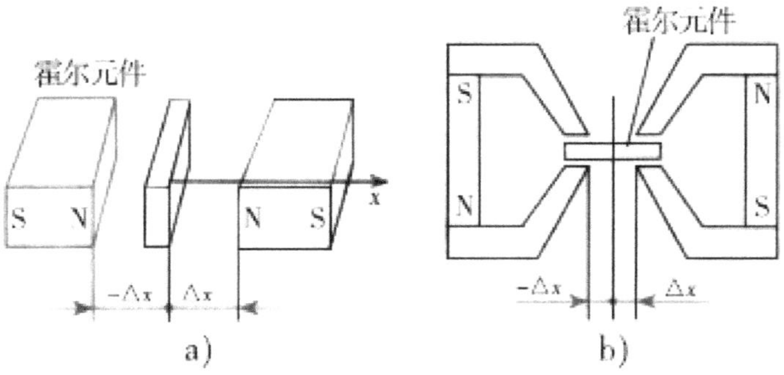

图3-8 霍尔式位移传感器的工作原理图

图b是一个由两个结构相同的磁路组成的霍尔式位移传感器，为了获得较好的线性分布，在磁极端装有极靴，霍尔元件调整好初始位置时，可以使霍尔电压U_H=0。这种传感器灵敏度很高，但它所能检测的位移量较小，适合于微位移量及振动的测量。

霍尔式转速传感器：导磁材料制成的转盘的输入轴与被测转轴相连，霍尔传感器和小永久磁铁分别装在转盘两侧，当被测转轴转动时，霍尔传感器便可在转盘缺口通过时产生一个脉冲，检测出单位时间的脉冲数，便可知被测转速。磁性转盘上缺口数目的多少决定了传感器测量转速的分辨率。

六、电容式传感器

电容式传感器是将被测非电量的变化转换为电容量变化的一种传感器。它结构简单、体积小、分辨率高，可非接触式测量，并能在高温、辐射和强烈振动等恶劣条件下工作，广泛用于压力、差压、液位、振动、位移、加速度、成分含量等多方面的测量。随着电容测量技术的迅速发展，电容式传感器在非电量测量和自动检测中得到了广泛应用。

（一）电容式传感器的工作原理和结构

由绝缘介质分开的两个平行金属板组成的平板电容器，如果不考虑边缘效应，其电容量为

$$C = \frac{\varepsilon A}{d}$$

式中，ε为电容极板间介质的介电常数，$\varepsilon=\varepsilon_0\varepsilon_r$，其中$\varepsilon_0$为真空介电常数，$\varepsilon_r$为极板间介质相对介电常数；$A$为两平行板所覆盖的面积；$d$为两平行板之间的距离。

当被测参数变化使得式中的A、d或ε发生变化时，电容量C也随之变化。如果保持其中两个参数不变，而仅改变其中一个参数，就可把该参数的变化转换为电容量的变化，通过测量电路就可转换为电量输出。因此，电容式传感器可分为变极距型、变面积型和变介质型三种类型，近年来获得广泛应用的电容式压力变送器也是一种变极距型传感器。

电容式传感器的电容值以及电容变化量都十分微小，必须借助于测量电路检出这个微小的电容增量，通过LC振荡电路、双T形交流电桥、脉冲宽度调制电路等转换为与被测参数成单值函数关系的电压、电流或频率信号。

（二）变极距型电容传感器

图3-9为变极距型电容式传感器的原理图。传感器的输出特性$C=f(d)$不是线性关系，而是图3-10所示双曲线关系。变极距型电容式传感器只有在$\Delta d/d$很小时，才有近似的线性输出。

在d较小时，对于同样的Δd变化所引起的ΔC可以增大，从而使传感器灵敏度提高，但d过小，容易引起电容器击穿或短路。为此，极板间可采用高介电常数的材料（云母、塑料膜等）作介质（如图3-11所示），云母片的相对介电常数是空气的7倍，其击穿电压不小于1 000 kV/mm，而空气的仅为3 kV/mm。因此有了云母片，极板间起始距离可大大减小，它能使传感器的输出特性的线性度得到改善。一般变极板间距离电容式传感器的起始电容在20 ~ 100 pF之间，极板间距离在25 ~ 200 μm的范围内，最大位移应小于间距的1/10，故在微位移测量中应用最广。

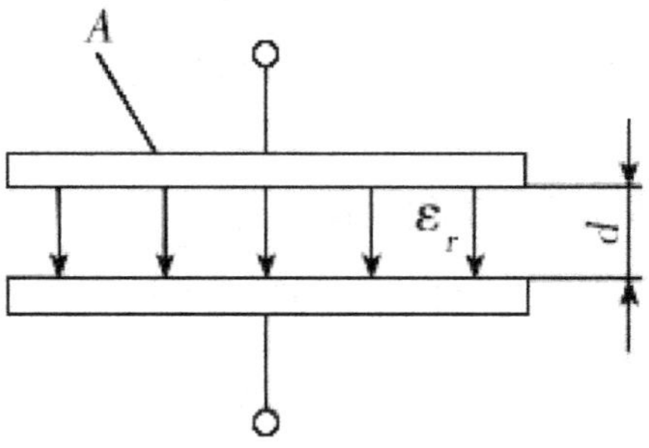

图3-9　变极矩型电容式传感器

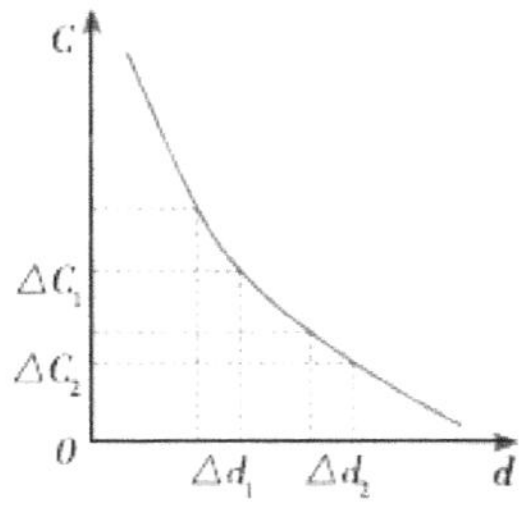

图3-10　电容量与极板间距离的关系

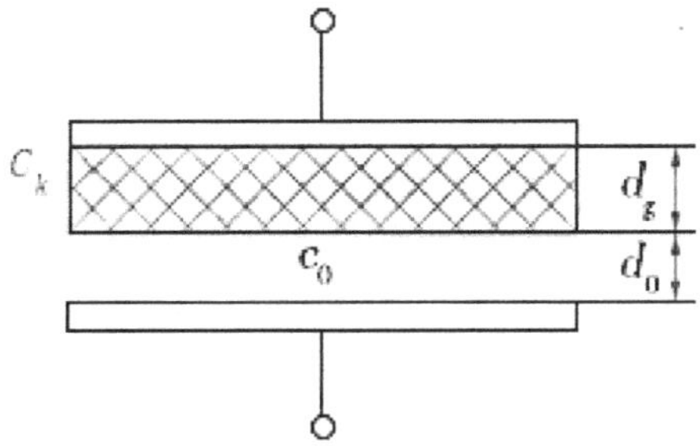

图3-11　放置云母片的电容器

(三)变面积型电容式传感器

图3-12是变面积型电容传感器原理结构示意图。被测量通过移动动极板引起两极板有效覆盖面积A改变,从而得到电容的变化量,很明显,这种形式的传感器其电容器C与水平位移Δx是线性关系。

图3-13是电容式角位移传感器原理图。当动极板有角位移时,与定极板间的有效覆盖面积就改变,从而改变了两极板间的电容量。很明显,传感器的电容量C与角位移呈线性关系。

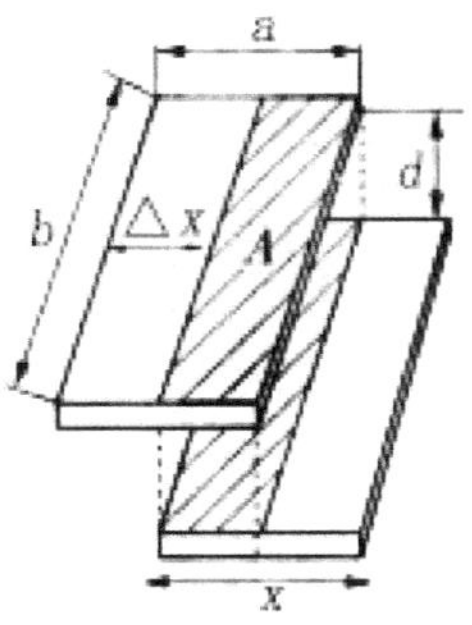

图3-12　变面积型电容传感器原理结构示意图

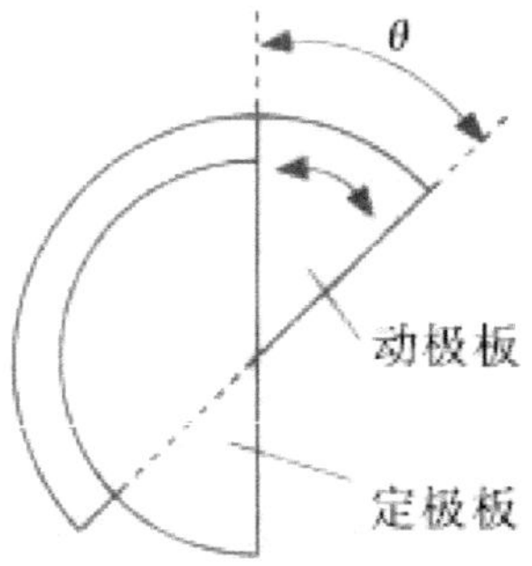

图3-13　电容式角位移传感器原理图

(四)变介质型电容式传感器

变介质型电容传感器有较多的结构形式,可以用来测量纸张、绝缘薄膜等的厚度,也可用来测量粮食、纺织品、木材或煤等非导电固体介质的湿度。图3-14是这种传感器的结构原理图。图中两平行电极固定不动,极距为d_0,相对介电常数ε_{r2}的电介质以不同深度插入电容器中,从而改变两种介质的极板覆盖面积。比较好理解,电容的变化与电介质的移动量L呈线性关系。

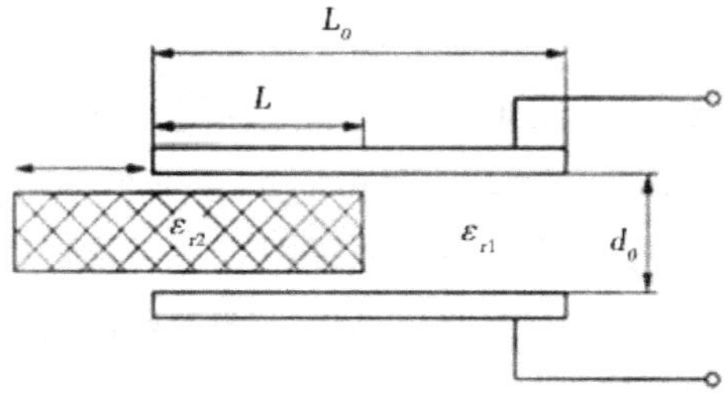

图3-14　变介质型电容式传感器

图3-15是一种电容式料位传感器结构示意图,测定电极安装在罐的顶部,这样在罐壁和测定电极之间就形成了一个电容器。

当罐内放入被测物料时,由于被测物料介电常数的影响,传感器的电容量将发生变化,电容量变化的大小与被测物料在罐内高度有关,且成比例变化。检测出这种电容量的变化就可测定物料在罐内的高度。

传感器的静电电容可由下式表示:

$$C=\frac{K\left(\varepsilon_B-\varepsilon_0\right)h}{\text{In}\dfrac{D}{d}}$$

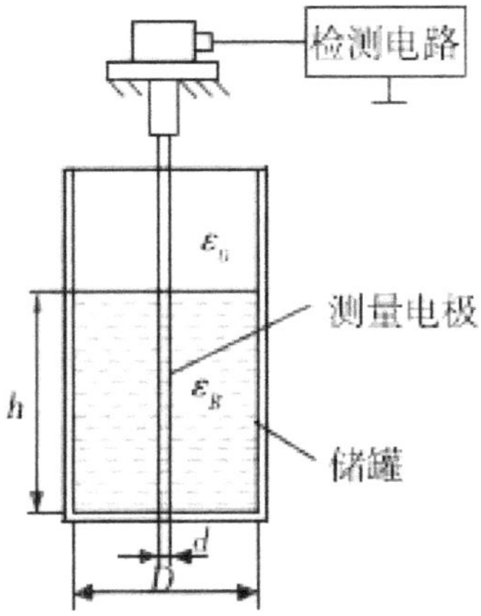

图3-15　电容式料位传感器结构示意图

式中，K为比例常数；ε_B为被测物料的相对介电常数；ε_0为空气的相对介电常数；D为储罐的内径；d为测定电极的直径；h为被测物料的高度。

假定罐内没有物料时的传感器静电电容为C_0，放入物料后传感器静电电容为C_1，则两者电容差为

$$\Delta C = C_1 - C_0$$

显而易见，两种介质常数差别越大，直径D与d相差愈小，传感器灵敏度就愈高。

七、压电式传感器

压电式传感器的工作原理是基于某些介质材料的压电效应，是典型的有源传感器。当材料受力作用而且变形时，其表面会有电荷产生，从而转变成了电信号。压电式传感器具有体积小、重量轻、工作频带宽等特点，因此广泛用于各种动态力、机械冲击与振动的测量，以及组成电声器件、超声换能器件等。日常生活中的打火机、燃气点火器也使用了压电晶体材料。

（一）压电效应

某些电介质，当沿着一定方向对其施力而使它变形时，其内部就产生极化现象，同时在它的两个表面上便产生符号相反的电荷，当外力去掉后，又重新恢复到不带电状态，这种现象称压电效应。当作用力方向改变时，电荷的极性也随之改变。人们把这种机械能转为电能的现象，称为“正压电效应”。相反，当在电介质极化方向施加电场，这些电介质也会产

生变形，这种现象称为“逆压电效应”(电致伸缩效应)。具有压电效应的材料称为压电材料，压电材料能实现机——电能量的相互转换。还应指出的是，在压电物质上施加恒定的力时，它产生的电荷很快就会消失，因为这个力不能持续做功，当然也就不会继续发生能量转换，因此压电效应只能反映变动的力即动态的力。

(二)压电材料

最早发现压电效应的物质是沿某种晶向切割的天然石英片，但其价格较贵，压电系数也小，现在实际使用的压电元件绝大多数是人工制造的压电陶瓷材料，它们的内部晶粒有许多自发极化的电畴，有一定的极化方向，从而存在电场。在无外电场作用时，电畴在晶体中杂乱分布，它们的极化效应被相互抵消，压电陶瓷内极化强度为零。因此原始的压电陶瓷呈中性，不具有压电性质。

在陶瓷上施加外电场时，电畴的极化方向发生转动，趋向于按外电场方向的排列，从而使材料得到极化。外电场愈强，就有更多的电畴更完全地转向外电场方向。让外电场强度大到使材料的极化达到饱和的程度，即所有电畴极化方向都整齐地与外电场方向一致时，外电场去掉后，电畴的极化方向基本不变，即剩余极化强度很大，这时的材料才具有压电特性。

极化处理后陶瓷材料内部仍存在有很强的剩余极化，当陶瓷材料受到外力作用时，电畴的界限发生移动，电畴发生偏转，从而引起剩余极化强度的变化，因而在垂直子极化方向的平面上将出现极化电荷的变化。这种因受力而产生的由机械效应转变为电效应，将机械能转变为电能的现象，就是压电陶瓷的正压电效应。电荷量的大小与外力成正比关系：

$$q = d_{33}F$$

式中，d_{33}为压电陶瓷的压电系数；F为作用力。

压电陶瓷的压电系数比石英晶体的大得多，所以采用压电陶瓷制作的压电式传感器的灵敏度较高。极化处理后的压电陶瓷材料的剩余极化强度和特性与温度有关，它的参数也随着时间变化，会使其压电特性减弱。

目前使用较多的压电陶瓷材料是锆钛酸铅(PZT系列)，它是钛酸钡($BaTiO_3$)和锆酸铅($PbZrO_3$)组成的$Pb(ZrTi)O_3$。它有较高的压电系数和较高的工作温度。

（三）测量电路

由压电元件的工作原理可知，压电式传感器可以看作一个电荷发生器。同时，它也是一个电容器，晶体上聚集正负电荷的两表面相当于电容的两个极板，极板间物质等效一种介质，则其电容量为

$$C_a = \frac{\varepsilon_r \varepsilon_0 A}{d}$$

式中，A为压电片的面积；d为压电片的厚度；ε_r为压电材料的相对介电常数。

因此，压电传感器可以等效为一个与电容相关联的电压源。电容器上的电压U_a，电荷量q和电容量C_a三者关系为

$$U_a = \frac{q}{C_a}$$

此处应特别注意，压电传感器也可以等效一个电荷源。

（四）应用实例

根据压电效应可构成压电式加速度传感器、刀具切削测量装置及压电式玻璃破碎报警器等传感器。

1.刀具切削测量装置

利用压电陶瓷传感器测量刀具切削时，由于压电陶瓷元件的自振频率高，特别适用测量变化剧烈的载荷。压电传感器位于车刀前部的下方，当进行切削加工时，切削力通过刀具传给压电传感器，压电传感器将切削力转换为电信号输出，记录下电信号的变化便测得切削力的变化。

2.压电式玻璃破碎报警器

BS-D2压电式传感器是专门用于检测玻璃破碎的一种传感器，它利用压电元件对振动敏感的特性来感知玻璃受撞击和破碎时产生的振动波。传感器把振动波转换成电压输出，输出电压经放大、滤波、比较等处理后提供给报警系统。

BS-D2压电式玻璃破碎传感器的最小输出电压为100 mV，最大输出电压为100 V，内阻抗为15～20 kΩ。

报警器在使用时是将传感器用胶粘贴在玻璃上，然后通过电缆与报警电路相连。为了提高报警器的灵敏度，信号经放大后，需要带通滤波器进行滤波，要求它对选定的频谱通带的衰减要小，而频谱通带外衰减要尽量大。由于玻璃振动的波长在音频和超声波的范围内，这就使滤波器成为电路中的关键。当传感器输出信号高于设定的阈值时，才会输出报警

信号，驱动报警执行机构工作。

八、光电式传感器

电磁波也称为电磁辐射，它在空间传播速度为$v=3\times10^{14}$ μm/s，描述其特征的主要参数为波长和频率。整个电磁波谱按波长排列，其范围大致为$10^{-10}\sim10^{10}$ μm。光也属于电磁波之列，其波长为0.01 ~ 10 000 μm，相应的频率为$3\times10^{12}\sim3\times10^{7}$ Hz。光又可区分为紫外线辐射（0.01~0.38 μm）、可见光（0.38~0.78 μm）和红外辐射（0.78 ~ 1 000 μm）。红外辐射范围较宽，通常还细分为近红外（0.78 ~ 1.5 μm）、中红外（1.5 ~ 10 μm）和远红外（10 ~ 1 000 μm）三部分，只有可见光能为人眼所接收。

光电器件是将光能转换为电能的一种传感器件，它是构成光电式传感器最主要的部件。光电器件响应快，结构简单，使用方便，有相当高的可靠性，因而在自动检测、计算机和控制系统中应用非常普遍。

红外技术是在最近几十年中迅速发展起来的新兴技术之一，在科技、国防和工农业生产等许多领域获得了广泛的应用。红外传感器主要用于下列方面：①红外辐射计，常用于非接触测温。②热成像系统，对某个区域进行扫描，形成红外辐射的分布图像。③搜索和跟踪系统，对目标进行跟踪确定其空间位置。④红外测距和通信系统。

光电器件工作的物理基础是光电效应。在光线作用下，物体的电导性能改变的现象称为内光电效应，如光敏电阻等就属于这类光电器件。在光线作用下，能使电子逸出物体表面的现象称为外光电效应，如光电管、光电倍增管就属于这类光电器件。在光线作用下，能使物体产生一定方向的电动势的现象称为光生伏特效应，即阻挡层光电效应，如光电池、光敏晶体管等就属于这类光电器件。

在此主要讨论一些典型的光电器件的原理和特性。

（一）光敏电阻工作原理

光敏电阻又称光导管，它几乎都是用半导体材料制成的光电器件。光敏电阻没有极性，纯粹是一个电阻器件，使用时既可加直流电压，也可加交流电压。无光照时，光敏电阻值（暗电阻）很大，电路中电流（暗电流）很小。当光敏电阻受到一定波长范围的光照时，它的阻值（亮电阻）急剧减小，电路中电流迅速增大。一般希望暗电阻越大越好，亮电阻越小越好，此时光敏电阻的灵敏度高。实际光敏电阻的暗电阻值一般在兆欧级，亮电阻在几千欧以下。光敏电阻是涂于玻璃底板上的一薄层半导体物质，半导体的两端装有金属电极，金属电极与引出线端相连接，光敏电阻就通过引出线端接入电路。为了防止周围介质的影响，在半导体光敏层上覆盖了一层漆膜，漆膜的成分应使它在光敏层最敏感的波长范围内透射率最大。

（二）光敏二极管和光敏晶体管工作原理

光敏二极管的结构与一般二极管相似，它装在透明玻璃外壳中，其PN结装在管的顶部，可以直接受到光照射。光敏二极管在电路中一般是处于反向工作状态。在没有光照射时，反向电阻很大，反向电流很小，这反向电流称为暗电流。

当光照射在PN结上时，光子打在PN结附近，使PN结附近产生光生电子和光生空穴对。它们在PN结处的内电场作用下做定向运动，形成光电流。光的照度越大，光电流越大。因此光敏二极管在不受光照射时，处于截止状态，受光照射时，处于导通状态。

光敏晶体管与一般晶体管很相似。大多数光敏晶体管的基极无引出线，当集电极加上相对于发射极为正的电压而不接基极时，集电结就是反向偏压；当光照射在集电结上时，就会在结附近产生电子——空穴对，从而形成光电流，相当于晶体管的基极电流。由于基极电流的增加，集电极电流是光生电流的β倍，所以光敏晶体管有电流放大作用。

光敏二极管和光敏晶体管的材料几乎都是硅。在形态上，有单体型和集合型，集合型是一块基片上有两个以上光敏二极管，例如光耦合器件，就是由光敏晶体管和其他发光元件组合而成的。

（三）光耦合器件

光耦合器件是由发光元件（如发光二极管）和光电接收元件合并使用，以光作为媒介传递信号的光电器件，光耦合器中的发光元件通常是半导体的发光二极管，光电接收元件有光敏电阻、光敏二极管、光敏晶体管或光晶闸管等。根据其结构和用途不同，又可分为用于实现电隔离的光耦合器和用于检测有无物体的光电开关。

光耦合器实际上是一个电量隔离转换器，它具有抗干扰性能和单向信号传输功能，广泛应用在电路隔离、电平转换、噪声抑制、无触点开关及固态继电器等场合。

（四）红外辐射测温装置

所有自然界的物体都会向外辐射能量，能量的大小主要取决于物体的温度。那些对波长可以无选择性地吸收和发射的物体称为“黑体”。对黑体而言，辐射的光谱取决于该物体的温度，黑体在不同的热力学温度下向外发射不同的波长 λ 时的辐射强度 $M_{\lambda 1}$ 的曲线互不相交，这就意味着在每一个波长、辐射强度与温度之间的对应关系是确定的，通过测定辐射强度就可以确定该物体的温度。

根据斯蒂芬-玻尔兹曼定律，物体红外辐射的能量与它自身的热力学温度 T 的4次方成正比，并与比辐射率 ε 成正比，即

$$E = \delta\varepsilon T^4$$

式中，E 为某物体在温度 T 时，单位面积和单位时间的红外辐射总能量；δ 是斯蒂芬－玻尔兹曼常数；ε 是比辐射率，即物体表面辐射本领与黑体辐射本领之比值，黑体的 ε=1；T 是物体的绝对温度。

黑体辐射特性曲线下面的面积表示总辐射能量，随着温度上升总辐射能量迅速增加，辐射峰值波长也向短波方向移动。红外辐射测温仪的种类很多，分类方法也有多种，目前市场供应的测温仪覆盖范围达-40～3 000 ℃，但不同的测温仪实际测量范围是有限制的，通常把900 ℃以上的测温仪称为高温测温仪；500~900 ℃为中温测温仪；500 ℃以下的为低温测温仪。不同温度段的仪表选用与之相适应的工作波长，通常高温段选用1～2.2 μm；中温段选用3～5 μm；低温段选用8～14 μm或7～18 μm。按其使用方向大致有下列四种类型：

便携式辐射测温仪：这是一种集测温和显示输出于一体的小型、轻便、可随身携带进行检测的仪器，在显示面板上显示出测量结果非常方便，这种仪器主要用于巡视检查各种设备的温度情况，发现异常可以及时做出处理，应用十分广泛。

在线式辐射测温仪：这种仪器通常固定安装在生产线上进行关键部位的温度连续监测，为自动控制提供依据。在线式辐射测温仪输出方式很多：可以是4～20 mA电流输出，也可以是电压输出，有的可以直接接热电偶分度输出，取代热电偶而不必更换二次仪表；有的采用数字量输出，经RS232或RS485与计算机控制网络连接，通过软件程序进行分析与控制。在线式辐射仪由于安装在条件比较复杂的生产环境中，为了保证仪器能正常工作，需要选用适当的附件如传感头、水冷套、空气吹扫器以及各种安装支架、瞄准器等。

扫描式红外测温仪：这也是固定安装的在线式辐射测温仪，用来监测在输送过程中的温度变化情况，测量时传感器对运动目标扫描90°，在两个极限位置之间测量多达256点温度数据，因而可以进行图像分析、在玻璃、塑料、冶金、水泥、造纸、纺织等工业部门进行产品质量监控。

红外成像测温仪:红外成像测温仪集测温与成像功能于一体,具有高性能智能化的特点,当仪器现场对准目标时,在监视器上显示目标区域的热分析图,管理人员可以在目标上对某些点或面进行重点测温。

九、超声波传感器

超声技术是一门以物理、电子、机械及材料学为基础,包括超声波产生、传播及接收的全部过程。目前,超声波技术广泛应用于冶金、船舶、机械、医疗等各个工业部门的超声探测、超声清洗、超声焊接、超声检测和超声医疗等方面。

(一)超声波及其物理性质

振动在弹性介质内的传播称为波动,简称波。频率在 $16\sim2\times10^4$ Hz 之间,能为人耳所闻的机械波,称为声波;低于 16 Hz 的机械波,称为次声波,高于 2×10^4 Hz 的机械波,称为超声波。

(二)超声波传感器

利用超声波在超声场中的物理特性和各种效应而研制的装置可称为超声波换能器、探测器或传感器。

超声波探头按其工作原理可分为压电式、磁致伸缩式、电磁式等,而以压电式最为常用。压电式超声波探头常用的材料是压电晶体和压电陶瓷,这种传感器统称为压电式超声波探头。它是利用压电材料的压电效应来工作的。逆压电效应将高频电振动转换成高频机械振动,从而产生超声波,可作为发射探头;而利用正压电效应,将超声振动波转换成电信号,可用为接收探头。

超声波探头结构主要由压电芯片、阻尼块(吸收块)、保护膜组成。压电芯片多为圆板形,厚度为 δ。超声波频率 f 与其厚度 δ 成反比。压电芯片的两面镀有银层,作导电的极板。阻尼块的作用是降低芯片的机械品质,吸收声能量。如果没有阻尼块,当激励的电脉冲信号停止时,芯片将会继续振荡,加长超声波的脉冲宽度,则使分辨率变差。

十、半导体传感器

半导体传感器是典型的物理型传感器。半导体材料的导电能力的大小是由半导体内载流子数目决定的,在被测物质的作用下,使某种半导体内载流子数目发生改变,从而可以用它的电特性变化来实现对被测物质的检测。

用半导体气敏元件组成的气敏传感器主要用于天然气、煤气、石油化工等部门易燃、易爆、有毒、有害气体的监测、预报和自动控制。气敏元件是以化学物质的成分为检测对象的化学敏感元件。

气敏电阻的工作原理:气敏电阻的材料是金属氧气半导体,其中有N型半导体,如氧化锡、氧化铁、氧化锌、氧化钨等,P型半导体,如氧化钴、氧化铜、氧化镍等。为了提高某种气敏元件对某种气体成分的选择和灵敏度,合成材料有时还掺入催化剂,如钯(Pd)、铂(Pt)、银(Ag)等。

金属氧化物在常温下是绝缘的,制成半导体后却显示气敏特性。通常器件工作在空气中,空气中的氧和NO_2这样的电子兼容性大的气体,接受来自半导体材料的电子而吸附负电荷,结果使N型半导体材料的表面空间电荷层区域的传导电子减少,使表面电导减少,从而使器件处于高阻状态。一旦元件与被测还原性气体接触,就会与吸附的氧气反应,将被氧束缚的电子释放出来,敏感膜表面电导增加,使元件电阻减小。

该类气敏元件通常工作在高温状态(200~450 ℃),目的是加速上述的氧气还原反应。例如,用氧化锡制成的气敏元件在常温下吸附某种气体后,其电导率变化不大,若保持这种气体浓度不变,该器件的电导率随器件本身温度的升高而增加,尤其在100~300 ℃范围内电导率变化很大。显然,半导体电导率的增加是由于多数载流子浓度增加的结果。氧化锡、氧化锌材料气敏元件输出电压与温度的关系如图3-16所示。

由上述分析可以看出,气敏元件工作时需要本身的温度比环境温度高很多。因此,气敏元件结构上,有电阻丝加热器,图3-16a中的1和2是加热电极,3和4是气敏电阻的一对电极。

图中E_H为加热电源,E_C为测量电源,电阻中气敏电阻值的变化引起电路中电流的变化。输出电压(信号电压)由电阻R_0上取出。在低浓度下灵敏度很高,因此,常用来检查可燃性气体泄漏和报警等,气敏器件内加热器还可以将附着在测控部分上的油雾、尘埃等烧掉,同时,加速气体氧化还原反应,从而提高器件的灵敏度和响应速度。

应用举例:图3-17所示为使用酒精测试仪的电路。该测试仪只要被试者向传感器吹一口气,便可显示出醉酒的程度,确定被试者是否还适宜驾驶车辆。气体传感器选用二氧化锡气敏元件。

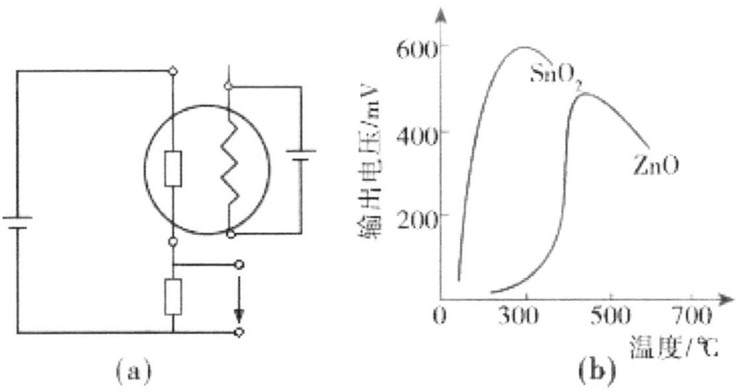

图3-16 输出电压和温度的关系

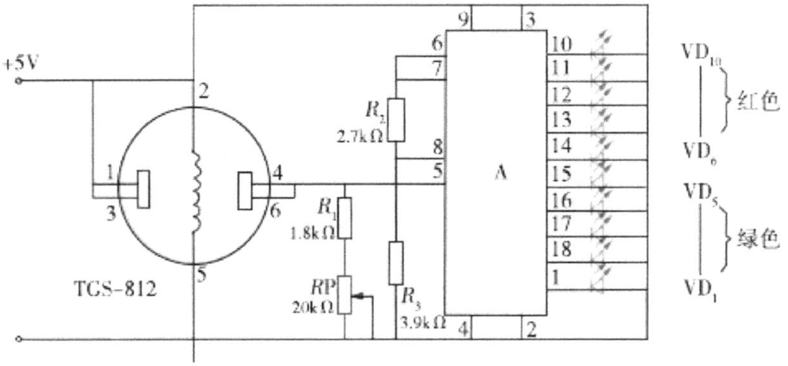

图3-17 酒精测试仪电路

当气体传感器探测不到酒精时，加在A5脚的电平为低电平；当气体传感器探测到酒精时，其内阻变低，从而使A5脚电平较高。A为显示推动器。它共有10个输出端，每个输出端可以驱动一个发光二极管，显示推动器A根据第5脚电压高低来确定依次点亮发光二极管的级数，酒精含量越高则点亮发光二极管的级数越高，上5个发光二极管为红色，表示超过安全水平。下5个发光二极管为绿色，代表安全水平，酒精含量不超过0.05%。

第四章　电气自动化控制系统中的常见电气控制电路

第一节　电气控制电路概述

电气控制电路可按不同方法进行分类。如按电路的工作原理分为基本控制电路和典型设备控制电路，按控制功能分为主电路和控制电路，按控制规律分为连锁控制电路和变化参量控制电路等。此外，尚可按照逻辑关系、组成结构等方法进行分类。

一、按控制功能分类

电气控制电路是用导线将电动机、电器和仪表等电气元件连接起来，并实现电动机的某种控制要求的电气系统。不同的生产机械，对电动机的启动、正反转、制动、保护、自锁及互锁等方面有不同要求，为了实现这些要求，用各种电器组成的电气控制系统各部分的功能就不同，为了方便地分析电气控制系统的组成特点和工作原理，一般可按控制功能将其分为主电路和控制电路两部分。

（一）主电路

主电路是从电源向用电设备供电的路径，一般由组合开关、主熔断器、接触器的主触点、热继电器的热元件及电动机等组成，结构比较简单，电气元件数量较少，但主电路通过的电流较大。

（二）辅助电路

辅助电路一般包括控制电路、信号电路、照明电路及保护电路等。辅助电路由继电器和接触器的线圈、继电器的触点、接触器的辅助触点、主令电器的触点、信号灯和照明灯等电器元件组成。控制电路比主电路要复杂些，电气元件较多，常由多个基本控制电路组成。控制电路通过的电流都较小，一般不超过5 A。

二、按控制规律分类

连锁控制的规律和控制过程中变化参量控制的规律是组成电器控制电路的基本规律。据此电气控制电路也可按控制规律分为连锁控制电路和变化参量控制电路。

(一)连锁控制电路

凡是生产线上某些环节或一台设备的某些部件之间具有互相制约或互相配合的控制,均称为连锁控制,实现连锁控制的基本方法是采用反映某一运动的连锁触点控制另一运动的相应电气元件,从而达到连锁工作的要求。连锁控制的关键是正确选择连锁触点。一般而言,选择连锁触点遵循的原则为:要求甲接触器动作时,乙接触器不能动作,则需将甲接触器的常闭辅助触点串在乙接触器的线圈电路中;要求甲接触器动作后乙接触器方能动作,则需将甲接触器的常开辅助触头串在乙接触器的线圈电路中;要求乙接触器线圈先断电释放后方能使甲接触器线圈断电释放,则要将乙接触器常开辅助触点并联在甲接触器的线圈电路中的停止按钮上。常见的连锁控制电路有启动停止控制(自锁)电路、正反转控制电路、顺序控制电路等。①

(二)变化参量控制电路

任何一个生产过程的进行,总伴随着一系列的参数变化,如机械位移、温度、流量、压力、电流、电压和转矩等。原则上说,只要能检测出这些物理量,便可用它来对生产过程进行自动控制。对电气控制来说,只要选定某些能反映生产过程中的参数变化的电气元件,例如,各种继电器和行程开关等,由它们来控制接触器或其他执行元件,实现电路的转换或机械动作,就能对生产过程进行控制,此即按控制过程中变化参量进行控制。常见的有按时间变化、转速变化、电流变化和位置变化参量进行控制的电路,分别称为时间、速度、电流和行程原则的自动控制。这些控制电路一般要使用具有相应功能的电气元件才能实现,如按时间变化进行控制一般要使用时间继电器,按电流变化进行控制要使用电流继电器等。

①陈光柱. 机床电气控制技术[M]. 北京:人民邮电出版社, 2013.

第二节 电动机的各种控制电路

一、三相笼型异步电动机的启动控制电路

电动机启动是指电动机的转子由静止状态变为正常运转状态的过程。笼型异步电动机有两种启动方式，即直接启动(或全压启动)和降压启动。直接启动是一种简单、可靠、经济的启动方法，在小型(容量一般在10 kW以下)电动机中广泛使用。电动机直接启动时，启动电流为额定电流的4～7倍，过大的启动电流一方面将会造成电网电压显著下降，影响在同一电路上的其他用电设备的正常运行，另一方面电动机频繁启动会发热，加速线圈老化，缩短电动机的寿命。因而对容量较大的电动机，采用降压启动，以减小启动电流。电动机是否能直接启动，通常要根据启动次数、电动机容量、启动电流、变压器容量以及生产设备的机械特性等因素来确定，也可用下面试验公式确定：

$$\frac{I_Q}{I_N}=\frac{3}{4}+\frac{P_H}{4P_N}$$

式中：I_Q为电动机启动电流，A；I_N为电动机额定电流，A；P_H为电源变压器容量，kV · A；P_N为电动机容量，kW。

二、正转控制电路

采用刀开关直接启动控制：用闸刀开关、转换开关或铁壳开关控制电动机的启动和停止，是简单和经济的手动控制方法。刀开关的控制容量有限，仅适用于不频繁启动的小容量(通常P_N≤5.5 kW)电动机，且不能实现远距离的自动控制，刀开关直接启动控制电路中M为被控三相异步电动机，QS是开关，FU是熔断器。

直接启动电动机的控制过程为：合上开关QS，电动机通电并旋转；断开QS，电动机断电并停转。开关是电动机的控制电器，熔断器是电动机的保护电器。冷却泵、小型台钻、砂轮机等的电动机一般采用这种启动控制方式。

采用接触器直接启动控制：接触器控制电动机单向旋转的主电路由刀开关、熔断器、接触器的动合主触点、热继电器的发热元件和电动机组成。控制电路由熔断器、热继电器的动断触点、停止按钮、启动按钮、接触

器的线圈及其动合辅助触点组成。接触器直接启动控制电路的工作原理如下。

（一）启动控制

合上电源开关QS，按下启动按钮SB2，接触器KM线圈通电吸合，主触点闭合，电动机M得电启动；同时接触器动合辅助触点闭合，使KM线圈绕过SB2触点经KM自身动合辅助触点通电，当松开SB2时，KM线圈仍通过自身动合辅助触点继续保持通电，从而使电动机连续运转。这种依靠接触器自身辅助触点保持线圈通电的电路，称为自保电路，而与SB2并联的接触器KM的动合辅助触点称为自保触点（或自锁触点）。

（二）停止控制

按下停止按钮SB1→接触器KM线圈断电释放→KM动合主触点及动合辅助触点均断开→电动机M失电停转。当松开SB1时，由于KM自锁触点已断开，故接触器线圈不可能通电，电动机继续断电停机。

（三）短路保护

由熔断器FU实现主电路、控制电路的短路保护。短路时，FU的熔体熔断，切断电路。熔断器可作为电路的短路保护，但达不到过载保护的目的。

（四）过载保护

由热继电器BTE实现。由于热继电器的热惯性比较大，即使热元件流过的电流几倍于电动机额定电流，热继电器也不会立即动作。因此，在电动机启动时间不太长的情况下，热继电器是经得起电动机启动电流冲击而不动作的。只有在电动机长时间过载情况下，串联在主电路中的热继电器BTE的三相热元件使双金属片受热产生变形，进而使串联在控制电路中的热继电器BTE的动断触点断开，控制电路失电断开，接触器KM线圈失电，其主触点释放，切断主电路，使电动机断电停转，实现对电动机的过载保护。

（五）欠压保护

电动机正常运行时，当电源电压下降，电动机的电流就会上升，电压下降越严重，电流上升得就越高，这样就会烧坏电动机。在具有自锁功能的控制电路中，当电动机运转时，若电源电压降低（一般在工作电压的85%以下）时，接触器的磁通则变得很弱，电磁吸力不足，衔铁在复位弹簧的作用下释放，自锁触点断开，失去自锁，同时主触点也断开，电动机断电并得到保护。

(六)失压保护

电动机运行时,遇到电源临时停电,在恢复供电时,如果未加防范措施,电动机就会自行启动,很容易造成设备及人身事故。采用了自锁控制电路后,由于自锁触点和主触点在停电时已一起断开,这样控制电路和主电路都不会自行接通。在恢复供电时,如果没有按下启动按钮,电动机就不会自行启动。这种在突然断电时能自动切断电动机电源的保护为失压(或零压)保护,可避免多台电动机同时启动造成电网电压的下降。

此种电路不仅能实现电动机频繁启动控制,而且可实现远距离的自动控制,故是最常用的简单控制电路。

三、降压启动控制电路

降压启动是指在电源电压不变的情况下,启动电动机时通过某种方法(改变连接方式或增加启动设备),降低加在电动机定子绕组上的电压,待电动机转速接近额定转速后,再将电压恢复到额定值。由于电动机的启动电流与电压成正比,所以降低启动电压可以减小启动电流,也就减小了对电网的影响。但电动机的转矩与电压的平方成正比,将使电动机的启动转矩也大为降低,因而降压启动只适用于对启动转矩要求不高或空载、轻载下启动的设备。一般情况下,当电动机功率大于7.5 kW时,应考虑对电动机采取降压启动控制,以减小电动机的启动电流,保证电网的正常供电。常用的降压启动方式有定子电路串电阻(或电抗)降压启动、星形-三角形(Y-△)降压启动、自耦变压器降压启动和延边三角形降压启动等。

(一)定子串电阻(或电抗)降压启动控制电路

如图4-1所示为定子绕组串接电阻降压启动控制电路。电动机启动时在定子绕组中串接电阻,使定子绕组电压降低,从而限制了启动电流。待电动机转速接近额定转速时,再将串接电阻短接,电动机即可在额定电压下运行。该电路是根据启动过程中时间的变化,利用时间继电器延时动作来控制各电气元件的先后顺序动作,时间继电器的延时时间按启动过程所需时间确定。

主电路由转换开关QS、熔断器FU1、接触器KM1和KM2主触点、电阻R、热继电器BTE、电动机M组成,如图4-1(a)所示。控制电路由熔断器FU2、热继电器BTE动断触点、停车按钮SB1动断触点、启动按钮SB2动合触点、时间继电器KT线圈及延时闭合动合触点、接触器KM1和KM2线圈及辅助动合、动断触点组成，如图4-1(b)所示。图4-1(c)所示为改进的控制电路。

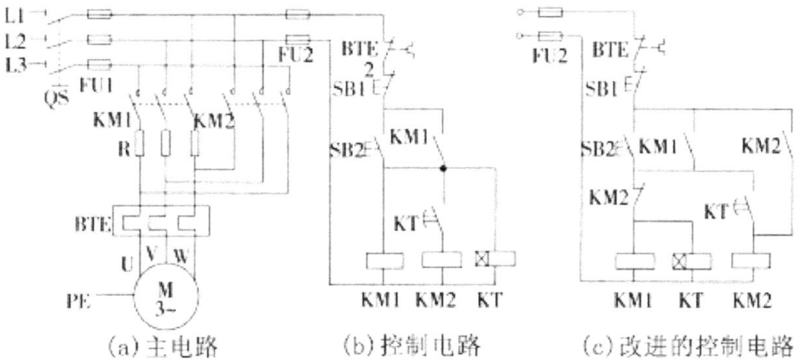

图4-1　定子绕组串接电阻降压启动控制电路

图4-1(b)部分控制电路工作原理如下：合上刀开关QS，按下启动按钮SB2时，KM1线圈立即通电吸合并自锁，电动机M串电阻降压启动，与此同时，时间继电器KT线圈得电吸合并开始计时，当电动机M的转速上升到一定值(即启动达到一定时间)时，时间继电器KT也达到整定的延时值，其延时闭合的动合触点闭合，使KM2通电吸合，KM2的主触点闭合，将启动电阻R短接，电动机在额定电压下进入稳定正常运转。

此电路虽然简单，但KM1线圈及KT线圈始终得电，既不安全(一般时间继电器线圈按短时工作设计)，也没必要，且会使能耗增加，缩短接触器、继电器的使用寿命。为了提高控制电路的安全性、可靠性和经济性，设计的改进控制电路如图4-1(c)所示。

图4-1(c)所示控制电路的工作原理如下：合上电源总开关QS，按下启动按钮SB2，接触器KM1线圈通电自锁，电动机M串电阻降压启动。同时时间继电器KT线圈得电吸合并开始计时，当电动机M的转速上升到一定值时，即KT延时时间到，KT的延时闭合动合触点闭合，接通KM2线圈的电源，接触器KM2线圈通电自锁，其主触点将限流电阻R短接，电动机M全压运转。同时，串接在KM1线圈回路的KM2动断触点断开，使接触器KM1和时间继电器KT断电，从而延长了接触器KM1和时间继电器KT的使用寿命，节省了电能，提高了电路的可靠性。停车时，按下停车按钮SB1，线圈KM2断电释放，电动机M停转。

串电阻降压启动的启动电阻一般采用由电阻丝绕制的板式电阻或铸铁电阻，电阻功率大、通流能力强，为减少启动过程中能量损耗，往往将电阻改成电抗器。此种启动方法不受定子绕组接线形式的限制，设备简单，启动过程平滑，但也有启动过程中能量损耗较大的缺点，故适用于启动要求平稳、电动机轻载或空载及启动不频繁的场合。

（二）星-三角（Y-△降压启动控制电路）

Y-△降压启动控制电路是在电动机启动时将定子绕组接成星形(Y)，每相绕组承受的电压为电源的相电压(220 V)，随着电动机转速的升高，到启动结束后再将定子绕组换接成三角形(△)接法，每相绕组承受的电压为电源线电压(380 V)，此时电动机进入额定电压下正常运行：笼型异步电动机采用Y-△降压启动时，由于加在每相绕组上的启动电压只有三角形接法的$\frac{1}{\sqrt{3}}$启动电流为三角形接法的1/3，启动转矩也只有三角形接法的1/3。与其他降压启动方法相比，Y-△降压启动投资少，电路简单，凡是正常运行时定子绕组接成三角形的鼠笼式异步电动机，均可采用这种降压启动方法。但因启动转矩特性较差，故只适用于轻载或空载启动的场合。

Y-△降压启动电路中应用最广的是使用接触器、时间继电器自动控制电路，其控制系统原理如图4-2所示。电路中除有熔断器、热元件外，还有三个接触器KM1、KM2、KM3。其中KM1为电源接触器用于通断主电路，KM3和KM2分别为控制接触器和运行接触器。当KM3吸合时电动机为Y形接线，实现降压启动。在启动结束后KM2动作，电动机电源变为△形接线，实现正常运行，其工作原理如下所述。

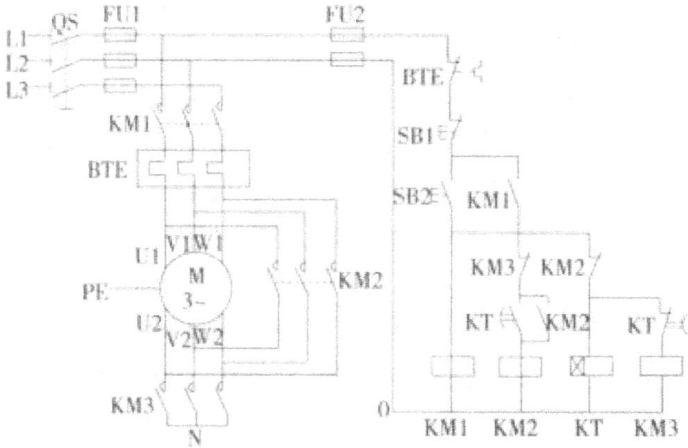

图4-2　Y-△降压启动电路

合上电源开关QS后，按下启动按钮SB2，接触器KM1、时间继电器

KT、接触器KM3线圈通电吸合。KM1的动合触点闭合自锁，接触器KM1、KM3主触点将电动机M绕组接成Y形降压启动。同时，接触器KM3的动断触点断开，切断接触器KM2线圈回路电源，使得在接触器KM3吸合时，接触器KM2不能吸合。经过一定时间后电动机转速升高至一定值时，电动机电流下降，时间继电器KT延时达到整定值，KT的延时断开动断触点断开，切断接触器KM3线圈回路的电源，接触器KM3失电释放，KM3的动断触点复位闭合，接通接触器KM2线圈回路电源，同时KT延时闭合动合触点闭合，接触器KM2线圈通电吸合自锁，其主触点与接触器KM1主触点将电动机M绕组接成三角形全压运行。而接触器KM2的动断触点断开，切断时间继电器KT和接触器KM3线圈的电源通路，时间继电器KT失电释放，并保障在接触器KM2吸合时接触器KM3不能吸合。利用KM2的动断触点断开时间继电器KT线圈的电源，使KT退出运行，这样可延长时间继电器KT的寿命并节约电能。停车时按下SB1，接触器KM1、KM2的线圈相继断电释放，电动机M停转。

（三）自耦补偿降压启动控制电路

自耦补偿降压启动是利用自耦变压器TM来进行降压的。在自耦变压器降压启动控制电路中，电动机启动电流的限制是依靠自耦变压器的降压作用来实现的。自耦变压器按星形接线，电动机启动时，将电源电压加到自耦变压器一次侧，电动机定子绕组接到自耦变压器二次侧，构成降压启动电路。启动一定时间，当电动机转速升高到预定值后，将自耦变压器切除，电源电压通过接触器直接加于定子绕组，电动机进入全压运行。

自耦补偿降压启动控制电路的优点是启动转矩和启动电流可以调节，缺点是设备庞大，成本较高。因此，这种方法适用于额定电压220 V/380 V、接法为Y—Δ形、容量较大的三相交流鼠笼型异步电动机的不频繁启动。常用的自耦补偿启动装置分为手动和自动两种操作形式。手动操作的自耦补偿启动器有QJ3、QJ5等型号；自动操作的自耦补偿启动装置有XJ01、CTZ等系列。在实际应用中，自耦变压器二次侧有三个抽头，使用时应根据负载情况及供电系统要求选择一个合适抽头。下面以XJ01系列自耦补偿启动器的控制电路为例，介绍自耦补偿启动器的工作原理。

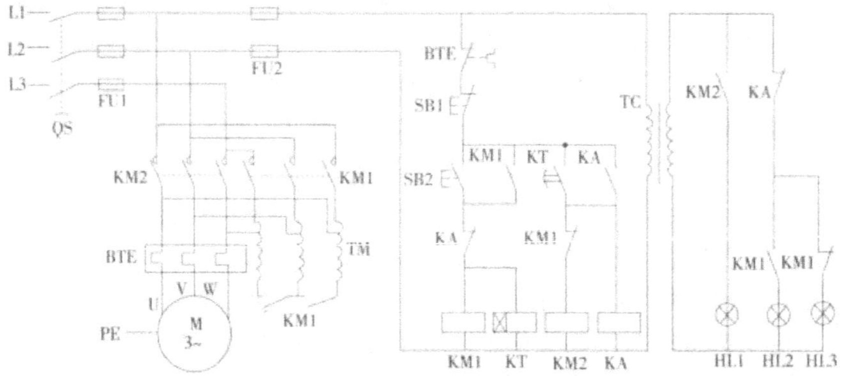

图4-3　自耦补偿降压启动控制电路

图4-3所示为使用XJ01系列自耦补偿启动器的控制电路,自耦补偿降压启动电路由主电路、控制电路和指示电路所组成。主电路由转换开关QS、熔断器FU1、接触器KM1和KM2主触点、自耦变压器TM、热继电器BTE、电动机M组成;控制电路由熔断器FU2、热继电器BTE动断触点、停车按钮SB1动断触点、启动按钮SB2动合触点、时间继电器KT线圈及延时闭合动合触点、中间继电器KA线圈及动合和动断触点、接触器KM1和KM2线圈及辅助动合和动断触点组成;指示电路由KA动断触点、KM1辅助动合和动断触点、KM2辅助动合触点、指示灯HL1、HL2和HL3组成。其中主电路中自耦变压器TM和接触器KM1的三对常开主触点构成自耦变压器的降压启动电路,接触器KM2主触点用以实现电动机全压运行。控制电路中选用中间继电器KA,用以增加触点个数和提高控制电路设计的灵活性。指示电路中用三个信号灯作电路工作状态指示,HLI灯亮,显示电动机全压运行状态;HL2灯亮,显示降压启动过程;HL3灯亮,显示电源有电,电动机处于停车状态。

自耦补偿降压启动控制电路工作原理如下:合上电源开关QS后,指示灯HL3亮。按下启动按钮SB2,接触器KM1线圈通电自锁,三对常开主触点闭合,电动机M经自耦变压器TM降压启动。KM1的动断触点断开,对接触器KM2实现互锁;KM1的动断触点断开,切断指示灯HL3回路电源,指示灯HL3熄灭;KM1的动合触点闭合,指示灯HL2亮,显示降压启动。同时,时间继电器KT线圈通电延时,为电动机正常运转做准备,经过一定时间,电动机M转速升高至一定值,电动机电流下降,时间继电器KT延时达到整定值,KT的延时闭合动合触点闭合,中间继电器KA线圈通电,KA的动合触点闭合自锁,同时KA的动断触点断开,切断指示灯HL2、

HL3回路电源，指示灯HL2、HL3熄灭。KA的动断触点断开，切断时间继电器KT和接触器KM1线圈的电源通路，接触器KM1线圈断电释放，所有触点复位，其主触点断开，将自耦变压器TM切除。当接触器KM1的动断触点复位后，接触器KM2线圈立即通电，其主触点闭合，电动机M全压运行。接触器KM2的动合触点闭合，指示灯HL1亮，显示全压运行。利用KA的动断触点断开KT线圈，使KT退出运行，这样可延长时间继电器的寿命并节约电能。停车时，按下停车按钮SB1，使KM2、KA的线圈相继断电释放，电动机M停转。

（四）延边三角形降压启动控制电路

延边三角形降压启动的方法是在每相定子绕组中引出一个抽头，电动机启动时将一部分定子绕组接成△形，另一部分定子绕组接成Y形，使整个绕组接成延边三角形。经过一段时间，电动机启动结束后，再将定子绕组接成三角形全压运行。电动机定子绕组是延边三角形接线时，每相定子绕组所承受的电压大于Y形接法时的相电压，而小于△形接法时的线电压。这样，在不增加其他启动设备的前提下，既起到降压限流的作用，又不致使电动机启动转矩太低。并且电动机每相绕组电压的大小可随电动机绕组抽头位置的改变而调节，从而克服了Y-△形降压启动时启动电压偏低、启动转矩偏小的缺点。但延边三角形降压启动方法仅适用于定子绕组有抽头的特殊三相交流异步电动机。

图4-4所示为延边三角形降压启动控制电路。主电路中接触器KM1和KM3主触点闭合，电动机作延边三角形连接启动；接触器KMI和KM2主触点闭合时，电动机作三角形接法全压运行。控制电路工作原理如下：

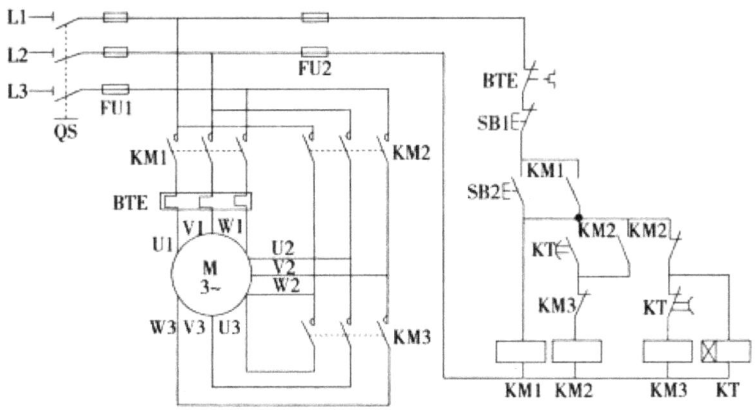

图4-4 延边三角形降压启动控制电路

合上电源开关QS后，按下启动按钮SB2，接触器KM1、时间继电器KT、接触器KM3线圈通电吸合。KM1的动合触点闭合自锁，接触器KM1、KM3主触点闭合将电动机M绕组接成延边三角形降压启动。同时，接触器KM3的动断触点断开，切断接触器KM2线圈回路电源，使得在接触器KM3吸合时，接触器KM2不能吸合。经过一定时间后电动机转速升高至一定值时，电动机电流下降，时间继电器KT延时达到整定值，KT的延时闭合动合触点闭合，延时断开动断触点断开，切断接触器KM3线圈回路的电源，接触器KM3线圈失电释放，同时KM3的动断触点复位闭合，接通接触器KM2线圈回路电源，接触器KM2线圈通电吸合自锁，其主触点闭合与接触器KM1主触点将电动机M绕组接成三角形全压运行。而接触器KM2的动断触点断开，切断时间继电器KT和接触器KM3线圈的电源通路，时间继电器KT失电释放，触点瞬时复位，并保障接触器KM2对接触器KM3实现互锁。图中利用接触器KM2的动断触点断开KT线圈的电源，使KT退出运行，这样可延长时间继电器的寿命并节约电能。停车时，按下SB1停车按钮，接触器KM1、KM2线圈相继断电释放，电动机M停转。

四、三相笼型异步电动机正反转控制电路

电动机正反转控制电路是电动机中常见的基本控制电路，是利用电动机电源的换相原理来实现电动机正反转控制的。常见的电动机正反转控制电路有转换开关正反转控制电路、接触器、互锁正反转控制电路、按钮互锁正反转控制电路及接触器按钮双重互锁止反转控制电路等。

（一）正反转控制电路

接触器互锁正反转控制电路：如图4-5所示，其主电路出转换开关QS、熔断器FU1、接触器KM1、KM2主触点、热继电器BTE热元件、电动机M组成；控制电路由熔断器FU2、热继电器BTE动断触点、停车按钮SB1动断触点、启动按钮SB2、SB3动合触点、接触器KM1、KM2线圈及辅助常开动断触点组成。其中QS为电源总开关，熔断器FU1为电路总短路保护，熔断器FU2为控制电路短路保护，热继电器BTE为过载保护，接触器KM1控制电动机M正转电源的通断，接触器KM2控制电动机M反转电源的通断，按钮SB1为电动机M的停车按钮，SB2为电动机的正转启动按钮，SB3为电动机的反转启动按钮。电路工作原理如下。

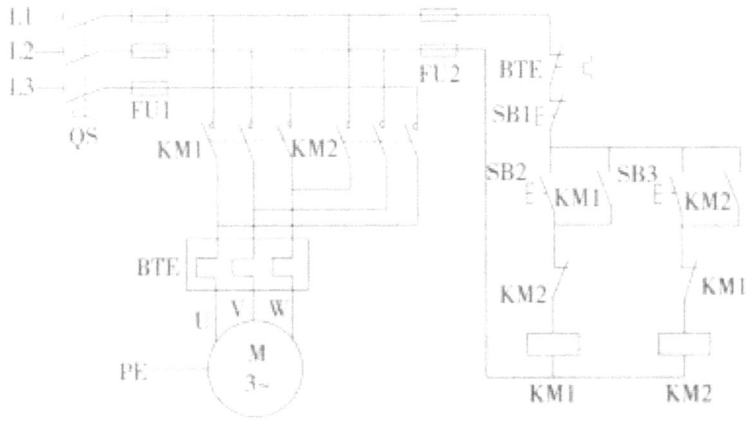

图4-5 接触器互锁正反转控制电路

合上电源开关QS。当需要电动机正转时，按下正转启动按钮SB2，接触器KM1线圈得电吸合，其主触点闭合接通电动机M的正转电源，电动机M启动正转。同时，接触器KM1的辅助动合触点闭合自锁，使得松开按钮SB2时，接触器KM1线圈仍然能够保持通电吸合，而串接在接触器KM2线圈回路的接触器KM1辅助动断触点断开，切断接触器KM2线圈回路的电源，使得在接触器KM1得电吸合，电动机M正转时，接触器KM2不能得电，电动机M不能接通反转电源。这种利用接触器动断触点互相控制的方法叫接触器互锁，实现互锁作用的辅助动断触点叫做互锁触点。当电动机M需要停车时，按下停车按钮SB1，接触器KM1线圈失电释放，所有常开、动断触点复位，电动机M停车。

同理，当需要电动机M反转时，按下反转启动按钮SB3，接触器KM2线圈得电吸合，其主触点闭合接通电动机M的反转电源，电动机M启动反转。同时，接触器KM2的辅助动合触点闭合自锁，使得松开按钮SB3时，接触器KM2线圈仍然能够保持通电吸合。而串接在接触器KM1线圈回路的接触器KM2辅助动断触点断开，切断接触器KM1线圈回路的电源，使得在接触器KM2得电吸合，电动机M反转时，接触器KM1不能得电，电动机M不能接通正转电源。当需要停车时，按下停车按钮SB1，接触器KM2线圈失电释放，所有常开、动断触点复位，电动机M断电停车。

由上述分析可知，接触器互锁正反转控制电路的优点是工作安全可靠，缺点是操作不便。因电动机从正转变为反转时，必须先按下停止按钮后，才能按反转启动按钮，否则由于接触器的互锁作用，不能实现反转。为克服此电路的不足，可采用按钮互锁或按钮和接触器双重互锁的正反转控制电路。

按钮互锁正反转控制电路如图4-6所示。其主电路与接触器互锁正反转控制电路完全相同,而控制电路利用复合按钮互锁取代接触器互锁,按钮SB2不仅为电动机的正转启动按钮,而且作为反转的互锁按钮,按钮SB3不仅为电动机的反转启动按钮,而且作为正转的互锁按钮,当电动机从正转变为反转时,直接按下反转启动按钮SB3即可实现,不必先按停车按钮SB1。当电动机从反转变为正转时,直接按下正转启动按钮SB2即可实现。电路工作原理如下:

合上电源开关QS。当需要电动机正转时,按下正转启动按钮SB2,其串接在接触器KM2线圈回路的动断触点立即断开,并接的动合触点随之闭合,接触器KM1线圈得电自锁,其主触点闭合接通电动机M的正转电源,电动机M启动正转。同理,当需要电动机M反转时,按下反转启动按钮SB3,其串接在接触器KM1线圈回路的动断触点立即断开,并接的动合触点随之闭合,接触器KM2线圈得电自锁,其主触点闭合接通电动机M的反转电源,电动机M启动反转。当需要停车时,按下停车按钮SB1,接触器KM1或KM2线圈失电释放,所有常开、动断触点复位,电动机M断电停车。

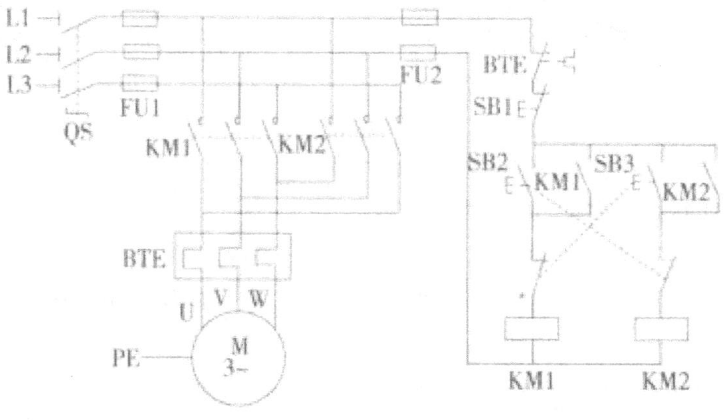

图4-6 按钮互锁正反转控制电路

这种电路的优点是操作方便,缺点是容易产生电源两相短路故障。例如,当正转接触器KM1发生主触点熔焊或被杂物卡住等故障时,即使KM1线圈失电,主触点也不能断开,这时若直接按下反转按钮SB2,KM2得电动作,触点闭合,必然造成电源两相短路故障。故在实际工作中,经常采用按钮、接触器双重互锁的正反转控制电路。

接触器按钮双重互锁正反转控制电路:接触器按钮双重互锁正反转

控制电路具有接触器互锁和按钮互锁两种正反转控制电路的优点，操作方便，工作安全可靠，其电路原理如图4-7所示。电路工作原理如下：合上电源开关QS。当需要电动机正转时，按下正转启动按钮SB2，按钮SB2串接在接触器KM2线圈回路的动断触点立即断开。接触器KM1线圈得电自锁，其主触点闭合接通电动机M的正转电源，电动机M启动正转。同时串接在接触器KM2线圈回路的接触器KM1辅助动断触点断开，对接触器KM2线圈实现互锁。同理，当需要电动机M反转时，按下反转启动按钮SB3，按钮SB3串接在接触器KM1线圈回路的动断触点立即断开。接触器KM2线圈得电自锁，其主触点闭合接通电动机M的反转电源，电动机M启动反转。同时串接在接触器KM1线圈回路的接触器KM2辅助动断触点断开，对接触器KM1线圈实现互锁。

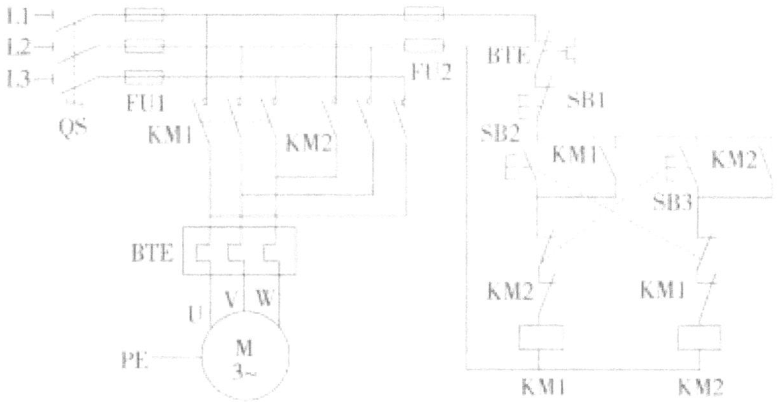

图4-7　接触器按钮双重互锁正反转控制电路

当需要停车时，按下停车按钮SB1，接触器KM1或KM2线圈失电释放，所有动合、动断触点复位，电动机M断电停车。

（二）行程控制电路

在生产过程中，常需要控制生产设备运动部件的行程，并使其在一定范围内自动往复循环。例如，混凝土搅拌机的提升降位、桥式吊车的自动往返、龙门刨床和导轨磨床的工作台和动力头滑台等，实现这种控制主要依靠行程开关。图4-8所示为使用行程开关的工作台自动往返控制电路。从电路图下方工作台自动往返示意图可知，在机床床身上装有四个行程开关，SQ1和SQ2行程开关用来实现工作台的自动往返，SQ3和SQ4用作两端的极限位置保护。在工作台端部装有挡铁，挡铁1只能操作

SQ1、SQ3，挡铁2只能操作SQ2、SQ4。挡铁压下行程开关后，工作台停止并换向，使工作台做往复运动。通过调整挡铁在工作台上的位置实现对往返行程的调节，挡铁间的距离增大，行程就长，反之行程就短。

图4-8自动往返控制电路和图4-7双重互锁正反转控制电路相似。行程开关SQ1和SQ2的作用相当于图4-7的正转和反转复合按钮，这里的按钮SB2和SB3用作正向或反向启动。SQ3和SQ4的作用是，当换向用的行程开关SQ1、SQ2失灵，工作台越过限定位置时，挡铁就压下SQ3或SQ4，其动断触点切断控制电路电源，迫使电动机停转，防止工作台因超出极限位置而发生事故，SB1为停止按钮。

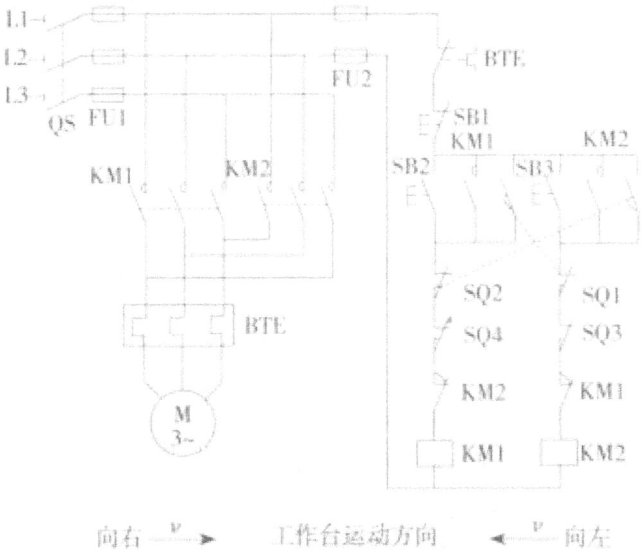

图4-8　自动往返控制电路

自动往返控制电路的工作原理如下：

合上电源开关，按下SB2，接触器KM1线圈得电自锁，其主触点闭合接通电动机M的正转电源，电动机M启动正转，工作台左移；同时串接在接触器KM2线圈回路中的接触器KM1辅助动断触点断开，对接触器KM2线圈实现互锁。

工作台左移至挡铁压下SQ2，其动断触点先断开，KM1线圈断电，其主触点断开，电动机M停转，工作台停止左移运动，并解除对KM2的互锁；SQ2的动合触点后闭合，KM2线圈得电自锁，其主触点闭合，电动机M反转，工作台右移；同时串接在接触器KM1线圈回路中的接触器KM2辅助动断触点断开，对接触器KM1线圈实现互锁。

工作台右移至挡铁压下SQ1,其动断触点先断开,KM2线圈断电,其主触点断开,电动机M停转,工作台停止右移运动,并解除对KM1的互锁;SQ1的动合触点后闭合,KM1线圈得电自锁,其主触点闭合接通电动机M的正转电源,电动机M正转,工作台左移;同时串接在接触器KM2线圈回路中的接触器KM1辅助动断触点断开,对接触器KM2线圈实现互锁。重复上述过程,工作台在一定范围内往返运动。

由上述工作原理可以看出,工作台每经过一个自动往复循环,电动机要进行两次反转制动过程,将出现较大的电流和机械冲击。因此。这种电路只适用于电动机容量较小,循环周期较长,电动机转轴具有足够刚性的拖动系统中。另外,在选择接触器容量时应比一般情况下选择的容量大一些。

五、三相笼型异步电动机制动控制电路

电源切断后,三相异步电动机因惯性会经过一段时间才能完全停转,这将影响劳动生产率。为了实现快速、准确和安全停车,就必须采取制动措施。常用的制动方法有机械制动和电气制动。机械制动有电磁抱闸制动、电磁离合器制动等;电气制动有反接制动、能耗制动和发电回馈制动等。

(一)机械制动控制电路

1.电磁抱闸制动

电磁抱闸制动是靠闸瓦抱紧与电动机同轴的制动轮来实现的,电磁抱闸制动方式的制动力矩大,制动迅速,停车准确,缺点是制动越快冲击振动越大。电磁抱闸制动有断电电磁抱闸制动和通电电磁抱闸制动。

断电电磁抱闸制动控制电路:断电电磁抱闸制动在电磁铁线圈一旦断电或未通电时电动机都处于抱闸制动状态,例如,电梯、吊车和卷扬机等设备。图4-9为断电电磁抱闸制动控制电路,电路工作原理如下所述。

合上电源开关QS。按下启动按钮SB2,接触器KM2线圈得电,主触点闭合,电磁铁YA线圈接入电源,电磁铁芯向上移动,拾起制动闸,松开制动轮,同时接在接触器KM2动合触点闭合,接触器KM1线圈得电自锁,主触点闭合,电动机启动运转。按下停车按钮SB1,接触器KM1、KM2线圈失电释放,所有触点复位,电动机和电磁铁绕组均断电,制动闸在弹簧作用下紧压在制动轮上,依靠摩擦力使电动机快速停车。为了避免电动机在启动前瞬时出现转子被抓住不转的短路运行状态,在电路中接触器KM2先得电,使得电磁铁YA线圈先通电,待制动闸松开后,电动机才接通电源。

通电电磁抱闸制动控制电路：通电电磁抱闸制动则是在平时制动闸总是在松开的状态，通电后才能抱闸。例如，机床等需要经常调整加工件位置的设备往往采用这种方法。图4-10为通电电磁抱闸制动控制电路，电路工作原理如下所述。

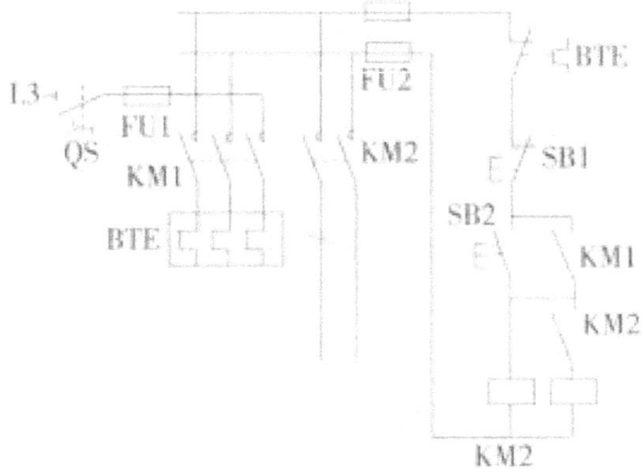

图4-9　断电电磁抱闸制动控制电路

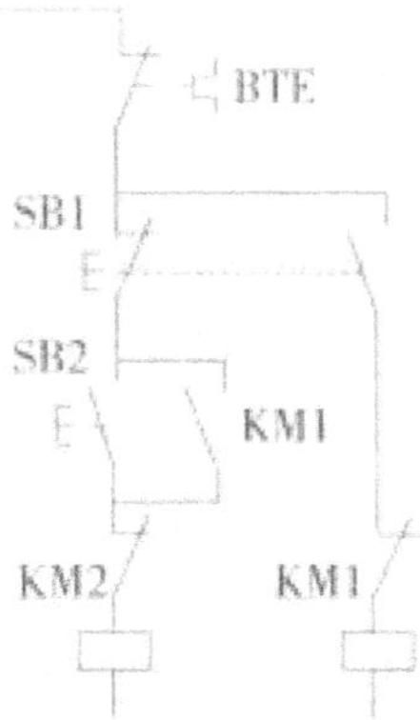

图4-10　通电电磁抱闸制动控制电路

合上电源开关QS，按下启动按钮SB2，接触器KM1线圈通电吸合并自锁，其主触点闭合接通电动机M电源，电动机M启动运转。而接触器KM1的动断触点断开，对接触器KM2实现互锁。即在接触器KM1线圈吸合（电动机M运转）时，接触器KM2线圈不能吸合。当需要电动机M停车时，按下停车按钮SB1，SB1的动断触点首先断开，切断接触器KM1线圈回路的电源，KM1失电释放，其主触点断开，切断电动机M电源；而后按钮SB1

的动合触点闭合，接通接触器KM2线圈回路电源，接触器KM2线圈通电吸合，其主触点闭合接通电磁铁YA线圈电源，YA通电对断电后的电动机M进行抱闸制动，使电动机M迅速停转。松开SB1，完成抱闸制动。

2. 电磁离合器制动

电磁离合器制动是采用电磁离合器实现制动的，其体积小，传动转矩大，制动方式比较平稳且迅速，并且可以安装在机床等的机械设备内部。机械摩擦制动的电磁离合器的动作原理，主要由制动电磁机构（动铁芯、静铁芯和激磁线圈）和动、静摩擦片等组成。电磁机构静铁芯固定，动铁芯与静摩擦片相连，动摩擦片与传动轴通过键或法兰连接。其工作原理如下所述。

当电动机静止时，电磁离合器激磁线圈无电，制动弹簧将静摩擦片紧紧地压在动摩擦片上，此时电动机通过传动轴被制动。当电动机通电时，电磁离合器激磁线圈同时得电，电磁铁的动铁芯被静铁芯吸合，使与动铁芯固定在一起的静摩擦片与动摩擦片（和电动机轴相连）分开，于是动摩擦片和传动轴随电动机正常转动；当电动机停车时，电磁离合器激磁线圈断电，制动弹簧立即将静摩擦片和动铁芯推向转动的动摩擦片，在弹簧力的作用下，动、静摩擦片间产生足够大的摩擦力，使电动机断电后立即制动。电磁离合器制动控制电路与电磁抱闸制动控制电路类似，此处不再赘述。

（二）电气制动控制电路

1. 反接制动控制电路工作原理

反接制动就是当电动机停车时，通过改变电动机电源相序使电动机制动。由于电源相序改变，定子绕组产生的旋转磁场方向也与原方向相反，而转子因惯性仍按原方向旋转，于是在转子电路中产生相反的感应电流。转子受到一个与原转动方向相反的力矩的作用，从而使电动机转速迅速下降，实现制动。反接制动控制电路主要由速度继电器BS来实现。一般的速度继电器有两对动合触点和两对动断触点，可分别用于正、反向运行的反接制动。当电动机启动运行后，转速达到120 r/min时，动合触点闭合，动断触点断开。停车时，当电动机转速小于100 r/min时，动合、动断触点复位。反接制动控制电路有单向反接制动控制电路和双向反接制动控制电路。由于反接制动比较简单，效果较好，但能量消耗较大，因此中型车床和铣床主轴的制动常采用此方法。

单向运行反接制动控制电路：图4-11为单向运行反接制动控制电路，

其中KM1为正转运行接触器，KM2为反接制动接触器，BS为速度继电器，其转轴与电动机M的转轴同轴相连。当需要电动机M运行时，按下启动按钮SB2，接触器KM1线圈通电吸合，其主触点闭合接通电动机M的电源，电动机M启动运行。而接触器KM1动断触点断开，使得在接触器KM1线圈吸合，电动机M运行时，接触器KM2线圈不能吸合。在电动机M启动后，其转速上升到120 r/min时，速度继电器BS的动合触点闭合，为接触器KM2线圈电源的接通做准备。当需要电动机M停止时，按下停车按钮SB1，其动断触点首先断开，切断接触器KM1线圈的电源，接触器KM1失电释放，电动机M断电。同时接触器KM1的动断触点复位闭合，但因惯性作用，电动机M不能立即停止。然后按钮SB1的动合触点闭合，接通接触器KM2线圈回路的电源，KM2通电吸合并自锁，其主触点闭合接通电动机M的反转电源，使电动机M产生一个反向旋转力矩。这个反向旋转力矩与电动机惯性转动的方向相反，故使电动机M的转速迅速下降。当电动机M转速下降为100 r/min时，速度继电器BS的动合触点复位断开，切断接触器KM2线圈的电源，KM2失电释放，完成单向反接制动控制过程。

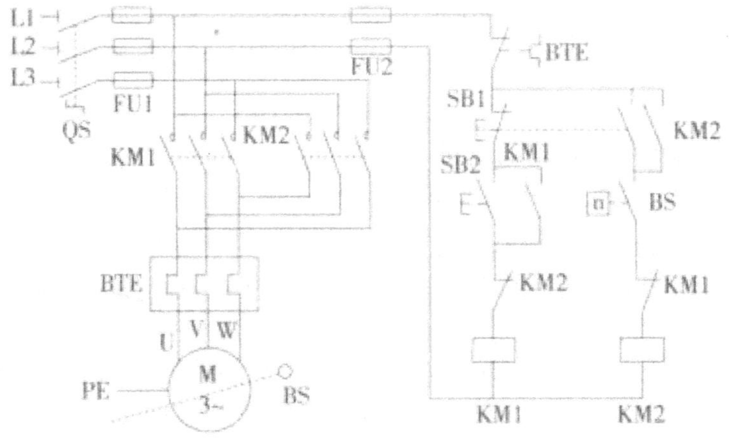

图4-11　单向运行反接制动控制电路

双向运行反接制动控制电路：图4-12为双向运行反接制动控制电路，其中KM1既是正转运行接触器，又是反转运行时的反接制动接触器；KM2既是反转运行接触器，又是正转运行时的反接制动接触器；中间继电器KA完成电动机正、反向启动的反接制动控制；速度继电器BS有两对动合触点，分别用于控制电动机正转和反转时反接制动时间。双向反接制动控制电路的控制原理同单向反接制动基本相同，不同之处是双向反接制动控制电路中电动机M在正、反向运行需要停止时，均可反接制动停车，其电路工作原理如下所述。

合上电源开关QS。当需要电动机M正转时，按下正转启动按钮SB2，接触器KM1线圈通电吸合并自锁，其主触点闭合接通电动机M正转电源，电动机M启动正转。同时接触器KM1的动断触点断开，对接触器KM2实现互锁。接在中间继电器KA线圈控制电路的接触器KM1动合触点闭合，为电动机M停车制动做准备。当电动机M的正转速度达到120 r/min时，速度继电器BS的正转动合触点BS2闭合，为接通接触器KM2线圈电源及电动机M正转反接制动做好准备。当需要电动机M停转时，按下停车按钮SB1，SB1的动断触点首先断开，切断接触器KM1线圈电源，接触器KM1线圈失电释放，主触点断开电动机M正转电源。然后SB1的动合触点闭合，接通中间继电器KA线圈的电源，中间继电器KA通电吸合，其动断触点断开，而动合触点闭合，接触器KM2线圈通电吸合，其动合触点闭合，使得松开按钮SB1时，中间继电器KA线圈不会失电，而KM2主触点闭合接通电动机M的反转电源，使电动机M产生一个反向旋转的力矩，电动机M转速迅速下降。当转速下降至100 r/min时，速度继电器BS的动合触点复位断开，切断接触器KM2线圈的电源，KM2失电释放，其动合触点复位断开，中间继电器KA断电释放，所有常开动断触点复位，为下一次电动机M启动及制动做准备。电动机M反转的启动和制动与正转的原理相同，此处不再赘述。

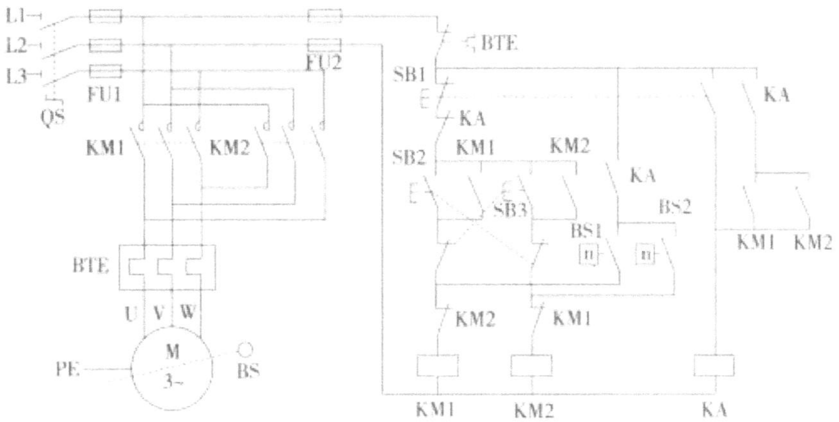

图4-12 双向运行反接制动控制电路

2.能耗制动控制电路

能耗制动是一种应用广泛的电气制动方法。当电动机脱离三相交流电源以后,立即将直流电源接入定子的两相绕组,使绕组中流过直流电流,产生了一个恒定的静止直流磁场。而此时电动机的转子切割直流磁场,在转子绕组中产生感应电流在静止磁场和感应电流相互作用下,产生一个阻碍转子转动的制动力矩,因此电动机转速迅速下降,从而达到制动的目的。当电动机转速降至零时,转子导体与磁场之间无相对运动,感应电流消失,电动机停转,再将直流电源切除,制动结束。

能耗制动时产生的制动力矩的大小与接入定子绕组中的直流电流大小、电动机的转速及转子电路中的电阻有关。电流越大,产生的静止磁场就越强,而转速越高,转子切割磁力线的速度就越大,产生的制动力矩就越大。但对鼠笼型异步电动机,增大制动力矩只能通过增大接入定子绕组中的直流电流来实现,但接入的直流电流又不能太大,否则会烧坏定子绕组。一般直流电流的大小为电动机额定电流的0.5 ~ 1倍。在机床上常用的有变压器全波整流单向运行能耗制动电路。

图4-13为按时间原则控制的单向能耗制动控制电路,其工作原理如下:当电动机M需要转动时,按下启动按钮SB2,接触器KM1线圈得电吸合并自锁,电动机M单向运行。而接触器KM1的动断触点断开,使得在接触器KMI得电时,接触器KM2和时间继电器KT线圈不能吸合。当需要电动机M停车时,按下停车按钮SB1时,SB1的动断触点首先断开,切断接触器KM1线圈电源,KM1失电释放,主触点断开,电动机M脱离三相交流电源。然后按钮SB1的动合触点闭合,使按触器KM2与时间继电器KT线圈相继得电吸合,KT瞬动动合触点闭合、KM2动合触点闭合构成自锁,接触器KM2主触点闭合,将两相电源通过变压器TC降压,整流器VC桥式整流及电阻R限流后的直流电压接至电动机M的两相定子绕组上,对电动机M进行能耗制动,电动机M转速迅速下降。而接触器KM2的动断触点断开,对接触器KMI实现互锁。当电动机转速接近零时,时间继电器KT的延时断开动断触点断开,接触器KM2线圈失电释放,切断通入电动机M的两相直流电源,完成电动机M能耗制动过程。同时,接触器KM2的动合触点复位,使时间继电器KT失电释放,所有触点复位。

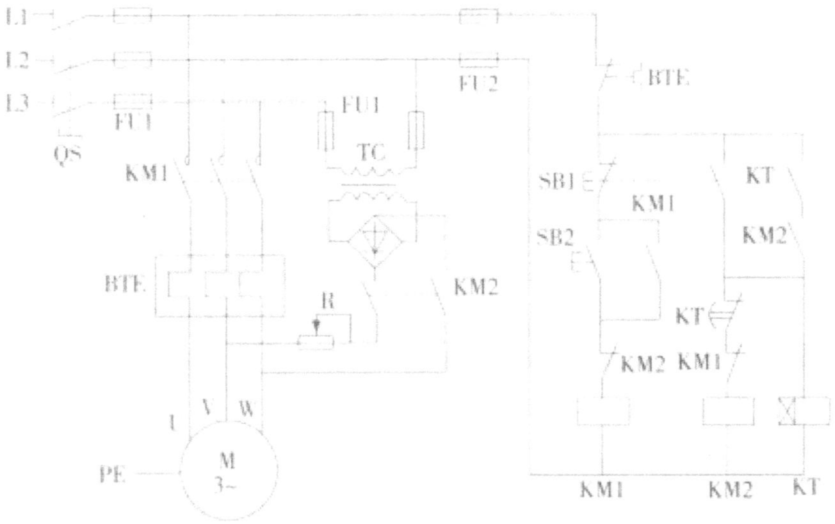

图4-13　按时间原则控制的单向能耗制动控制电路

从能量角度看,能耗制动是把电动机转子运行所储存的动能转变为电能,且又消耗在电动机转子的制动上,与反接制动相比,能量损耗少,制动停车准确。所以,能耗制动适用于电动机容量大,要求制动平稳和启动频繁的场合。但制动速度比反接制动慢一些,另外能耗制动需整流电路。

六、双速异步电动机高低速控制电路

机床在加工工件的过程中,常常需要对机床进行变速,一般普通的机床采用机械变速箱取得相应的转速。但是,对于调速要求高的机床,需要采用多速电动机拖动,以提高它的调速范围。

多速电动机是采用改变电动机定子绕组极数的方法来改变电动机的同步转速,这种调速方法称为变极调速,一般只适用于鼠笼式异步电动机。鼠笼式异步电动机常用的变极调速方法有两种:一种是改变定子绕组的接线,即改变定子绕组每相的电流方向;另一种是在定子绕组上设置具有不同极对数的两套互相独立的绕组,又使每套绕组具有改变电流方向的能力。变极调速是有级调速,速度变换是阶跃式的。用变极调速方式构成的多速电动机一般有双速、三速、四速之分。这种调速方法简单、可靠、成本低,因此在有级调速能够满足要求的机械设备中,广泛采用多速电动机作为主拖动电动机,如镗床、铣床等。这里主要讨论双速和三速电动机的控制。

(一)A-YY双速异步电动机定子绕组的连接

双速异步电动机绕组有六个接线端,分别为U1、V1、W1、U2、V2、W2。图4-14为双速异步电动机定子绕组的A-YY接线图。其中图(a)为△形接法,用于低速运行;图(b)为YY形接法,用于高速运行。当需要电动机低速运行时,三相电源从接线端U1、V1、W1进入双速电动机绕组中,另外三个接线端U2、V2、W2空着不接,双速电动机绕组按三角形接法为低速运行。当需要电动机高速运行时,三相电源从接线端U2、V2、W2进入双速点动机绕组中,而U1、V1、W1三个接线端短接在一起,此时电动机绕组接成YY形接法,双速电动机高速运行。

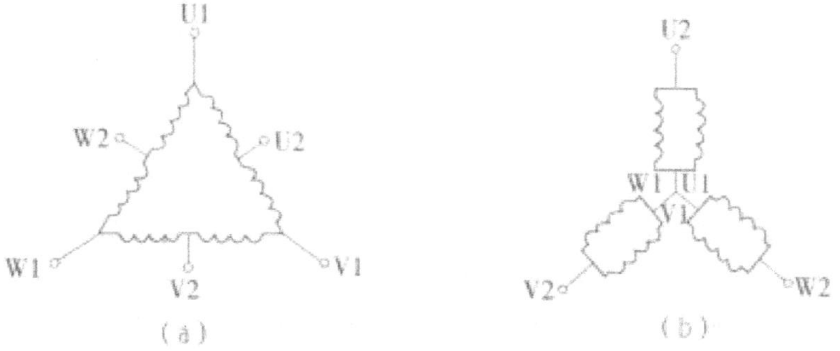

图4-14　A-YY双速异步电动机定子绕组接线图

(二)双速异步电动机手动变速控制电路

图4-15为按钮接触器控制双速电动机电路原理图。主电路中,当接触器KM1吸合,KM2、KM3断开时,三相电源从接线端U1、VI、W1进入双速电动机M绕组中,双速电动机M绕组按三角形接法,实现低速运行。而当接触器KM1断开,KM2、KM3吸合时,三相电源从接线端U2、V2、W2进入双速电动机M绕组中,双速电动机M绕组接成YY形接法高速运行。即SB2、KM1控制双速电动机M低速运行;SB3、KM2、KM3控制双速电动机M高速运行,其工作原理如下所述:

合上电源开关QS,当需要双速电动机低速运行或从高速运行转换为低速运行时,按下低速运行启动按钮SB2,其动断触点先断开,切断接触器KM2、KM3线圈回路电源的通路,使接触器KM2、KM3在需要接触器KM1吸合时处于失电断开状态。而后SB2的动合触点闭合,接通接触器KM1线圈电源,接触器KM1通电吸合并自锁,其主触点闭合,三相电源通过KM1主触点到接线端U1、VI、W1从而进入双速电动机M的绕组中,将双速电动机M的绕组接成三角形接法，双速电动机M低速启动运行。而KM1的动断触点断开，与接触器KM2、KM3实现互锁，使接触器KM2、KM3在接触器KM1吸合时处于失电断开状态。当需要电动机M高速运行或从低速运行转换为高速运行时，按下高速运行启动按钮SB3，其动断触点先断开，切断接触器KM1线圈回路电源的通路，接触器KM1所有触点复位。而后SB3的动合触点闭合，接通接触器KM2、KM3线圈电源，接触器KM2、KM3通电吸合并自锁，主触点闭合，三相电源通过KM2主触点到接线端U2、V2、W2进入双速电动机M的绕组中，同时U1、V1、W1通过KM3的主触点并接，将双速电动机M绕组接成YY形接法，双速电动机M高速启动运行。KM2、KM3动断触点断开，与接触器KM1实现互锁，即接触器KM2、KM3吸合时接触器KM1处于失电断开状态。当需要电动机M停车时，按下停车按钮SB1即可。

在双速电动机的控制电路中存在一个高低速转换同向的问题，即电动机在低速运行时，如果转向是正转（逆时针方向旋转），而在转换为高速时为反转（顺时针方向旋转）；这就说明双速电动机在高低速转换时不同向，解决这种问题的方法是将双速电动机M的接线端U1、V1、W1或U2、V2、W2中的任意两相调换即可。

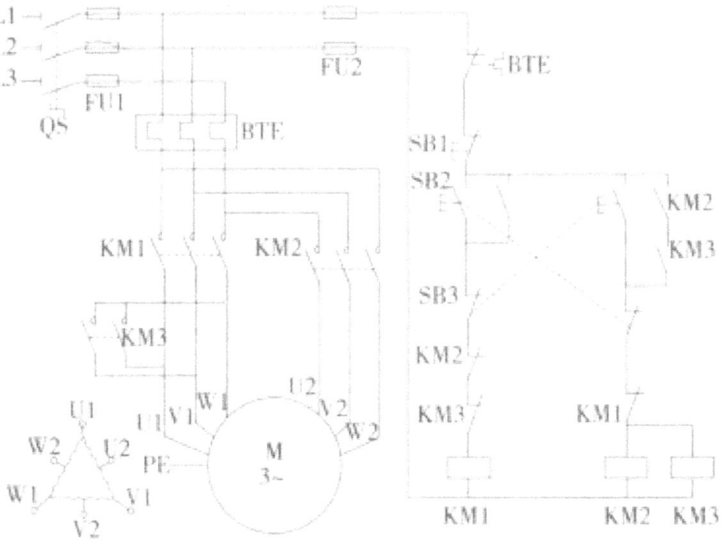

图4-15　按钮接触器控制双速电动机电路原理图

（三）双速异步电动机自动变速控制电路

时间继电器接触器控制双速电动机的电路如图4-16所示，其工作原理如下：合上电源开关QS，当需要双速电动机M低速运行时，按下低速启动按钮SB2，接触器KM1通电吸合自锁，三相电源经接触器KM1主触点到接线端U1、V1、W1进入双速电动机M的绕组中，双速电动机M绕组接成三角形接法低速启动运行。而KM1的动断触点断开，与接触器KM2、KM3实现互锁。若需要双速电动机高速运行时，按下高速运行启动按钮SB3，时间继电器KT线圈通电吸合并开始计时。同时KT的瞬动动合触点闭合自锁，当时间继电器KT整定时间到后，KT的延时断开动断触点断开，接触器KM线圈失电，所有触点复位，KT延时闭合动合触点闭合，接通接触器KM2、KM3线圈电源，接触器KM2、KM3通电吸合，三相电源经接触器KM2主触点到接线端U2、V2、W2进入双速电动机M绕组中，同时U1、V1、W1通过KM3的主触点并接，双速电动机M绕组接成YY形高速运行。KM2、KM3动断触点断开，与接触器KM1实现互锁。当需要双速电动机M停车时，按下停车按钮SB1即可。当双速电动机M只需要高速运行时，可直接按下启动按钮SB3，接触器KM1通电吸合自锁，则双速电动机M绕组接成三角形低速启动，经过一定时间，时间继电器切断接触器KM1线圈电源，自动切换到高速运行。

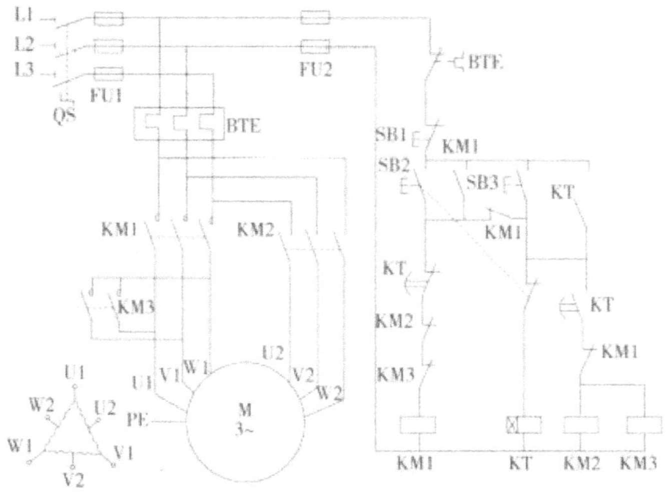

图4-16 时间继电器接触器控制双速电动机电路

第三节 机床液压系统的电气控制电路

液压传动系统容易获得很大的转矩,其传动平稳,控制方便,易于实现自动化。液压传动系统和电气控制系统相结合的电液控制系统在组合机床、自动化机床、生产自动线、数控机床等生产设备上应用广泛。液压传动系统一般由四部分组成。

动力装置:一般指液压泵,它将电动机输出的机械能转换为油液的压力能,供给液压系统压力油液,从而推动液压系统工作。

执行机构:指液压缸或液压马达。液压缸用于直线运动,油液马达用于旋转运动,它们把油液的压力能转换为机械能,从而带动工作部件运动。

控制阀:指换向阀、节流阀、溢流阀等。它们都起控制调节作用,实现对油液的压力和流量的调节,满足传动系统中不同性能要求。

辅助装置:指油箱、滤油器、压力表、油管和管接头等元件。

一、机床中常用的液压元件

(一)液压泵和液压马达

液压泵是一种能量转换装置,它把电动机的机械能转换为油液的液压能,供给液压系统。机床液压系统中使用的液压泵均为容积泵。液压泵的作用是把机械能转换成油液的压力能,是液压系统的动力装置,一般由电动机驱动。液压马达的作用是把油液的压力能转换成机械能,就液压系统而言,液压马达是一个执行元件。容积式液压泵和液压马达在原理上是互逆的,大部分的液压泵可作为液压马达使用,反之亦然。但在结构细节上两者有一定差异。

(二)液压阀

液压阀是用来控制或调节液压系统中油液的方向、压力和流量,以满足机床工作性能要求的控制装置。液压阀的类型很多,根据其控制作用可分为方向控制阀、压力控制阀和流量控制阀,此外还有所谓的组合阀,它实际上是将某些阀组合起来制成的结构紧凑的独立单元,一般按它所完成的功用来命名,如电磁换向阀、单向行程调速阀等。

方向控制阀是用来控制液压系统中油液流动方向的阀,主要有普通单向阀、换向阀等,用于改变执行机构运动的方向。[①]

压力控制阀是用来控制液压系统中压力的阀,主要有溢流阀、安全阀、顺序阀、减压阀和背压阀等,用于改变执行机构的力或转矩。

流量控制阀是用来控制液压系统中油液流量的阀,主要有节流阀、调速阀等,用于改变执行机构的运动速度。

普通单向阀的作用是使油液只能沿一个方向流动,而不允许反方向流动。压力油液从阀体左端通口流入时,它可以方便地克服弹簧作用在阀芯上的力,而使阀芯向右移动打开阀口,从阀体右端通口流出。但是当压力油液从阀体右端流入时,油液压力和弹簧一起使阀芯压紧在阀孔上,使阀口关闭,油液就无法通过。

换向阀种类很多,常用的主要是滑阀。滑阀式换向阀的结构主体是阀体和阀芯,阀体上开了许多通口,阀芯通过移动可以停止在不同的工作位置上,从而接通或关断相应油路。根据阀体上的开口数目和阀芯移动位置的数量,分为二位二通、二位三通、二位四通、三位四通、三位五通阀等。三位四通电磁换向阀由复位弹簧、阀芯、推杆构成。当电磁铁断电时,两边的弹簧使阀芯处于中间位置。当右边电磁铁通电时,阀芯通过推杆将阀芯推向左端,这时进油口和油口相通,油口和回油口相通。当左边电磁铁通电时,阀芯被推向右端,这时油口和进油口、油口与回油口分别相通,实现油路的换向,由于受到电磁力较小的限制,电磁换向阀的流量一般在63 L/min以下;流量大时,一般采用液动控制或电液控制。液动换向阀是靠压力油液改变阀芯位置的,电液动换向阀是由电磁换向阀和液动阀组合而成。

压力控制阀是利用阀芯上液压作用力和弹簧力保持平衡来进行工作的,平衡状态的任何破坏都会使阀芯位置产生变化,其结果不是改变阀口的开度大小(如溢流阀、减压阀),就是改变阀口的状态(如安全阀、顺序阀)。溢流阀是液压系统中最常见的元件,主要功能是保持系统压力基本恒定,防止系统过载,造成背压,使系统卸荷等。溢流阀有直动式和先导式两种,直动式用于低压液压系统,先导式用于高压液压系统。

直动式溢流阀的结构由阀体、阀芯、上盖、弹簧和螺帽等零部件组成,油口分别为溢流阀的进油口和回油口。当压力油液从油口经油腔、径向孔、阻尼孔进入油腔,阀芯的底面受到油液的压力作用。由于阀芯顶上作用有弹簧力,因此阀芯的工作位置由这两个力的大小来决定。当油口处

①谢飞久.水利工程电气自动化系统防雷技术探讨[J].长江技术经济,2022,6(Suppl.1):56-58.

压力不足以使作用在阀芯底面上的力超过弹簧力时，阀芯处于最低位置，油口不相通，回油口无油液流出，当油口处压力升高，作用在阀芯底面上的力超过弹簧力时，阀芯上升，阀口处于某一开度，油腔相通，油液从回油口排出。这时压力油液作用在阀芯上的力就与此开度下作用在阀芯上的弹簧力保持平衡，油口处压力也基本稳定在某一数值上，此即直动式溢流阀控制压力的原理。转动调整螺帽可以调整弹簧的作用力大小，从而调整了油口的油液压力。

顺序阀是利用液压系统压力的变化来控制各执行元件动作的先后顺序。顺序阀的结构和工作原理与溢液阀完全相同，唯一的差异在于顺序阀出口处不接通油箱，而接通某个执行元件。因此必须使油腔不通过孔道与回油口相通，而是经孔道直接流回油箱。顺序阀也有直动式与先导式之分，直动式用于中低压系统，先导式用于高压系统。

流量控制阀是靠改变阀口通流截面积大小或通流通道的长短来控制通过阀口油液流量，以实现调节执行元件（油缸或液压马达）的运动速度的。常用的流量控制阀有普通节流阀、各种类型的调速阀以及由它们组合而成的组合阀等。

普通节流阀的结构，它的节流口是轴向三角槽式。油只从进油口流入，经孔道和阀芯左端三角槽式节流口进入孔道，再从出油口流出。阀芯在弹簧的作用下始终贴紧在推杆上。

普通调速阀的结构是一个由减压阀和节流阀串联而成的组合阀。在高压油液压力下，从右侧进油口流入，经减压阀的缝隙进入油腔，将压力减小，再经节流阀上的节流缝隙进入油腔，将压力再次减小，最后从出油口流出去。油腔通过孔道和阻尼孔与油腔相连，出油口通过孔道与油腔相连，因此阀芯是在弹簧力、液压作用力、上下端油液压力的作用下处在某个平衡位置上。无论是出口处压力变化，还是进口处压力变化，减压阀阀芯都会因其上下端油液压力的变化而自动调整位置，从而维持压力差基本上恒定。

（三）压力继电器

压力继电器以液压系统的压力变化作为输入信号使继电器动作。压力继电器一般用在液压、气压和水压系统中的保护。

压力继电器主要由微动开关、调节螺母、压缩弹簧、顶杆、橡皮薄膜和缓冲器等组成。压力继电器装在油路（水路或气路）的分支路中，当压力超过整定值时，通过缓冲器、橡皮薄膜抬起顶杆，使微动开关动作；若管路中压力等于或低于整定值,顶杆脱离微动开关使触点复位。压力继电器调节方便,只需放松或拧紧调整螺母即可改变控制压力。压力继电器的符号为BPS。

二、液压动力部件控制电路

组合机床上最主要的通用部件是动力头和动力滑台,它们是完成刀具切削运动和进给运动的部件。通常将能同时完成切削运动和进给运动的动力部件称之为动力头,而将只能完成进给运动的动力部件称之为动力滑台。动力滑台按结构分为机械动力滑台和液压动力滑台。机械动力滑台和液压动力滑台都是完成进给运动的动力部件,两者区别仅在于进给的驱动方式不同。动力滑台与动力头相比较,前者配置成组合机床更为灵活。在动力头上只安装多轴箱,而滑台还可安装各种切削头,组成卧式、立式组合机床及其自动线,以完成钻、扩、铰、镗、刮端面、倒角、铣削和攻螺纹等加工工序,安装分级进给装置后,也可用来钻深孔。

(一)动力滑台的液压系统与工作循环

动力滑台的常见工作循环如下:

一次工作进给:快进→工进→(延时停留)→快退,可用于钻孔、扩孔、镗孔和加工盲孔、刮端面等。

二次工作进给:快进→一次工进→二次工进→延时停留→快退,可用于镗孔完后又要车削或刮端面等。

跳跃进给:快进→一次工进→快进→二次工进→延时停留→快退,可采用跳跃进给自动工作循环,例如,镗削两层壁上的同心孔。

双向工作进给:快进→正向工进→反向工进→快退,例如,用于正向工进粗加工,反向工进精加工。

分级进给:快进→工进→快退,快进→工进→快退→…→快进→工进→快退,主要用于钻深孔。

(二)液压动力滑台控制电路

液压动力滑台与机械滑台的区别在于,液压动力滑台进给运动的动力是压力油,而机械滑台的动力来自电动机。液压动力滑台由滑台、滑座、油缸及挡铁等部分组成,由油缸拖动滑台在滑座上移动。液压滑台具有典型的自动工作循环,它通过电气控制和电路控制液压系统来实现。液压滑台的工进速度由调速阀来调节,可实现无级调速。电气控制电路一般采用行程、时间原则及压力控制方式。

具有一次工作进给的液压动力滑台的工作过程如下所述。

滑台原位停止：因滑台由油缸驱动，当电磁铁均为断电状态时，油缸内压力油不流动，滑台原位停止，并压下行程开关，使其动合触点闭合，动断触点断开。

滑台快进：按下按钮，继电器通电并自锁，电磁铁通电，使电液动换向阀（三位五通）处于左位，压力油使液动换向阀也处于左位，压力油经电液换向阀及行程阀流入滑台油缸左腔，使缸体左移，油缸右腔排出的油经电液换向阀及单向阀也进入油缸左腔，使滑台实现快进。此时，动合触点断开，动断触点闭合。

滑台工进：当挡铁压下行程阀时，压力油经调速阀进入液压缸左腔，此时流入油缸左腔的油液较少，滑台由快进转为工进，多余的压力油经背压阀流回油箱。通过调节调速阀的流量可调节滑台的工进速度。

死挡铁停留：当液压滑台工进到被死挡铁挡住的位置时，液压缸左腔油压开始升高。油压升高到压力继电器 BPS 的动作值时，所经过的时间就是滑台的延时停留时间。

滑台快退：当压力继电器 BPS 动作时，BPS 的动合触点闭合，电磁铁和继电器线圈通电，电磁铁和继电器断电，并由触点实现自锁，使电液换向阀处于右位，油缸右腔进油，滑台快速向后退回，退回原位后压下，其动断触点断开，断电。电液换向阀回到中间位置，液压滑台原位停止。当滑台不在原位时，若需要快退，可按下按钮 SB2，此时，滑台快退。退至原位时，压下 SQ1，滑台停在原位。

如果要求停留的时间可调，则用行程开关和时间继电器取代压力继电器即可。若滑台工进到终点后，不需要延时停留，即工作循环改为快进→工进→快退，在死挡铁处加装行程开关，去掉 BPS 即可。

第四节　其他常用基本控制电路

一、点动控制

在实际工作中，经常要求控制电路既能长动控制又能点动控制。所谓长动，即电动机连续不断地工作。所谓点动，即按按钮时电动机转动工作，放开按钮时，电动机停止工作。点动常用于生产设备的调整，如机床的刀架、横梁、立柱的快移，机床的调整对刀等。

图4-17为点动与长动控制电路。图(a)所示为主电路，图(b)所示为点动与长动控制电路。当按下复合按钮SB3时，其动断触点断开，防止自锁；其动合触点闭合，KM线圈得电，电动机M启动运转。当松开SB3，其动合触点先断开，动断触点后闭合，这样确保KM线圈失电，电动机M停转，因此，SB3为点动控制按钮。当按下SB2时，为长动运行。图(c)所示为用选择开关实现点动与长动切换的控制电路。点动控制和连续控制的区别是控制电路能否自锁。

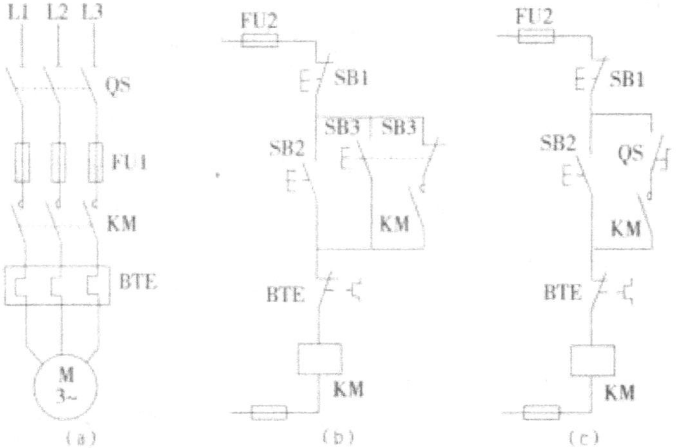

图4-17　点动与长动控制电路

二、连锁与互锁

(一)连锁

在机械设备中，为了保证操作正确、安全可靠，有时需要按一定的顺序对多台电动机进行启停操作。例如，铣床上要求的主轴旋转后，工作台方可移动；某些机床主轴必须在液压泵启动后才能启动等。像这种要求一台电动机启动后另一台才能启动的控制方式，称为电动机的连锁控制(或顺序控制)。

图4-18为两台电动机M1和M2的连锁控制电路。其中图4-18(b)的控制电路主要特点是：M1启动后M2才能启动，M1和M2同时停止。在控制电路中，将接触器KM1的动合触点串入接触器KM2的线圈电路中，保证了只有KM1线圈接通，即M1启动后，M2才能启动。若按下SB2，接触器KM1线圈得电，M1启动，同时串联在KM2线圈电路中KM1的动合触点

闭合,KM2线圈电路才有可能接通。这时再按下SB3,KM2得电,M2才能启动。当M1或M2在运行时,按下停止按钮SB1,电动机M1或电动机M2同时断电停转。

图4-18(c)的控制电路的特点是:按下SB2,M1启动后,再按SB4,M2才能启动,M1和M2可单独停止。由于KM2的自锁触点包括了KM1连锁触点,当KM2因线圈得电吸合,KM2的自锁触点自锁后,KM1对KM2失去了控制作用,SB1和SB3可以单独使KM1或KM2线圈断电,使电动机M1或M2单独停转。

图4-18(b)(c)所示的接触器KM1必须在接触器KM2动作后才能动作,从而实现了铣床上主轴电动机转动后,进给电动机才能启动的要求。

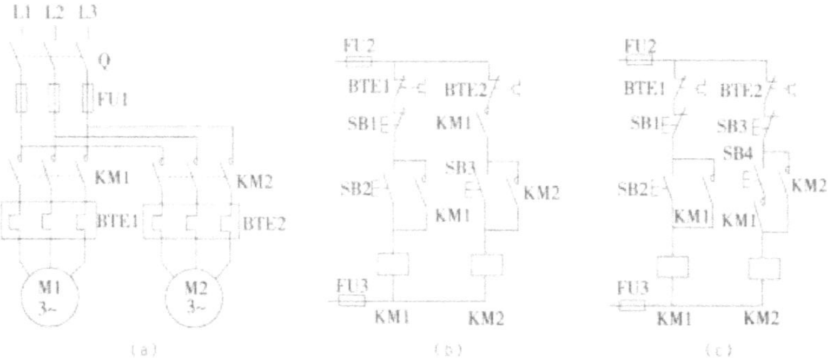

图4-18 两台电动机M1和M2的连锁控制电路

(二)互锁

互锁实际上是一种连锁关系,之所以这样称呼,是为了强调触点之间的互锁作用。例如,常常有这种要求,两台电动机M1和M2只能有一台工作,不允许同时工作。如图4-19所示的控制电路,KM1动作后,它的动断触点将KM2接触器的线圈断开,这样就抑制了KM2再动作;反之也一样。此时,KM1和KM2的两对动断触点常称作"互锁"触点。这种互锁关系在前述的电动机正反转电路中,可保证正反向接触器KM1和KM2的主触头不能同时闭合,以防止电源短路。①

在操作比较复杂的机床中,常用操作手柄和行程开关形成连锁。如X62W铣床进给运动的连锁关系,铣床工作台可做纵向(左右)、横向(前后)和垂直(上下)方向的进给运动。由纵向进给手柄操作纵向运动,横向

①姚佳兴. 电气自动化在水利水电工程中的应用分析[J]. 长江技术经济, 2022, 6(Suppl.1):119-121.

与垂直方向的运动由另一进给手柄操纵。

铣床工作时，工作台各方向的进给是不允许同时进行的，因此各方向的进给运动必须互相连锁。实际上，操纵进给的两个手柄都只能扳向一种操作位置，即接通一种进给，因此只要使两个操作手柄不能同时起到操作的作用，就达到了连锁的目的。通常采取的电气连锁方案是当两个手柄同时扳动时，就立即切断进给电路，可避免事故。

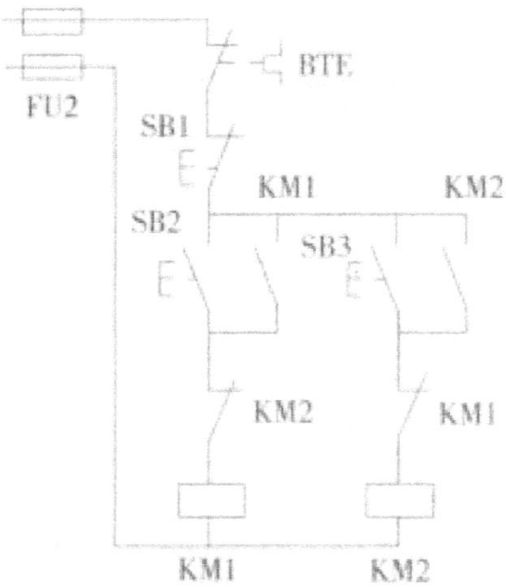

图4-19　两台电动机互锁控制电路

图4-20是X62W铣床进给运动制电路。图中KM4、KM5是进给电动机正反转接触器。假设纵向进给手柄已经扳动，则QS1或QS2已被压下，此时虽然将下面一条支路(34→44→12)切断，但由于上面一条支路(34→19→12)仍接通，故KM4或KM5仍能得电。如果再扳动横向垂直进给手柄而使QS3或QS4动作时，上面一条支路(34→19→12)也将被切断，因此接触器KM4或KM5将失电，使进给运动自动停止。KM3是主轴电动机接触器，只有KM3得电主轴启动后，KM3动合触点(4→34)闭合才能接通进给回路。主电动机停止，KM3动合触点(4→34)打开，进给也自动停止。这种连锁可防止意外事故。

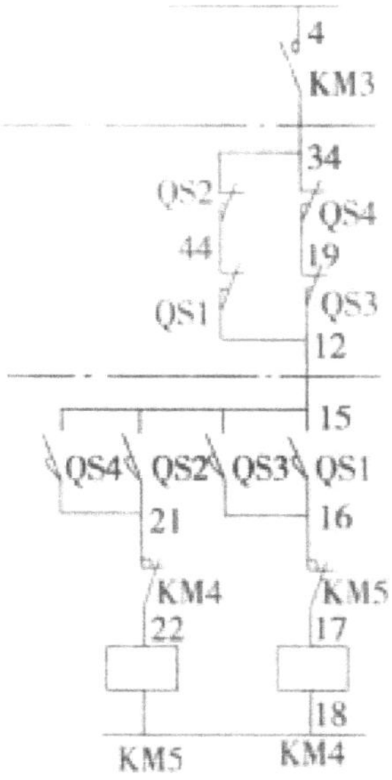

图4-20 X62W铣床进给运动控制电路

三、多点控制

在大型机床设备中，为了操作方便，常要求能在多个地方进行控制。如图4-21(a)所示，把启动按钮并联连接，停止按钮串联连接，分别安置在三个地方，就可实现三地操作。

在大型机床上，为了保证操作安全，要求几个操作者都发出主令信号(按启动按钮)，设备才能工作，常采用图4-21(b)所示按钮串联的控制电路。

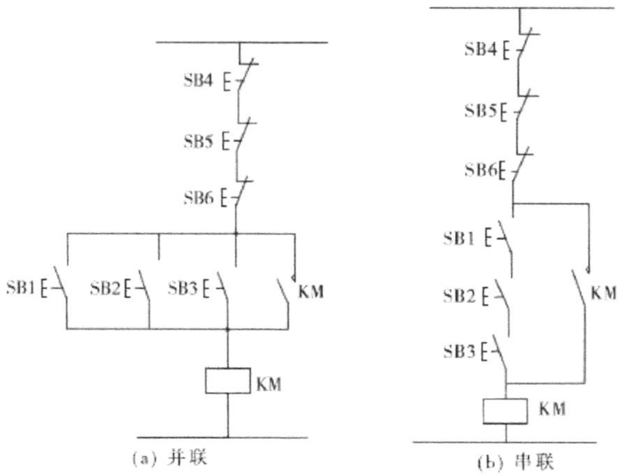

图4-21 多点控制电路

第五章 电气自动化控制与工业控制网络技术

工业控制网络技术由电气自动化技术在现场总线技术的基础上发展而来，它是用具有数字通信能力并能大量分散在生产现场的测量控制仪表作为网络节点而构成的。工业控制网络技术具有很高的公开性，对于通信协议的要求也很高。它的作用是使电气设备之间的信息可以自由交流，以便更便捷、更快速地完成电气自动化控制系统的任务。鉴于电气自动化技术与工业控制网络技术二者紧密联系，本章将研究工业控制网络技术的相关内容，包括计算机控制系统与现场总线技术、控制网络的基础、CAN总线等内容，并提出工业控制网络技术安全管理的有效措施。

第一节 计算机控制系统与现场总线技术概述

一、计算机控制系统概述

(一)计算机控制系统的概念

计算机控制系统是计算机技术和通信技术相互渗透的产物，是利用计算机来实现生产过程自动控制的系统。计算机控制系统可以提供信息服务，如情报检索、电子邮政、计算机辅助教育、情报检索、过程控制、办公室自动化数据、经营管理、收集与交换信息等。目前，计算机控制系统的覆盖区域已经从村庄、城市、地区扩展至整个世界，其从涵盖单一的计算机系统逐步升级到今天的计算机控制系统，这是它进入新的发展阶段的标志。

计算机控制系统是指由计算机主机及其他外部连接设备通过数据通信线路的串联方式所形成的多数量用户系统。集中式网络和分布式网络是计算机的主要连接方式。集中式网络是指通过中央计算机的一台或多台的数据终端相连构成的集中处理系统，它的线路配置有三种，分别为多点线路、多路转接线路以及点到点线路。集中式网络有精密的控制系统、综合的数据库系统，具有信息经济效益好、数据集中处理的优点，但是其操作系统缺乏一定的灵活性。分布式网络是指由多台单独运行的计算机相连构成的分布处理系统，其工作站中的微机或者小型机可以完成大量的负荷处理工作，在必要的情况下才需要服务器系统的帮助，它的配置方式可以分为三种，分别为环形、星形和分层联结。分布式网络具有即时应答用户查询、网络易于装配、面向多用户、资源共享的优点，但存在维护费用较高、数据不易保密、控制相对较难等缺点。

综上所述，分布式网络可以快速稳定地共享计算机资源、传输数据，可以用于集团性企业和类似多单位的企业将信息和数据进行分散处理。[①]

（二）计算机控制系统的发展历程

20世纪50年代，通信技术与计算机开始了试探性的相互融合，由此诞生了第一代计算机控制系统。第一代计算机控制系统的远程联机系统以单一结构的计算机作为中心，且只有一台计算机拥有自主处理信息的功能，其余的终端没有自主处理信息的功能，这一系统的通信范围主要存在于中心计算机与终端之间。第一代计算机控制系统虽然也被称为“计算机控制系统”，但是其与后来诞生的多个计算机互相关联的计算机控制系统相比，还是有很大差别，因此我们将其称为“计算机控制系统面向终端阶段”。

20世纪60年代，直接数字控制（简称DDC）方式产生，人们通过一些外围电路和微处理器构造成了数字式仪表，并以此取代了模拟仪表。DDC控制方式不仅提升了计算机控制系统的灵活性和精度，而且在多回路的控制方面和巡回采样方面拥有传统模拟仪表不能媲美的性价比。20世纪60年代后期，第二代计算机控制系统诞生了，即由多台主计算机利用通信线路互相关联的方式提供服务的系统诞生了。其与第一代计算机控制系统的区别在于，多台主计算机都拥有自主处理信息的能力。第二代计算机控制系统的出现意味着计算机之间不再具有主从关系，多台主计算机互相关联的网络成为现在定义的计算机网络。在这一系统中，计算机与终端的通信发展成为计算机和计算机相互的通信。

随着工业系统的逐渐复杂化、控制回路的增加，单一结构的DDC控制系统已经不能满足现场的生产控制要求和生产工作的管理要求，这时中小微型计算机的性价比提升了许多，因此，由中小微型计算机控制作业的

①吴官韬．探讨电气自动化技术在水处理中的应用趋势[J]．技术与市场，2022，29(3)：104-105．

分层控制系统应用于生产工作中，由此实现了计算机控制系统管理信息和控制功能的分割。在控制回路数量增多时，工业设备和前置机的通信需求就会迅速增加，结果就会导致计算机控制系统的通信由简到繁，进而降低系统的可靠性。由于人们认识到第二代计算机控制系统的缺点，20世纪70年代后期，人们开始研究第三代计算机控制系统。因为第二代计算机控制系统是不同的部门和研究单位独自研发的，所以存在不同的系统之间沟通和交流困难的问题。为了解决这一问题，第三代计算机控制系统不仅拥有一致的网络体系结构，而且符合国际标准协议的要求，具备标准化和开放化的特点。

随着计算机网络技术的高速发展，再加上计算机控制系统和生产过程更加烦琐、复杂，人们将计算机技术应用于计算机控制系统的前置机以及上位机和前置机之间的数据传输中。前置机虽然自身能够完成控制功能，但是它与上位机之间的数据（上位机的控制结果和控制指令信息）传输需要通过计算机控制系统来完成。虽然上位机在网络中的逻辑功能不一样，但是其逻辑地位和物理地位与普通站点是相同的。除此之外，上位机添加了系统组态的功能，就是计算机控制系统的配置功能，由此诞生了集散控制系统（简称DCS）。综上所述，DCS系统提升了计算机控制系统的可维护性和可靠性，在当今的工业控制领域依然处于主导地位。20世纪80年代末，由于局域网技术趋于成熟化，第四代计算机控制系统因此诞生。这时出现了高速网络技术、光纤技术、智能网络技术、多媒体技术等，整个网络渐渐发展成以互联网为核心的计算机系统。此时，人们根据DCS系统开始创新在工业环境使用的网络协议和网络结构，并且实现了控制器、传感器的通信，这就是现场总线技术。因为从根本上处理了网络控制系统的可靠性问题，现场总线技术逐渐成为计算机控制系统发展的方向。自此，一些跨国工业企业相继推出自己的相关产品和现场总线技术标准，形成了相互竞争发展的局面。

（三）计算机控制系统网络化发展的背景

1.计算机控制系统网络化发展的应用背景

根据美国学者约瑟夫·哈林顿博士的理论，以产品功能、产品制作过程和工厂管理为依据，分析计算机控制系统网络化发展的应用背景时，可以将计算机控制系统分成五个层次，即工厂级、车间级、单元级、工作站级和现场级。在实际生产中，计算机控制系统常分为三个层次，即工厂级、车间级和现场级。在现代化的工厂环境中，工业数据结构与简化后的计算机控制系统的网络层次一一对应,也分为三个层次。由此可见,计算机控制系统中一定要包含车间级和现场级的自动化监控功能,只有这样,计算机控制系统在网络的帮助下才能够实现对基层设备搜集、统计、存储生产数据的功能;实时检查设备运行状态的功能;实现通信联网、联机控制、单机控制等功能。此外,工作人员还要有效地确保计算机控制系统中的设备可以安全、高效地使用,能将设备生产、运行信息及时传输至管理人员,并能及时有效地执行管理人员下达的生产管理指令。也就是说,计算机控制系统应具备完整的信息集成和信息反馈功能。

常见的现场级和车间级的自动化监控及信息集成系统包括DCS,PLC、PC产品的分布式控制系统,其最显著的特点之一就是:控制器与现场层设备为I/O接线形式的连接,即一个I/O端点对应设备的一个监控点,可以传输24 V DC开关量信号或4~20 mA的模拟量信号。该系统具备以下四个缺点。

信息集成能力较弱。在传统的信息集成系统中,现场设备与控制器通过I/O建立传输路径,传输24 V DC开关量信号或4~20 mA的模拟量信号,由此实现对系统设备的监控。因为这种方式获得的数据信息量有限,设备的使用记录、故障指数、设备参数等大量数据较难获得,所以此类系统的信息集成能力较弱,缺乏一定的基层数据,不适用于计算机控制系统。

设备技术不开放。在传统的信息集成系统中,电气设备不具备较强的开放性,导致系统中的软件、硬件只能使用于一家公司的产品,各生产厂家间缺乏交流和沟通,生产出的产品集成性较差。此外,厂商为了避免其他厂商获悉自己的生产配方、工艺流程、控制算法等内容,其在计算机控制系统中几乎不留接口,面向行业的监控系统很少。

可靠性得不到保证。因为一些特殊要求,有的生产工作需要大范围的使用分布式系统,所以就需要在计算机控制系统中安置大批的I/O电缆,这在加大了生产成本的同时,降低了系统的可靠性。

可维护性较低。因为现场级的设备信息不够全面,所以计算机控制系统的信息搜集、统计分析、在线故障诊断、实时报警等能力较弱。同时,由于计算机控制系统较难实现远程对现场设备参数的修改、设定等,限制了系统的可维护性。

2.计算机控制系统网络化发展的技术背景

自从计算机被发明后,人们就持续不断地探求如何构建两台计算机甚至多台计算机间的通信方式。从电气自动化控制系统的发展角度来看，计算机控制系统的发展历程与信息网络的发展历程有相似之处。总结信息网络发展的历程，大致可以分为以下四个发展阶段。

基于主机的集中模式。这一阶段主机自行进行运算及处理工作，用户与主机仅进行简单的交互。

工作组的分层模式。这一阶段，局域网技术使工作性质相似的人员处于同一网络领域中，实现了部分资源的共享功能，大大加强了多用户间的交流协作能力。

客户/服务器网络模式。随着计算机网络技术的飞速发展，互联网已经走入了人们的日常生活中，客户/服务器网络模式俨然成为当代信息技术的代表。因为该模式能有效地保障用户在互联网中信息的安全性，所以逐渐成为大众乐于接受的新型网络模式。

基于Internet、Extranet、Intranet与Fieldbus的企业网络模式。Internet技术的特点使其成为全球通用的信息通信模式，随着Internet技术的发展成熟，人们随之提出了Extranet和Intranet的概念，为企业外联网和企业内部网提出了方向性的指导。至此，最终形成了以Internet为核心，以Extranet和Intranet为指导思想的新时代的企业网络模式。

计算机控制系统与信息网络的体系结构具有相似性绝不是偶然现象。计算机控制系统也经历了集中控制、递阶分层控制、基于现场总线的网络控制等一系列的发展过程，从计算机控制系统的发展历程来看，控制系统的结构往往滞后于与之对应的计算机技术的出现，所以通常人们在发现计算机领域中的新型技术之后，才着手考虑如何在计算机控制系统中使用该技术。实际上，正是因为二者具有一定的相似性，信息控制一体化的设想才有实现的可能，这也是计算机控制系统网络化发展的技术背景。

（四）计算机控制系统网络化发展的三个阶段

随着计算机技术、网络技术和电子技术的快速发展，计算机控制系统历经了由基地式气动仪表控制系统、电动单元组合式模拟仪表控制系统、集中式数字控制系统、集散式控制系统到现在开放嵌入式网络化控制和现场总线控制系统的过程。总的来说，计算机控制系统的发展呈智能化、网络化、分散化的趋势，尤其在仪表监控诊断、家庭智能化和楼宇自动化控制等方面，计算机控制系统的网络化发展趋势较为明显。

虽然集散式控制系统和集中式数字控制系统推动了工业生产的进步，但是随着管理要求、控制技术的发展，计算机控制系统正由原来闭塞的集中式系统快速发展为开放的分布式系统。在计算机控制系统向网络化方向转变的同时，由于多种控制技术的发展和控制网络协议的产生，计算机控制系统存在多种网络协议和多种网络技术的局面。也就是说，计算机控制系统的网络兼容性和扩展性越好，控制功能就越有效。现在，计算机控制系统网络化发展的显著特点为有差别控制网络的集成化。

企业与不同厂家沟通的信息包括设备信息、管理信息和生产控制信息。信息网络与控制网络的汇集能够实现企业宏观决策和微观控制的一体化，为企业管理决策和生产控制带来新的模式体系。随着计算机控制系统的发展，信息共享和控制信息交流的问题越来越凸显。计算机控制系统发展的初期因为没有先进的技术，所以只能应用于封闭的结构。这与计算机技术发展的初期大同小异。此外，计算机控制系统网络化的发展进程同计算机网络发展进程也有相似的发展特点。基于此，作者认为，计算机控制系统的发展历程也是从集散控制系统开始的，并朝着现场总线控制系统和嵌入式网络化控制系统发展，具体内容如图5-1所示。

图5-1　计算机控制系统网络化发展的三个阶段

1.传统集散式控制系统

集散式（DCS）控制系统针对集中式控制系统风险集中的缺点，将一个控制过程分散成多个子系统，由多台计算机共同完成。该系统的结构有以下几个特点：①拥有现场级的（MCU、PLC等）控制单元；②现场设备用电缆与现场级控制单元相连；③传输使用的模拟信号标准为4～20 mA的模拟信号；④具有现场级控制单元与中央控制单元（CPU）之间使用RS-232、RS-485等非开放协议进行通信。直到现在，集散式控制系统大部分由西门子公司、ABB集团、福克斯波罗公司、霍尼韦尔公司和费希尔公司等研发和生产。

总的来说，集散式控制系统拥有了基本的网络化思想，它虽然适合当时的网络和计算机技术的水平，但是在日常应用中存在缺陷。第一，集散式控制系统依然是模拟数字混合的系统，模拟信号的传输和转换使系统的精度受到影响。第二，集散式控制系统在结构上，并没有突破集中控制模式的缺陷，而是遵循主从式思想的基础。也就是说，只要主机出现故障，集散式控制系统的可靠性就无法保障。第三，集散式控制系统中使用的专用网络是非开放式网络，这使得每个系统之间不能兼容，不利于提高系统的维护性与可组态灵活性。正是基于以上原因，集散式控制系统逐渐被新的计算机控制系统所取代。

2.现场总线控制系统

现场总线控制系统（简称FCS）是一种开放式的分布式控制系统。该系统以标准的开放协议取代了传统的封闭协议，由此改进了集散式控制系统使用专用网络的不足；该系统具有数字通信与完全数字计算能力；该系统使用了全分布式的结构设计，其控制功能可以更加适应现场环境，提升了系统的灵活性和可靠性。由此可见，现场总线控制系统比集散式控制系统具有更多的优点，具体表现为：①采用现场通信网络，使设备间可点对点、点对多点或者使用广播等多种通信方式传播和交流信息；②通过使用统一的组态和任务进行下载，由此使PID、补偿处理、数字滤波等简单的控制任务可动态下载至现场设备中；③能够节约系统安装维护的资金，表现为减少硬件设备数量，传输线路和传输线路；④提高了不同厂家设备的互换性和互操作性。

迄今为止，出现了很多现场总线技术，如Profibus、LON总线、HART、CAN总线及基金会现场总线（简称FF）等。从其发展现状来看，现场总线控制系统不足的原因主要表现在以下两个方面。第一，虽然不同的现场总线控制系统都使用开放协议，以期使不同厂家的产品能够兼容，但是由于协议内容不统一，不同厂家生产的产品依然不能实现关联。第二，上层管理信息系统和现场的总线通信协议以及互联网中使用的TCP/IP协议之间不能兼容，它们之间也存在协议不能相互转化的矛盾。以上这些因素都增加了管理和控制信息一体化网络实现的难度。同时，计算机网络的发展过程中多种局域网协议和多种现场总线技术共同存在，也导致现场总线控制系统需要改进。

3.嵌入式网络化控制系统

目前，计算机控制系统的目标是使用统一的结构模型和网络协议。TCP/IP协议是能够跨平台的通信协议，可以便捷地实现异种机相互关联，它促进了互联网和计算机信息网络近年来的飞速发展。与此同时，随着TCP/IP协议从信息网络向底层控制网络的渗透与扩张，形成了由控制和信息一体化式分布的全开放式网络，全开放式网络融入了网络、电气自动化技术和计算机，是现代计算机控制系统发展的必然趋势。此外，微型处理器技术和网络技术的不断发展，促使网络的频带不断加宽，微型处理器的结构不断缩小，运算能力不断提升。更高性能的处理器和宽带网的出现增加了TCP/IP协议应用于实时测控系统的可能性，促进了开放性的嵌入式网络化控制系统的诞生。例如，家庭智能化领域和测控仪表领域已经拥有了凭借TCP/IP协议联网平台相互交流的小型嵌入式设备。

嵌入式网络化控制系统凭借互联网和局域网使遥感和遥控的存在成为可能。这一系统参考了计算机网络技术以及软件和硬件应用能力，达到了降低系统成本、提升系统开放性的效果。除系统应用层以外，嵌入式网络化控制系统的通信协议也实现了真正的统一，不同协议不能相互转换的问题在这一系统中不复存在。这一系统为信息网络集成和计算机网络发展提供了完美的解决办法。

总的来说，迄今为止大部分嵌入式网络化控制系统的实时控制功能依然在封闭甚至隔离网段上实现，还没有出现真正意义上的跨网络远程实时控制；过量的电气设备同时连入网络导致IP地址资源不够分配的问题也依然严峻，要想解决这一问题，就要研制TCP/IP协议下的微型化软件，提升微型处理器的运算技能，坚持提升网络速度、扩展IP资源，并在最短时间内将IPv4全部更换为IPv6。

（五）计算机控制系统网络化发展的类型

所有的技术变革都是一个循序渐进的过程。受市场竞争与控制系统自身技术特点的影响，计算机控制系统的网络化发展注定会是一个漫长的过程。目前，在控制应用领域中，常见的计算机控制系统网络化发展有以下三种类型。

1.集散式控制系统与现场总线控制系统的集成

为加强产品的竞争力，当前一些集散式控制系统通过现场总线技术改进自身技术，由此形成了由集散式控制系统与现场总线控制系统混合集成的系统。具体来讲，集散式控制系统与现场总线控制系统主要有以下三种集成方式。

(1)现场总线控制系统集成于集散式控制系统中的I/O设备层中

该方式使用接口卡将现场总线连接到集散式控制系统中的I/O总线上，以实现集散式控制系统与现场总线控制系统的信息映射。这种集成方式的结构简单，较容易实现，但易被接口卡影响而限制其规模的发展。费希尔公司中的DeltaV集散系统就采用了这种集成方式，并研制了专用的接口卡，以将符合标准规定的FF总线应用于该系统中。

(2)集散式控制系统和专用网关共同实现现场总线控制系统的集成

在这种集成方式中，专用网关的作用是完成信息的传输与通信协议的转换。该集成方式的优点是可以实现集散式控制系统对软件的监控功能，具有一定的系统扩展性；缺点是使用的设备结构相对复杂，当改变设备内部系统总线时，要相对应地更新网关设置。例如，霍尼韦尔公司在Excel5000系统中利用区域管理器Q7750实现了LON总线与RS485接口的互联。

（3）利用局域网将现场总线控制系统集成于集散式控制系统中

因为这种集成方式只有在计算机网络的辅助下才能实现集成，需要完成多次转换，降低了系统的实时性，所以在实际生产过程中，该方式的应用较少。

2.各种现场总线控制系统之间的集成

在制定国际标准化的现场总线控制系统时，IEC标准中存在8种现场总线标准，因此，在现阶段的现场总线控制系统中，一定会存在多种总线共存的现象。为了保证系统可以执行多种现场总线协议，一定要实现现场总线控制系统的集成工作。这一目的可以通过以下方案实现。①使用特定的网关完成数据的转换。②对协议进行相应的修改，以提高现场总线与计算机控制系统的兼容性。例如，由WorldFIP与ISP所形成的数据总线就是能够兼容多种现场总线协议的产物。③各公司为提高现场总线与计算机控制系统的兼容性，先后研发了一系列现场总线技术的控制系统。例如，美国的SMAR公司研制的System3302系统可以兼容HART、Profibus、FF等现场总线协议。

3.嵌入式网络化控制系统的发展

众所周知，电气自动化控制系统的发展方向是将TCP/IP协议的网络控制功能应用于计算机控制系统中，这是计算机网络技术与嵌入式控制系统共同发展的必然结果。嵌入式网络化控制系统是一种根据成本、体积、可靠性和功能要求，可以直接剪裁硬件、软件的计算机控制系统。它将应用对象作为核心，可以对设备进行直接操作。

嵌入式网络控制系统的处理器大致可分为三种：①嵌入式PC：主要有ARM、68000处理器、PowerPC、386EX、Am186/88系列；②8位和16位的嵌入式微控制器（Microcontroller Unit，简称MCU）：主要有MC68HC05、Intel80486、80C196、MCS-251，特别是新型高速微控制器现阶段的运算能力已经提升至100MIPSD；③嵌入式DSP：如美国德州仪器（TI）公司TMS320C2000系列的集散式控制系统，该系统在外部接口处实现集成，以便更好地与控制系统相结合。

综上所述，强化嵌入式实时多任务操作系统的网络功能，有助于嵌入式网络化控制系统的实现，各种商业嵌入式实时多任务操作系统都具备随时裁剪TCP/IP网络协议的功能，如Windows Embedded、QN、VRT、VX-Works、PSO等，能够对设备进行有效的控制。

二、现场总线技术概述

（一）现场总线技术的概念

IEC61158是国际电工委员会（简称IEC）的现场总线标准，该标准对现场总线的定义为：一种安装在自动控制装置/系统之间的多点、串行、数字化的通信数据总线。IEC61158-2在现场总线标准第二部分内容中特别提出，现场总线技术应用于控制系统中底层的测量，控制设备。实际上，现场总线技术可以理解为是将现场设备连接起来的一种设备，如可以将驱动控制器、调节器、PLC与传感器等连接起来组成现场控制器的网络结构。

总的来说，现场总线技术是一种应用在微机化测量控制设备与生产现场之间，完成多节点的数字化双向串行通信系统，又被称为多点通信型、数字型、开放型的底层控制网络系统；现场总线技术是一种数字化的串行数据通信链路，能有效地实现高层次自动化控制领域（车间级设备）与基本控制设备（现场设备）间的关联；现场总线技术是一种可以将控制系统中现场装置有效连接的双向化数字通信网络；现场总线技术是现场数字通信网络中现场仪表与现场设备中控制自动化和过程自动化的集成体现；现场总线技术在自动化控制领域中，特指在生产设备、控制器、现场计算机等一系列设备中相连接的网络体系；现场总线技术作为测量控制设备、生产现场间实现全面化测控网络的新型现代化技术，被誉为自动化控制领域下计算机局域网的集成系统。

（二）现场总线技术的产生与发展

传统工业过程的控制仪表始终使用4～20 mA的标准化模拟信号。随着科学技术的进步，微电子技术、大规模电路和超大规模的集成电路飞速发展。在微型处理器的作用下，实际应用中的调节阀、变送器、过程控制等一系列仪表装置得到了持续的更新，新兴的智能调节阀、智能变送器等具备高尖端技术的产品逐渐走进大众的视野。因为我国现代工业对工业成本、制作精度、生产速率提出了更全面的要求，所以现阶段的自动化设备摒弃了传统的模拟信号传输技术，使用了新型数字信号传输技术—现场总线技术。可以说，现场总线技术是计算机网络技术、仪表技术，过程控制技术三个领域所结合的共同产物。电气自动化技术由独立设备发展至共享设备后,仪表技术从简单的仪表过渡至智能仪表。此外,MAP网络技术与计算机网络技术朝着现场及网络技术的方向发展,其注定会发展成为现场总线技术。

20世纪80年代末,现场总线技术的雏形形成。随着科学技术的大力发展,现场总线技术逐渐应用于家庭自动化、楼宇自动化、制造自动化、过程自动化等领域的智能化通信网络设备中。现阶段,世界自动化领域已经将目光放到以传输数据、控制计算机、智能化管理为核心的现场总线技术中,并对设备和系统结构进行更新,将企业网络与现场总线技术结合,构建出全新的企业控制信息网络。

随着模拟集成电路技术的发展,越来越多的驱动装置、执行机构、传感器等现场设备呈现智能化发展趋势,实现了数字滤波、量程转换、线性化以及回路调节等功能。如果能在智能化现场设备中增设串行数据接口(如RS-232或RS-485),就能极大程度地提高系统的数据传输效率。要想实现在智能化现场设备中增设串行数据接口的目标,可以按照该接口控制器的指定协议,摒弃传统的I/O连接方式,使用新型的串行通信方式,以实现现场设备的监控功能。如果所有的现场设备都设置了串行通信接口,并使用了统一的通信协议,那么仅需要一根通信电缆就能将现场中所有的分散设备相连接,以实现对现场设备的整体监控。正是这一理论促进了现场总线技术的产生和发展。

(三)应用现场总线技术的意义

现场总线技术的发展和应用,可以帮助企业更方便地将办公信息网络通信与现场级控制网络通信相连接,二者的集成使用对企业设施的改革具有重大意义。可以说,现场总线技术与TCP/IP信息网络集成,为企业提供一个强有力的控制与通信基础设施。应用现场总线技术的意义有以下几点。

第一,现场总线技术作为一种新型的、作用于工业生产现场的网络层通信技术,它象征着传统通信设备的数字化革命。人们在使用现场总线技术时,可以将一条长度适中的电缆将现场设备与通信接口相连,将数字化通信信号代替24 V DC信号、4~20 mA信号,以实现远程检测设备运行参数、实时监控设备运行状态的功能。

第二,传统的电气自动化控制系统使用了一对一连线的4~20 mA/24 V DC信号,其收集到的信息数量有限,导致设备较难与系统部件进行信息交流，限制了企业综合自动化与企业信息集成的实现，而现场总线技术的应用能够改善这一问题。

第三，应用现场总线技术的电气自动化控制系统使用了新型数字化计算机通信技术，将电气自动化控制系统与新型设备应用于工厂信息网络中，成为企业网络的基础，建立起企业与生产现场的消息交流渠道。

第四，现场总线技术在计算机控制系统中的应用，象征着现场级设备的信息作为整个企业信息网的基础，是车间级与现场级信息集成的技术保证。

（四）现场总线技术的优点

现场总线技术具备的互换性、互操作性、可操作性、分散性、开放型、数字化等适应现场环境的特点，决定了其具备以下优点。

1.减少了大量的连接附件和导线

现场总线技术可以仅使用一根电缆就与多台现场设备相连接，大大降低了电缆的使用量；配线板、桥架、槽盒、段子等用于连接的附件的需求量同样降低。

2.I/O转换器（卡件）与仪表的使用量大大减少

现场总线技术下的人机界面具备显示设备参数的功能，取代了传统总线技术系统中使用大量的仪表。传统的集中式控制系统中使用4～20 mA线路，单次可以获得一个测量参数，并且需要控制站内的I/O单元进行一对一连接，因此需要大量进行I/O单元转换；而将现场总线技术应用于电气自动控制系统中，单次可以获得多个测量参数，并且能将得出的信息以数字信号的形式在总线电缆中完成传送。由此可见，在电气自动化控制系统中使用现场总线技术，可以有效地减少I/O转换器的使用量。

3.节约了调试费、安装费、设计费

现场总线技术可以大大提高设计图纸的效率节约了设计费，可以大大减少I/O转换器的使用量，简化了工作程序，减少了安装费；根据实际的测试需求，将整个系统分为多个部分进行区别调试，减少了调试费，提高了工作效率。

4.降低了大量的维护成本开销

现场总线技术可以有效地提高电气自动化控制系统的稳定性，降低其发生故障的概率，现场总线技术具备先进的故障诊断功能，能快速发现、定位并解决电气自动化控制系统中存在的程序问题，延长系统的使用寿命。

5. 提高了系统的可靠性

将现场总线技术应用于电气自动化控制系统后，可以使电气自动化控制系统具备现场级设备的记录、报警、故障诊断等功能，能远程搜集设备的使用记录、故障指数、设备参数等大量的数据，从而提高电气自动化控制系统的可维护性。另外，现场总线技术使电气自动化控制系统具备功能与结构的高度分散性，从而提高系统使用的可靠性。现场总线协议对通信（重复地址检测、报文纠错，报文检验、通信介质等）有标准化的规定。

6. 提高了系统的控制和测量精度

现场总线技术将模拟量、开关量转换成数字信号，并通过连接的设备传送数字信号，避免传统技术下信号在传输中易发生的变形、衰减问题。可以说，现场总线技术从信号传递方式上保证了系统的控制和测量精度。

7. 具备远程监控的能力

现场总线技术可以实现对现场设备的实时远程监控，可以时刻了解设备的运行状态，现场总线技术能在总控制室实现对现场设备的远程操作。

8. 具有先进的故障诊断能力

现场总线技术可以将现场设备的运行状态实时反馈至控制室，既节省了人力资源，又能保证设备检查的全面性；现场总线技术可以自行分析设备中的故障问题，及时解决故障；当遇到无法解决的故障时，现场总线技术可以及时切断线路，确保及时止损。由此可见，现场总线技术具备故障诊断能力，这一优点在恶劣的使用环境中体现得更明显。

9. 强化了系统的现场级信息搜集能力

现场总线技术确保了处理器可以从现场设备的实际运行状况中获得大量真实有效的信息，符合计算机控制系统与电气自动化控制系统的综合要求。现场总线技术的实质是通信网络的数字化形式，它除了能代替 4 ~ 20 mA 线路之外，还能进行设备运行参数、运行状态、运行故障等信号传输。

10. 具备一定的集成性、开放性

如果不同厂家生产的产品使用同一总线作为固定标准，就说明该总线具备一定的集成性。随着全球化进程的深入，相同产业的生产厂家间的恶性竞争减弱，他们乐于分享自身掌握的先进理念和技术，允许竞争对手将自己研发的制作配方、设计的工艺流程、程序中的控制算法等应用于通用的电气自动化控制系统中，现场总线技术具备一定开放性。

(五)现场总线技术国际标准化现状

现如今,世界各国电气自动化控制领域的热点无一例外都是现场总线技术,21世纪电气自动化控制系统的主要发展方向就是全面推广以现场总线技术为核心的全数字化控制系统。基于此,世界各国均投入了巨额的人力、财力,对现场总线技术进行全面的研究和应用,以期在全球自动化市场占据一席之地。

因为现场总线技术是全数字化、独立的、开放性的双向变量通信,它代替了传统的0~10 mA和4~20 mA的现场仪表,真正实现了控制系统的全数字化,所以必须按照一定的标准应用这一技术。对此,国际标准化组织(Inter national Organization for Standardization,简称ISO)、国际电工委员会、世界各国的技术协会以及各大技术研究公司均对现场总线技术的应用标准表现出极大的关注,致使现阶段现场总线技术的国际标准化工作出现复杂的局面。

1.欧洲现场总线技术标准

欧洲关于现场总线技术标准大致包括以下三种。

丹麦P-Net现场总线标准:EN50170-1。该现场总线标准的规模较小,主要应用于水厂自动化处理系统与农业自动化灌溉系统中。

德国Profibus现场总线标准:EN50170-2。应用该现场总线标准的产品在整个欧洲市场的占有率为40%。

法国WorldFIP现场总线标准:EN50170-3。应用该现场总线标准的产品在整个法国的市场占有率为25%。

2.基金会现场总线技术标准

1994年之前,现场总线技术标准的矛盾主要来自ISP协会(Interopratable System Protocol,可互操作系统协议)和WordFIP北美部分。ISP与WorldFIP北美部分于1994年共同创建了现场总线基金会,以求得确立一个适用于全世界的、规范性、可操作性的、开放性的现场总线标准,并推出了基金会现场总线技术标准(简称FF)。这一场总线标准在美国的福克斯波罗公司、霍尼韦尔公司和罗斯蒙特公司的支持下,在现场总线技术应用领域确立了绝对的优势。之后,现场总线标准化问题便集中在FF和Profibus之间。

(六)现场总线控制系统的组成

将现场总线技术应用于电气自动化控制系统中即为现场总线控制系统,它可以完成对现场设备的控制、测量。现场总线控制系统同计算机系统相似，同样是由硬件与软件两部分组成的。硬件部分有站点(主站、从站)、节点、装置、总线设备、通信线(又称“总线电缆”“通信介质”)；软件部分有组态工具软件(通过计算机调配设备)、控制器编程软件、用户程序软件、设备接口通信软件、设备功能软件、监控组态软件。其中，组态工具软件是使用计算机将网络组态信息与设备配置的基本信息传输至总线设备中应用的软件，现场总线技术将设备配置的基本信息与组态信息根据现场总线协议规范和通信需求进行处理分配，在计算机的帮助下将总线电缆输送至总线设备；控制器编程软件可以为用户提供自行书写程序的平台；用户程序软件是可以根据系统自身的不同工艺需求而改编的PLC程序；设备接口通信软件是一种可以依靠现场总线标准的规范/协议，与总线电缆间传递信息的软件；设备功能软件是一种能使总线设备实现自身实际功能的软件；监控组态软件是一种可以时刻反馈现场设备运行数据的监控软件，它具有实时报警、数据分析记录、报表打印等功能。

(七)现场总线控制系统的技术特点

现场总线技术，又称“3C技术”，即计算机、控制、通信的结合产物。现场总线技术是计算机网络技术、自动化仪表技术与过程控制技术的共同交会点，是网络技术、信息技术在控制领域中的具体体现，是网络技术、信息技术在现场设备中的技术成果。现场总线技术作为自动化控制领域中的一大发展热点，促进了传统的工业生产的改革，使工业电气自动化技术迈入了新的发展道路。现场总线控制系统具有以下六个技术特点。

1.现场总线控制系统是一种应用于现场的通信网络

现场总线控制系统具有以下两种含义：第一，现场总线控制系统将通信线(总线电缆)延伸至产品制造环节(工业现场)，或者直接在工业现场安装总线电缆；第二，因为现场总线控制系统就是为工业制造而设计的，所以现场总线控制系统适用于工业现场。

2.现场总线控制系统是一种数字化的通信网络

因为现场总线控制系统具备数字信号传输的功能，所以不同层次或同层次的总线设备间都使用数字信号的形式进行通信交流，这主要有以下三层含义。第一，现场设备中的底层控制器、执行器、传感器、变送器间均通过数字信号的形式传输信息；第二，上/中层的控制器监控对计算机等设备时，以数字信号为传播介质；第三，各层次设备统一使用数字信号作为信息交换的工具。

3. 现场总线控制系统是一种开放式的互联网络

第一，现场总线技术具有公开的总线标准、规范化的协议，所有制造商必须严格遵守；第二，现场总线技术具备一定的开放性，可以完成各层网络的互联工作，也能完成不同层次网络的互联工作，不会受不同厂商接口、标准协议不同的影响；第三，用户可根据自身需求实现网络资源的共享。

4. 现场总线控制系统是一种可以连接现场设备的网络

现场总线控制系统仅需一根通信线就可以将所有的现场设备（控制器、执行器、变送器和传感器）连接，以实现多个现场设备的互联，进而构成了实现现场设备的互联网络。

5. 现场总线控制系统是一种功能与结构具有高度分散性的系统

现场总线控制系统的强分散性可以从上文内容中体现出来，此处不再赘述；现场总线控制系统功能呈高度分散性，是由分散功能模块所决定。

6. 现场总线控制系统具备一定的互操作性和互换性

互操作性：现场总线控制系统具有连接不同生产厂家现场设备的功能，可以促进它们之间的信息交换与交流。

互换性：不同厂商制造的功能相似的现场设备，可以在现场总线控制系统的作用下互相替换。

第二节 控制网络的基础

一、控制网络概述

信息网络的进步推动了控制网络的逐步发展，控制网络正朝着开放发展的趋势前进。

（一）工业信息化与自动化的层次模型

生产型企业的发展目标是提高经济效益，而经济效益的提高要靠生产的自动化和信息化来实现。企业的管理组织正逐步朝着“扁平化”管理模式的方向发展，这种模式就是工业自动化和信息化的新型的层次模型，它包括三方面，分别为自动化层、设备层和信息层。下面将分别介绍不同层次具备的功能。

1. 自动化层具备的主要功能

能够使现场总线技术和现场电气设备相连，是一种具有强大功能性的控制主干网。

能够实现高水平的自动化控制技能，如监督控制、优化控制、协调控制等。

2. 设备层具备的主要功能

实现现场设备的数字化、规范化和标准化。

使现场设备更容易实现互相关联且接入。

实现现场设备的基本控制功能。

提供现场总线技术的功能。

3. 信息层具备的主要功能

提供一个以市场经济作为主体的先进企业的管理体系。

设备管理和综合信息管理的功能。

可以为自动化层提供生产指挥、计划调度和科学决策等。实际上，上述层次模型的划分仅仅是相对的，随着嵌入式控制系统的不断发展，自动化层和设备层逐渐融合为一体。在这种情况下，信息化技术应用集成化的趋势日益明显。

（二）控制网络的类型及其关系

按照组网技术来看，控制网络分为两大类，分别为交换式控制网络和共享式控制网络。共享式控制网络结构一般就是指现场总线控制网络；交换式控制网络是指为了增强网络的通信能力而不断发展的一种网络。无论是交换式控制网络还是共享式控制网络，都可以组建成分布式控制网络。此外，交换式控制网络和共享式控制网络也可以构建成嵌入式控制网络。

（三）分布式控制网络技术

因为很多厂商在生产电气自动化控制系统时，不愿意提供有效的开放平台，所以现在的分布式控制网络结构具有以下特点。

主从式控制结构增加了电气自动化控制系统的额外的资源开销和复杂性。为了克服主从式控制结构的不足，采用分布式网络控制结构。[①]

专用控制器作为通信控制器，不具有开放性系统的必要条件。

分布式控制网络中，路由器可以将各种现场总线控制网络相连接，单

①岳鹏飞．人工智能技术在电气自动化控制中的应用分析[J]．电脑知识与技术，2022，18(8)：83-84.

路由器工作类型不属于物理隔离,因此不能使通道透明,只能在网络中逻辑隔离。此外,分布式控制网络属于集成式网络,仅单个的网络工具便能够在网上的任何地域对其他网上节点进行运作。这种方式使电气自动化控制系统的安装、诊断、维护和检测都更加便利。

控制网络遵循TCP/IP协议,以使自身更具开放性。IP路由器是实现分布式控制网络的重要设备,引起了广大研究公司的重视。

(四)嵌入式控制网络技术

嵌入式控制网络技术由嵌入式控制系统、网络接口和分布式网络计算平台构成,下面对此展开介绍。

1.嵌入式控制系统

嵌入式控制系统是指借助嵌入式控制器从网络接口接入各种各样的网络,其中包括Internet、局域网(LAN)、广域网(WAN)等,以此组成的拥有先进控制功能和分布式网络信息处理功能的控制网络。嵌入式控制系统的基本作用是实时控制、管理、监视、辅助其他设备的运转,它的组成部分是固化在芯片内的软件、微处理器芯片内的软件以及其他部件。

嵌入式控制器包括:实时数据库、应用程序编程接口(简称API)、应用程序和嵌入式操作系统。与通用型控制系统的CPU相比,嵌入式控制系统的CPU功能更强大,32位的嵌入式控制系统的CPU种类已达到了100种以上。嵌入式控制系统的CPU的工作范围是在特定的用户群中,它具有集成度高、体积小、功耗低的特点。这些特点为嵌入式控制系统设计的智能化、小型化提供了便利,使其更利于网络应用。

由于嵌入式控制系统的CPU性能强大,支持TCP/IP协议,为嵌入式控制器提供了高速处理能力且灵活的扩展方式,使网络扩展和网络互联更加容易实现。嵌入式控制系统在与主干网连接中应用了各种网络,这些主干网具有支持分布式网络计算、实时性好、通信速率高的优点,为组成性能高且性价比高的嵌入式控制系统提供了许多有益的帮助。

μC/OS-II、嵌入式Linux、Windows Embedded、VxWorks等系统都是现在国际上十分受欢迎的嵌入式操作系统。以Windows Embedded系统最新的版本Windows Embedded Compact 7系统为例进行介绍。该系统支持四种32位处理器架构,包括X86、ARM、MIPS32和SH4;支持多达8核的多核处理器(SMP);提供处理器核心管理API;提供功能完整的Visual Studio开发工具;提供Silverlight开发工具等。此外,Windows Embedded Compact 7系统不仅继承了Windows7的Aero图形界面,还可以使用Windows7上的兼容工具，如Visual Basic、Visual C++等。

在我国，许多企业也研发了嵌入式操作系统。例如，电子科技大学嵌入式实时教研室和科银公司联合研制开发的实时操作系统——Delta OS（道系统），其适用于内存要求较大、可靠性要求较高的嵌入式系统，已广泛应用于通信、网络、信息家电等领域；浙江大学自主研制开发的实时操作系统——HB OS系统，其具有实时、多任务等特征，能为应用软件开发提供API接口支持，用于信息家电、智能设备和仪器仪表等领域。

2. 网络接口

在网络中接入嵌入式控制系统往往离不开网络接口，32位的CPU作为网络接口的中心，可以实现嵌入式控制系统对网络接口的管控作用。常见的网络接口有RS232C的串行接口、网络接口、通信协议转发器接口等。

3. 分布式网络计算平台

分布式网络计算平台是将一系列用计算机网络相连接通信的、独立计算的模式和组件，集成到一个统一的平台上，从而为用户提供独立计算能力的平台。现在常用的分布式网络计算平台有Hadoop、Spark和Storm。Hadoop采用MapReduce分布式计算框架，根据GFS开发了HDFS分布式文件系统，根据BigTable开发了HBase数据存储系统，诸如雅虎公司、亚马逊公司、百度公司、阿里巴巴公司等企业都以Hadoop为基础搭建了自己的分布式网络计算平台。Spark在Hadoop的基础上进行了一些架构上的改良，改用内存来存储数据，因此Spark可以提供超过Hadoop100倍的运算速度。Storm在Hadoop的基础上提供了实时运算的特性，可以实时处理大数据流，但Storm不进行数据的收集和存储，而是直接通过网络实时接收数据并实时处理数据，然后通过网络实时传回结果。

总的来说，Hadoop常用于离线的复杂的大数据分析处理，Spark常用于离线的大数据快速处理，而Storm常用于在线的大数据实时处理。

（五）交换式控制网络技术

交换式控制网络是一种以ATM交换机、交换式交换机、交换式集线器等交换设备共同组成的控制网络。下面简要介绍交换式控制网络技术的特点以及如何构建交换式控制网络。

1. 交换式控制网络技术的特点

交换式控制网络技术相较共享式控制网络技术，具备以下明显的特点。

交换式控制网络技术具备更快的传输速度，如交换式集成器和以太网交换机的带宽分别为10 Mbps和100 Mbps。交换式控制网络除了有10 Mbps的带宽端口之外，还有100 Mbps的带宽端口，可以为用户提供10/100 Mbps的自适应端口，以供用户自行选择。例如，ATM交换机规定的最低带宽速度为155 Mbps，规定的最高带宽速度高达622 Mbps。此外，交换式控制网络技术还能使用网络分段的方式，增加各个端口的有效带宽，有效地消除控制网络的拥堵问题。

交换式控制网络的特点是容量大，通常情况下可以同时接入几十甚至上百个设备。

交换式控制网络技术提供的多端口间通信一般是无堵塞的即时通信，其指令信息能从控制器直接传送至目标设备，标准的以太网交换机或交换式集成器仅存在几十微秒的网络延迟，完全符合实施控制的标准。

交换式控制网络技术具有长期稳定的工作特点，可以保证控制网络具有一定的可靠性。

2.交换式控制网络系统的构建

目前，我国已经拥有相对成熟的交换式控制网络技术。要想构建交换式控制网络系统，可以遵循以下流程。

首先，我国现阶段的交换式控制网络大多使用将交换设备作为核心的星型拓扑结构。随着控制网络规模的扩大，为满足实际的网络需求，企业可以使用分段式的网络结构，以构建规模更大的交换式控制网络系统。

其次，选择合适的交换机。选择交换机时，主要注意以下三个方面的问题。第一，端口密度。电气自动化控制系统要想接入数量较多的设备，必须提升端口密度。但是，增加端口会增加网络负荷，进而影响网络数据传输速度，而且过多的网络端口也会堵塞服务器的链路。第二，端口带宽。系统中接入设备的带宽应适合交换端口的带宽。第三，容错能力。网络控制的关键部件，如存储硬盘、服务器、交换机等设备，最好引入冗余技术和热切换能力。

最后，交换式控制网络系统可以根据不同的应用需求，选择不同的组网方式，如以太网、ATM网或VPN虚拟专用网等。

二、网络拓扑

网络拓扑是指存在于网络中各个节点之间的物理或者逻辑上的连接关系。网络拓扑发现就是用来确定这些节点及它们之间的连接关系。网络拓扑发现主要包括两方面的工作：一是节点的发现，包括主机、路由器、交换机、接口和子网等;二是连接关系的发现,包括路由器、交换机以及主机之间的连接关系等。网络拓扑发现技术在复杂网络系统的模拟、优化和管理、服务器定位以及网络拓扑敏感算法的研究等方面都具有不可替代的作用,同时网络拓扑发现技术也面临诸多的机遇和挑战。

现今网络的规模和结构日益庞大复杂,如果想要获得准确完整的拓扑信息,需要投入大量的人力、物力和财力。网络本身没有提供任何专门针对网络拓扑发现的机制,管理人员不得不采用一些比较原始的工具进行网络拓扑发现,从而加大了管理人员的工作难度。同时,网络中的节点经常会发生物理位置和逻辑属性上的变化,各个节点间的连接也经常发生变化,从而导致整个网络的结构时常发生变化;再加上网络协议版本的更新换代及动态路由策略的影响,使得网络拓扑发现的结构永远是过时的拓扑结构。又由于不同的管理机构管辖不同的网络范围,不同网络系统的硬件和软件的类型又有很大的差异,这使得网络本身就具有异构性的特征。出于安全保密等方面的考虑,不同的网络会采取一定的策略来隐藏自己的拓扑信息,这使得网络拓扑发现工作变得更加困难。

三、网络互联

(一)网络互联的概念

1977年,国际标准化组织(ISO)创建了开放式通信系统互联参考模型(简称OSI),OSI模型利用分层架构技术将网络通信功用分成7层,分别是物理层、应用层、传输层、数据链路层、表示层、网络层和会话层。现阶段,在计算机通信技术中心广泛应用的是TCP/IP协议。TCP/IP协议可分为以下5层,即物理层、数据链路层、应用层、网络层和传输层。其中,具备通信功能的层次是对等层,其含义是一方在这一层次的协议是什么,另一方也必须在这一层次使用相同的协议。例如,路由器在TCP/IP模型的第三层(网络层)工作,为报文找到准确的途径并实现传输是其主要的作用。

网络互联是指将两个以上的通信网络通过一定的方法,用一种或多种网络通信设备相互连接起来,以构成更大的网络系统。但是,这种流通无法在系统之间得到扩张。超级网络是指将子网看作链路,将网关看作交换节点,子网内的连接点利用互通单元连接在一起。超级网络为了实现网络连接的端—端通信,不仅需要服务于端—端网络,还需要在连接接续路径方面提供协议能力。

如果异型子网形成了超级网络,会导致链路失配,接续路径的协议能力产生不连续点的现象。此外,为了促进通路体系的相互通信,需要运用一部分可行性技术对这种不连续点进行清除，这是网络互联的主要任务。

（二）网络互联体制的类别

逐段互联体制和端—端互联体制是形成体系互通的主要网络互联机制。端系统A为了与端系统B在网络中相连，需要利用异构的三个不同网络（NETS、NETI、NETZ）实行互联，连接过程中也需要通过中继系统（两个互通单元）的子网进行连接。为了向高层的网络提供相关的网络服务，实现子网服务和接入，可以将高层的网络服务转化为与网络无关的输送服务。下面将对两类网络互联体制进行介绍。

1.逐段互联体制

逐段互联体制，又称“协议变换”制式。逐段互联体制为了促进网间服务功能逐段整合到统一的服务层面，通过网关转变各子网之间的协议；在此过程中逐段互联体制不会对接入设备进行修改，只会应用不同子网间的接入机构来提供服务。逐段互联体制会在端—端连接的过程中，将通过的每一子网作为一段，在不同的段上，只使用网络层来实现段上的连接通信。逐段互联体制中向各子网供应服务的公共子集，即最终向端系统供应的服务级别和服务功用，可以利用协议转换实现服务转变的方式或将某种规程加入网络服务机构的方式，对服务子集进行扩展，如子网相关会聚协议（SNDCP）、051/RM的网络层。显而易见，这将增加互通单元（IWU）的设计成本和复杂性，需要花费巨大的研发费用。然而，逐段互联体制的整体运作成本费用比较低，其主要原因在于，利用品质级别高的子网时，逐段互联体制可以避免系统中不必要的重传和控制，以减少网络支出和负荷。

2.端—端互联体制

端—端互联体制，又称“网间协议”制式，它要求两端执行相同的传输协议。以确保两端系统具备相同性质的服务功能，并提供与网络无关的传输服务。端—端互联体制的核心是，从子网的接入机构中提取出简单的，相同的网络服务性能，如数据报服务，从而使整个网络互联系统提供相同的服务来维持端—端传输服务的一致性。为了完成这部分网间服务功用，需要不同的网关和端系统共同执行统一的“网间协议”，即IP协议。

端—端互联体制为了对等级低的服务功能进行提取，促进异构网络间的服务品质等级差别，可以利用比较简单的网关，因为这种网关的通路故障少，具备统一性。现阶段的IP协议中，只能对数据报的无连接服务进行选择。基于此，端—端互联体制需要利用TCP/TP协议来提升服务质量，如完成丢失重传、重复检验、实现排序等。跨越子网链提供服务等级是端—端互联体制的不合理性，这种不合理性表明品质等级高的网络需要增加对自身的成本和负荷才可以有效地实现网络互联控制。

（三）网络互联体制的选择与比较

是选择端—端互联体制还是选择逐段互联体制是在构建网统互联系统模型的过程中必然会遇到的问题，选择哪种体制决定了系统模型最终会呈现何种形态。比较这两种网络互联体制时，可以在输送品质与可靠性、网关复杂性、运行成本、寻址方法、研制成本等方面进行考虑。下面将通过以上细节总结、归纳出两种网络互联体制的优势与劣势。

1.逐段互联体制

优势：简化了传输控制流程，传输业务的可靠性和品质较高，运作的成本费用较低；可以在子网的品质级别和服务功效方面进行合理运用。

劣势：路由不灵活；寻址需要花费较高的成本；必须进行协议转换与集中服务；网关研发比较复杂，研发成本极高。

2.端—端互联体制

优势：网关成本低廉，技术简单；拥有独立的路由和全面的寻址；网络的可靠性和稳固性较高；由于大部分网络（如LAN、PRNFT等）只能利用无连接方式向网络提供数据，其在数据反馈服务方面有着更加广泛的应用。

劣势：运行和控制不同子网的成本费用高；加大了主机的研发成本和负荷；只能为网络服务提供无连接方式；必须利用端系统的传输来确保传输服务的质量。

（四）网络互联设备

1.中继器

中继器在OSI的第一层（物理层）开展工作，可以对一个网络的两个网段或多个网段进行连接，是最简单的网络互联设施，其两端通常都是网段，而不是子网。中继器的主要作用是完成物理层的功能。为了增加信号传输的距离、延伸网络的覆盖和长度、促进网络形成远距离通信，中继器需要在两个不同的网络节点的物理层中传输信息，完成信号的放大、复制、调整等行为。中继器不会关注数据信息中的错误数据或不适合网段的数据，只负责将一个网段的数据向另一个网段输送。在生活中，人们常用的中继器是网络中继器、红外中继器、微波中继器、激光中继器等。

中继器由再生电路、均衡放大器、信码的判决和定期提取电路构成，具有均衡放大、定时提取、信码再生、判决手段的功能。均衡放大是指为了对传输线路的损耗和失真信号进行补充，可以均衡放大基带信号的失真和损耗的传输线；定时提取是指为了对定时脉冲进行电路再生和判断，可以在传输的信号中将最终频率数据（时间指针）提取出来；信码再生是指判断时利用时间指针使放大均衡后的信息形成再生信息码，进行进一步传送；判决手段是指判决结果取决于均衡波的品质，因为判决电平主要是均衡波产生浮动时出现的最大值的1/2数值，所以在判决数值大于最大值时，判决结果要么是1，要么是0。中继器还可以起到扩充局域网的用处，可以有效连接一个局域网中的多个不同网段，但缺少过滤、检错、纠错等功能。中继器与通信方面的线路放大器相似，都可以实现信号输送的功能。

综上所述，中继器是连接网段的媒介。需要注意的是，在不同的网络中接入过多的中继器会出现衰耗、时延等问题，因此必须对中继器的数量加以控制。

2. 网桥

网桥，又称“桥接器”，是两个局域网的转发、存储设备，可以将两个以上的局域网连接成一个逻辑局域网，也可以将一个大局域网分解成多个网段，从而实现局域网中的所有用户访问服务器的目标。

媒体访问控制子层（简称MAC）和逻辑链路控制子层（Logical Link Control，简称LLC）是网桥在物理层上工作的数据信息链路。大部分网络架构会在MAC层上表现出差异性，特别是局域网。因此，网桥经常应用于局域网的MAC层转变。网桥的功能强大，可以对介质访问、物理寻址提供算法，对数据流量进行控制，有效地解决数据传输中的差错。网桥具备的过滤和筛选功用不仅可以优化网络的实际效能，还可以有效地阻断没有必要传输的信息内容，优化网络体系的安全性和保密性，从而全方位地提升网络的响应频率和数据信息吞吐量。

需要注意的是，网桥的性能会因为局域网用户数、工作站数、通信量的增加而逐渐降低，这个状况是所有局域网中都存在的现象，尤其是运用1EEE801、CSMA/CD访问的局域网表现得更为明显。因此，在局域网环境下，可以利用网桥隔断网段之间的流量，降低网络的通信量和用户数，对网络进行分段。利用网桥划分网段，既可以减少每个局域网段上的通信量，也能够确保网段间的通信量小于每个网段内部的通信量。

3. 路由器

路由器主要在OSI的第三层（网络层）开展工作。路由器与交换机和集线器存在显著的不同，其可以利用IP协议寻址，并传输数据包。路由器是一种可以连接不同网段或网络的网络设施，能将不同网络和网段之间的数据信息进行转换，促进网络设施间的数据传输。

路由器处于网络层不仅可以在逻辑意义上将互联网络分成单独的网络单位，使网络拥有逻辑架构，还可以跨越不同的物理网络种类，如以太网、DDN、FDDI等，使得路由器在互联网络中占据着核心位置。

路由器的主要工作任务是，为通过路由器的数据帧找到最佳的输送途径，使数据快速有效地到达目的地。路由器的基础功能是，将数据信息传送到目的网络中，具体包含以下内容。①转发IP数据报，包含数据报的寻径和传送；②隔断子网，控制广播风暴；③维护路由表，并与其他路由器互换路由信息内容，这是IP报转发的基础；④对IP数据报进行简单的拥塞控制和差错处理；⑤实现对IP数据报的记账和过滤。

因为网络层的主要工作是为网络通信提供路由选择、屏蔽网络差异、提供透明传输、拥塞控制等，所以路由器具备较高的网络互联功能，如网终管理、控制流量、控制网络、数据转发、路径选取等功能。其中，路径选取是指通过考虑拥塞程度、距离、流量、成本费用等要素，选取最佳的输送途径；网络管理是指路由器不仅可以连接不同的网络汇集部位，促进网络间的信息流通，还可以通过路由器对网络设备工作、网络信息流动进行监控，管理设备和信息；数据转发是指通过网络使数据分组输送的工作得到实现；控制流量是指路由器既需要拥有缓冲功能，还需要掌控双方的数据流量信息，以此促使二者更加相配。

与路由器相连的物理网络既可以是异类网，也可以是同类网。这是因为绝大多数的路由器都可以实行不同协议间的数据输送，如对于LAN-WAN-LAN、LAN-WAN、WAN-WAN、LAN-LAN等的信息输送都可以快速高效地完成。

4.网关

网关，又称“网间连接器”“信关”，在网络层以上实现互联，是复杂的网络互联设备，仅用于两个高层协议不同的网络互连。网络的不同节点间存在不同的IP地址网络标记码时，需要实行间接路由选取方式；IP数据报最终展示在接受者的目的主机前，会在途中通过网关抵达目的地，而同属于相同网络的不同计算机节点，它们的IP地址中拥有一致的网络标记码，这样就可以在IP数据报由发送者向接收者输送时，实行直接路由选取。由于直接路由选取不会通过网关，为使数据报成功抵达接收节点，需要利用网关连接不同的网络，通过首尾相连的网关输送通信数据报。

为了实现不同网络间的数据接收，各网络协议必须严格规范转换标准。一部分不采用TCP/IP协议的网络，如BITNET、X.25公共互换数据网络等，连接因特网的过程中，需要网关既具备网络转换协议的功能，又具备路由器功能。因此，人们目前普遍将网关看作路由选取和各网络间转换协议的专属的网络通信设备。一部分网络生产工厂设计出专属网关，从而完成网络协议的转换和计算路由的选取，如由美国数字设备公司（Digital Equipment Corporation，简称DEC）推行的“DECnet-SNA网（IBM）”网关、“DECnet-X.25网”网关等。为了实现反映设备的网络地址体制、组装与分制数据分组、转换协议、控制网络等方面的功能，网关必须在不同网络互联，从而形成更大的网络。

第三节 CAN总线

一、CAN总线的发展

20世纪80年代末期，由于消费者对汽车提出了较高的要求，而汽车的功能大多需要通过电子操作来实现，导致电子设备间的通信日渐复杂、连接信号线日益繁多。这种情况不仅使得电控单元的线路变得更加繁杂，维修难、故障多等问题也日益凸显。为了有效地处理汽车行业中日益增多的电子设备间的通信内容、减少持续增多的信号线，德国博世集团（Bosch）提出了在汽车行业内应用控制器局域网络（Controller Area Network，简称CAN）总线的方案。

最初，CAN总线被作为汽车环境中的微控制器通信，在车载电子控制设备ECUD间互换信息，形成汽车电子控制网络。目前，汽车中的电气自动化控制系统中的单片机都是控制网络上的一个节点，直接控制执行部件和感应器。汽车电控单元系统包含废气再循环控制系统、电控燃油系统、空调系统、电控转动系统、巡航系统、防抱死制动系统、防滑控制系统等。无论汽车的信息容量或电控单元有多大，每个电控单元中都只需引出两条不同的导线共同连接到节点上，两条不同的导线被称为数据总线（BUS），而单片机是控制网络的重要节点。

为了使全部外围器件连接在数据总线上，要对单一的网络总线进行设定。理论上，CAN总线构成的单一网络可以连接多个节点，但实际上，网络硬件的延迟时间和电器特征对可连接的节点数量进行了制约。因此，不同的电控单元必须能够适用于同一种电子语言。这里的电子语言也被称为“电子协议”。它是利用控制单元网络实行通信的前提。因为不同工厂产出的零部件需要协调同一辆汽车的各项工作环节，所以汽车控制单元必须对不同的厂家网络设置标准的通信协议，只有这样才能实现检测设备和控制设备间的数据互换。飞利浦（PHILIPS SEMICONDUCTORS）于1991年9月制定并发布了CAN技术规范（VERSION 2.0），该技术规范包括A和B两部分。2.0A给出了曾在CAN技术规范版本1.2中定义的CAN报文格式，能提供11位地址；而2.0B给出了标准的和扩展的两种报文格式，提供29位地址。ISO为了促进CAN总线的规范化和标准化，于1993年11月发布了道路交通运载工具—数字信息交换—高速通信控制器的局部网（CAN）国际标准——ISO11898。

总的来说，西方国家将CAN总线技术普遍应用于汽车领域，如宝马、奔驰等。在我国，一汽大众汽车企业制造的宝来轿车不仅安装了两套CAN数据输送系统，还充分结合了众多的先进技术，使汽车的舒适系统和动力传送系统获得充足的发展。①

二、CAN总线的特点

因为CAN总线具备设计特殊、性能高、可靠性高的特征，所以不只是汽车行业，医疗器械、机器人、感应器、纺织设备、机械工业、数控机床、农用设备等领域都应用CAN总线。CAN总线是一种多主总线，可主要利用光导纤维或双绞线同轴电缆实现通信。CAN总线接口集中了数据层与物理层的功能，可以完美处理通信数据的成帧，其中包含优先级判别、位填充、循环冗余检验、数据块编码等工作任务。

除此之外，CAN总线采用了多主竞争总线式构造，可以进行广播通信、多主站运行、分别仲裁的串行总线等。CAN总线可以在不分主次线的情况下，在任意时间通过网络向其余节点传输信息内容，进而在不同节点间完成自主通信。CAN总线十分适用于分布式检测体系的数据通信方面，它既拥有被国际标准化组织认可的能力和成熟的技术，又因为其控制芯片已经商品化而拥有较高的性价比。另外，为了促进分布式监测控制体系的构建，CAN总线可以适用于任意ATXT兼容设备。

CAN总线相比普通的通信总线具备显著的灵活性、可靠性和实时性，它隶属于串行总线通信网络，运用了众多特殊的设计和新型技术。综上

①罗金博．电气自动化仪表工程的安装调试技术研究[J]．造纸装备及材料，2022，51(3)：64-66.

所述,CAN总线的特征可以概括为以下几个方面。

CAN总线可以在不分主次线的情况下,使任意节点在任意时间向其他的网络节点输送数据信息,属于多主式工作,具备灵活的通信手段,不需要站地址等节点数据信息内容。同时,CAN总线可以借助这一特征形成多机备份系统。

CAN总线可以将节点信息内容分为不同级别的优先级,以满足不同的实际需求。优先级高的数据信息输送时,可以在134 μs内完成。

CAN总线应用了非破坏性总线仲裁原则,使得不同级别的节点信息在同一时间传输信息给CAN总线时,优先级低的节点主动暂停,优先级高的节点优先向CAN总线输送数据信息。这样一来,即使网络负载过重,CAN总线也不易产生网络瘫痪的故障。

CAN总线不需要实行特殊的"调度",可以通过验收滤波实现全面广播、点对点、一点对多点等手段完成接收或发送数据。

CAN总线的通信频率最高可达1 Mbps,通信距离可达40 km;直线通信距离最长可以在频率为1 kbps以下时达到10 km。

总线驱动电路决定CAN总线的节点数量可高达110个,报文标记符2 032种。

CAN总线具备显著的检验错误的功能,主要运用短帧构造,抗干扰性强,数据传送时间较短。

CAN总线的帧信息具备CRC校验及其他验错措施,可以降低数据传送的错误率。

为了避免总线其余节点的实际操作受到影响,CAN总线中的节点具备自动关闭传送的功能,会在出现错误的状况下自动关闭。

三、CAN总线的报文格式

CAN采用串行通信方式,必须解决发送器和接收器的同步问题。由于CAN没有专用的时钟线,同步信息只能包含在传输的数据中,采用位填充规则实现跳变。而报文的比特流采用不归零码(简称NRZ)编码,即在完整的位时间里,位电平或为"显性"或为"隐性"。

总的来说,CAN总线上的信息会以不同的固定报文格式发送。根据CAN通信协议的规定,CAN总线共有四种报文格式,具体内容如下。

第一,数据帧。数据帧的作用是将数据从发送器传输到接收器。

第二,远程帧。远程帧由总线单元发出,其作用是请求发送具有相同标识符的数据帧。

第三，错误帧。任何单元检测到CAN总线上存在错误就会发出错误帧。

第四，过载帧。过载帧常用于相邻数据帧或远程帧之间提供附加的延时。

此外，根据CAN总线标准可知，构成一帧的帧起始、仲裁域、控制域、数据域和CRC序列均通过位填充规则进行编码。当发送器在被发送的位流中检测到连续5位的相同数值时，将自动在实际的发送位流中插入一个补码位。其中，数据帧或远程帧的其余位域（CRC界定符、应答域和帧结尾）格式固定，没有填充；错误帧和过载帧的格式也固定，但它们不用位填充的方法编码。

为了便于读者理解并应用，下面简要介绍这四种报文格式的结构。

（一）数据帧

数据帧由帧起始、仲裁域、控制域、数据域、CRC域、应答域和帧结尾这7个不同的位域组成。其中，数据域的长度可以为0。

1.帧起始

帧起始是数据帧或远程帧的开始，它由一个“显性”位组成。只有总线处于空闲状态时，帧起始才允许被发送。

2.仲裁域

发送报文的格式不同，仲裁域的格式也略有不同。当发送报文的格式是标准帧时，仲裁城由11个识别位（ID）和一个远程发送请求位（RTR）组成；当发送报文的格式是扩展帧时，仲裁域由11位基本ID和18个扩展ID组成。

3.控制域

控制域由6个位组成，具体包括1个识别扩展（IDE）位（该位为“显性”状态时是标准帧）、1个零保留位（R0）（“显性”位）和4位数据长度码（DLC）。控制域所允许的数据长度值为0～8，且其保留位必须以“显性”位发送，但其接收节点允许为“显性”位和“隐性”位的所有组合。

4.数据域

数据域由数据帧中被发送的数据构成，其由0～8个字节组成，每个字节包括8个位。

5.CRC域

CRC域包括CRC序列与CRC界定符。CRC序列是循环冗余码求得的帧检查序列，最适用于位数低于127位的帧。CRC序列之后是CRC界定符,它包含一个单独的“隐性”位。

6.应答域

应答域的长度为2个位,由应答间隙(ACK间隙)和应答界定符(ACK界定符)组成。在应答城中,发送器会发送两个“隐性”位,而只有正确接收到有效报文的接收器,才会通过在应答间隙内把“显性”位写入发送器的“隐性”位的方式来报告给发送器。这样一来,接收报文的站可以利用主控电平覆盖“隐性”电平,从而确保所有接收站中至少有一个站能够接收到准确无误的报文。

7.帧结尾

帧结尾位于报文的结尾处,由7个“隐性”位组成,报文中间由较短的间隔位连接。如果没有站要求总线存取,此时总线会处于空闲状态。

(二)远程帧

通过发送一个远程帧的方式,接收节点可以请求某一节点把数据发送给自己。具体而言,远程帧与数据帧的组成结构很相似,远程帧除了没有数据域之外,其他6个位(帧起始、仲裁域、控制域、CRC域、应答域和帧结尾)都包括在内。远程帧没有数据域是因为其RTR位是“隐性”位,表示数据长度代码的数值没有意义。

(三)错误帧

错误帧由错误标志和错误界定符两部分组成。错误标志可以分为活动错误标志和认可错误标志两种。其中,活动错误标志由6个连续的“显性”位组成;而认可错误标志则由6个连续的“隐性”位组成。错误界定符包括8个“隐性”位。

(四)过载帧

过载帧用于提供当前的和后续的数据帧的附加延迟,具体包括过载标志和过载界定符两部分。过载标志由6个“显性”位组成,其全部形式与活动错误标志形式一致。过载标志形式破坏了间歇场的固定格式,因而其他所有节点都将检测到一个过载条件,并且由它们的部件开始发送过载标志。过载界定符由8个“隐性”位组成,过载界定符与错误界定符具有相同的形式。发送过载标志后,节点会一直监视总线,直至检测到由“显性”位到“隐性”位的跳变。此时,总线上的每个节点均完成了发送出其过载标志,并且所有节点一致开始发送其余7个“隐性”位。

四、CAN总线的关键技术——位仲裁技术

因为在处理数据信息时，需要进行实时、迅速的数据传输，所以数据的物理输送速度必须较高。对此，位仲裁技术可以迅速实行总线分配，完成几个站同时传输数据的情况，还可以利用网络交换，对重要数据进行实时处理，具有显著的优势。此外，在物理量迅速变化的过程中，位仲裁技术可以将变化速度慢的物理量运用较短的延时重复传输数据信息。

CAN总线传输数据信息时以报文作为主要单位，虽然报文的二进制数标记符低，但是其具备高优先级，主要在11位标记符中体现，系统设计时确定这种优先级后便不可以随意改变。在此过程中，位仲裁技术可以处理CAN总线读取过程中产生的冲突。例如，在同一时间有几个站向总线传输报文，站3的报文标记符是0100111，站1的报文标记符是01111，站2的报文标记符是0100110。三个站的标记符中都拥有相同的前两位01，一直到比较第3位时，因为站1报文的第3位高于其他网站报文的第3位，所以需要丢弃站1的报文。再继续比较站3和站2的报文。虽然站3和站2报文的第4位、第5位、第6位相同，但站3报文的第7位较高，因此需要丢弃站3的报文。需要注重的是，为了获取总线读取站的报文，需要不断跟踪总线的信号。此外，在确定传输网络中某个站的报文前，该报文的起始部位已经发送至网络上，这是非破坏性位仲裁技术的优势。此时，没有获取总线读取权的站不会在总线再次空闲前对报文进行传输。在网络负载过重的情况下，由于站的请求已经被总线的优先级按序放置在报文中，使得位仲裁技术具备显著的优势。

总的来说，CAN总线的控制方式是非集中总线控制，为了确保主站的可靠性，需要所有的通信在系统内分散完成，其中包含总线许可控制。实际上，位仲裁技术是唯一一个可以保障通信系统的可靠性的方式。

五、CAN总线的应用优势及发展

（一）CAN总线的应用优势

在实际操作过程中，分配总线的手段主要有按需分配和通过时间表分配两种。在通过时间表分配总线的方式中，不论节点是否申请总线，都应该按照最大期间分配节点。因此，这种分配方式对存取总线或在特殊时间存取总线具有一定的影响，促使总线向不同的站点分配，而不是只分配给一个站。在按需分配的方式中，总线需要通过传输数据的方式对某个站进行分配，即按站进行传送分配。因此，不同的站在同一时间向总线

要求存取时，总线会中断全部站的要求，不会向任何一个站实行总线分配，但是如果多一个总线，就可以促进总线分配任务的开展。

CAN总线可以确切保障任何站要求总线存取过程中的总线分配任务。与以太网仲裁不同，CAN总线的位仲裁技术可以有效地解决两站同时请求的问题，以确保总线不会在需要传输重要信息的过程时被占用。在总线负荷过重的情况下，CAN总线将消息内容作为优先的总线存取也被证明是科学合理的体系。尽管CAN总线也存在传输能力不足的问题，但是所有未解决的传输请求已经按照主次顺序有效地做出了相应的处理。换言之，在CAN总线中，必定不会发生系统过载瘫痪的现象。下面具体介绍CAN总线的应用优势。

1.信息共享

应用CAN总线可以实现ECU间的数据信息共享，有效地减少系统中没有必要存在的感应器和线束。例如，其他电气系统可以共享具备CAN总线的电喷发动机提供的油量瞬时流速、转速、机油温度、水温、机油压力等数据，使系统既可以不安装油温感应器、水温感应器、油压感应器等设备，还可以通过仪表盘直观地观察数据信息，以此达到实时监控发动机运转情况的目的。

2.减少线束

传统的电气自动化控制系统主要运用单一的点对点的通信手段，两点之间的联系较少，容易造成布线系统过大。随着科技的发展，新型电子商品对信息共享和整体布线方面的需求越来越高。以汽车为例，通过调查统计可知，运用传统的布线手段的汽车拥有长达2 000 m的导线，1 500个电气节点，并且每过十年这一数据便会增加1倍。由此可见，传统的布线方式无法跟上汽车发展的脚步。而CAN总线技术可以节省汽车空间，减少线束。例如，按照传统的布线方式，汽车车门的门锁控制、后视镜、摇窗机需要20～30根电线，而使用CAN总线这些部件仅需2根电线。

3.关联控制

这里仍以汽车为例，传统的汽车控制手段无法在事故中关联控制不同的ECU；而CAN总线可以完成ECU的实时关联控制。这样一来，当汽车发生碰撞事故时，CAN总线会利用感应器发出碰撞信号，再运用CAN总线技术将信号输送至中央控制器，从而完成安全气囊的启动弹出动作，保证驾乘人员的安全。

（二）CAN 总线的发展趋势

近年来，我国企业的规模不断扩大，导致公司体系的时滞增加、非线性强化，产生复杂的工业控制网络系统，而这种工业控制网络系统无法向企业生产的不同环节提供切实准确的指导。为了了解企业的生产情况，充分治理和控制现场，企业必须利用稳步提升的信息化水平和管理水平，以及迅速发展的计算机技术和集成电路技术，将 CAN 总线检测网段连接企业管理网络。而 CAN 总线不仅具备强大的网络效能可以实现集中治理，还可以对现场的操作进行分散、模糊的控制。基于此，CAN 总线网络应利用网桥或网关与企业管理体系——以太网互联，从而形成管理控制一体化的网络，促进工业控制系统的高速发展。

第四节　工业控制网络系统的安全

一、工业控制网络系统的安全问题

工业控制网络系统整合了工业控制网络技术和电气自动化控制系统，它利用计算机设备控制工业过程，有效地降低了人工成本，提高了工作效率，代替人类在环境恶劣的场所工作。传统的工业控制系统是封闭的，即使出现安全问题，其影响范围也十分有限。例如，一台传统的数控加工机床的数控模块被病毒感染，那么只有这一台被病毒感染的机床加工出来的产品存在质量问题，且质量问题在质量检测环节会被工作人员及时发现。而工业控制网络系统的联结性大大提高，一旦出现安全问题，可能导致整个工业控制网络系统受到影响。

如今网络技术飞速发展，工业控制网络系统的作用越来越突出，已经成为物联网的重要组成部分。工业控制网络系统与国计民生基础设施的联系越来越密切，很多领域都要依靠工业控制网络系统来保障安全，包括基础设施、军队军工、制造业、民生智慧城市等。但是，现有支持工业控制网络系统运行的网络面临着较大的风险，这些风险会对国家安全造成直接威胁。实际上，这样的事件已经比比皆是，如美国核电站的蠕虫病毒攻击事件、“超级电厂”病毒事件等。这些安全事件的影响范围之大、影响之深需要引起人们的高度重视。

二、加强工业控制网络系统安全管理的有效措施

(一)设备自动控制

1.确保控制信号的安全可靠

工业控制网络系统有可能会因受到非法或者是不必要信息的渗透和干扰而影响其预期操作,外部威胁或是其自身漏洞会影响工业控制网络系统的信息安全。工业控制网络系统的信息安全的危害与生产安全的危害不同,生产安全会直接影响人类的健康、破坏自然环境;信息安全是篡改或者误发与生产有关的关键信息和指标。以伊朗核设施“震网”病毒破坏事件为例,计算机受到破坏者的入侵和控制对离心机发出了调速指令,此时离心机运行的速度已经超过了安全运行速度,但是计算机监控系统却仍旧显示一切情况正常,离心机长时间超速运行,最终导致离心机被烧坏并引发了事故。[①]

工业控制网络系统管控机械设备运作的主要方式是以弱电控制强电,当信息指令传递完成,机械设备就开始作业。从网络空间安全的角度来看,设备自动控制的安全主要表现在控制信号的安全。控制信号的来源分为两种:一种是直接产生于设备或者是设备上的配套感知原件,对这一来源应注意防止人为物理破坏,以确保信号的安全可靠;另一种是控制信号,对这一来源应注意从传统的网络安全方面入手,以确保信息传递过程的可靠性,还应在控制终端验证信息的准确性,避免信息被篡改。

2.保证弱电控制强电的可靠性

弱电信号的运用在工业控制网络系统中十分常见。弱电信号大多用来控制大型机械设备的启停运作,其不仅能够控制设备运作的动力,而且能够改变设备运作的方式。弱电控制强电时可能出现的安全问题主要表现在两个方面:一方面是控制装置本身出现的安全问题,此时要想保证工业控制网络系统中电磁隔离能力、防雷性能、控制装置本身性能的可靠性,就需要采用冗余技术;另一方面是强电能源的动力安全性差,此时要想保证强电的安全性,必须保证接地良好,制定有效的触电防护措施。

设备正常运行是工业控制网络系统启动的最终表现,要想保障设备长期正常运行,需要定期检测和维修设备。以智慧水务系统为例,系统建设成效取决于其供水监控与调度管理系统的优良,只有系统能够及时发现并定位安全故障,工作人员才能及时发现设备故障。

---

①张桂林.有关钢铁冶金电气自动化控制技术的创新探讨[J].中国金属通报,2022(3):58-60.

(二)加强完善系统中的技术薄弱环节

当主用系统发生故障且不能及时恢复时,就会导致一系列的后果,如停止生产,给企业带来经济损失等。为了避免出现这种情况,要将备用应急SCADA系统安装于调控中心,满足调控中心基本的监视控制功能,及时补救现场损失;要将相应的安全补丁安装在服务器上,以有效地阻止攻击程序在服务端运行;要将工业防火墙加装在调控中心和各个局域网之间;要安装工控网络异常感知系统。

此外,工业控制网络系统还要有效识别网络中的操作员站、服务器、PLC资产和工程师站,实时监控网络资产,保证SCADA系统的运行效率和可靠性。

(三)确保系统的功能和物理方面的安全

要想保障设备和工厂的功能安全,就要保证工业控制网络系统能够正常发挥作用。如果工业控制网络系统的功能无法充分发挥或是失效,设备或系统必须在保持安全状态的同时,及时发出警报,便于检修人员进行检修。例如,系统出现的故障是油管道主输入泵出口压力达到了超高标准,此时工业控制网络系统在接收到泵出口压力传感器的信号后,要及时发出警报。若是压力数值达到一定标准,系统还要自动下发命令,连锁停泵以保护设备。如果工业控制网络系统不能发出停泵命令,现场的压力开关就会直接把信号送到主控制系统,再切断主输泵的电源,保证系统的安全。

物理安全问题包括电击、火灾、辐射、机械危险。要想避免物理安全问题的出现,可以在工业控制网络系统的机房安装烟感、温感类火灾报警设备,并配备灭火装置,确保控制系统的安全。

(四)重视安全基线以外的安全问题

为了加强工业控制网络系统的安全管理,同样应该重视系统中安全基线以外的通信问题。例如,计算机和打印机都会提供共享信息服务,为了保证信息安全,应该关闭计算机和打印机的信息共享服务;系统上存在一些PC端域名解析服务,应该将这些服务全部关闭,有效消除LLMNR协议;彻底检查电脑和服务器的通信进程,消除小流量通信,关闭所有不需要的通信进程。在配置交换机的工作中,应注意限制地址解析协议(简称ARP)的通信频率,并禁止使用ICMP,减少除西门子S7协议以外的所有协议的流量。同时,在调整主机工作时,要以网络安全基线为中心,真正净化系统内的流量,营造透明化的电脑运行环境,并将监控设备部署在网络上,使用已经整理完成的网络安全基线来建设系统的基线。此时,系统能够检测到基线以外的通信,如果这些通信没有合理的解释,就可以认为系统存在安全威胁事件,采取相应的解决措施。在解决完安全威胁后,只需要恢复主机基线,系统就能正常运行。

第六章 电气自动化控制与PLC技术

随着科技水平的不断发展和生产工艺的不断完善，人们对电气自动化控制系统的要求越来越高。从传统的手工控制到自动控制甚至到将来的智能控制，都离不开PLC技术的贡献。PLC技术与电气自动化技术的融合应用使得电气行业蓬勃发展。在当今经济一体化快速发展的趋势之下，如何提高生产力、创造更多的国民生产总值成为国与国之间竞争的关键。因此，必须在生产体系之中应用各种先进的技术和资源整合策略以提高生产效率。基于此，本章就PLC技术的相关内容展开论述。

第一节 PLC概述

可编程控制器（简称PLC）是一种数字运算操作的电子系统，它由美国科学家于20世纪60年代后期首创，专门应用在工业环境下。PLC采用了可以进行编程的存储器，在此设备内部进行存储并执行一系列操作命令，这些操作命令包括顺序控制、逻辑运算、计数、算术运算和定时等。PLC还可以通过数字模拟的输出和输入，进行各类机械或生产过程的调控。

PLC目前被广泛应用于电气自动化技术中，是目前电气自动化技术中比较重要的支撑理论。

一、PLC的产生与发展

随着社会的进步，传统的继电器控制系统已经无法满足时代发展的需要，必须研制出一种新的控制装置取代它。如今需要生产厂家根据市场的需求做出灵活的应对措施，而且商品制作要呈现多品种、小批量、低成本、多规格、高品质的特征。在这种背景下，PLC应运而生。

1968年，美国通用汽车公司为达到快速更替汽车款式的目的，试图将继电器控制系统的操作便利、简单易懂、价格便宜等优点与计算机系统的灵活性、通用性及强大的功能等优势结合在一起，制作出一种通用的控制设备,以减少重复设计控制系统和接线、缩短生产时间、降低生产成本。该设备可以简化计算机编程方式和程序输入方法,使用“自然语言”编程,即使不懂计算机的人也能够很快学会并使用这种设备。①

1969年,美国数字设备公司根据美国通用汽车公司的要求成功研制出世界上第一台PLC。随后,此项新科技很快在汽车领域推广开来。因为PLC具有操作方便、简单易懂、通用灵活、可靠性高、使用寿命长、体积小等特点,所以很快就在美国其他的工业生产领域中得到广泛应用。到1971年,PLC已经成功应用于造纸、饮料、食品、冶金等领域。此后,微处理器问世,大规模、超大规模集成电路技术的飞速发展和数据通信技术的持续进步促进了PLC的迅猛发展。总的来说,PLC的发展历程可以分为以下四个阶段。

第一个阶段是1969—1973年,是PLC的初创期。这一时期的PLC受限于当时的计算技术和配件条件,主要由小规模集成电路和分立元件构成,此时PLC从有触点不可编程的硬接线顺序控制器,发展成为小型机的无触点可编程逻辑控制器,比之前的继电器控制系统更加安全可靠,灵活性更高。这一时期PLC的CPU是小规模集成电路的组合,以磁芯存储器为存储设备,主要用于计时、逻辑运算、顺序控制、计数。

第二个阶段是1974—1977年,是PLC的发展期。在这一时期,得益于集成存储器芯片和8位单片CPU的出现,PLC迅猛发展并日益完善,更趋实用化和系列化,开始广泛应用于工业生产过程的控制。这一时期PLC的功能有所增加,包括数据的传递和比较、数值运算、模拟量的控制和处理等,提升了系统的稳定性,并且能够进行自我诊断。

第三个阶段是1978—1983年,是PLC的成熟期。在这一时期,16位CPU开始应用于微型计算机中,英特尔公司也开发出MCS51系列单片机,使得PLC朝着高速度、大规模、高性能方向发展。这一时期PLC的结构不仅使用了随机存取存储器(CMOSRAM)、可擦除可编程只读存储器(EPROM)及带电可擦可编程只读存储器(EEPROM)等大规模集成电路(LSI电路),还增加了多种微处理器,极大地提升了PLC的处理速度和功能。与此同时,PLC还增添了三角函数、列表、相关数、浮点运算、脉宽调制变换、平方、查表等功能,初步形成了分布式的可编程控制器网络系统,具备了远程I/O处理功能和通信作用,并且有着标准化和规范化的编程语言。另外,PLC受到容错技术及自诊断功能快速发展的影响,稳定性得以

①刘月波. 基于PLC的化工自动化控制系统设计和实现[J]. 科技资讯,2022,20(14):70-72.

进一步提升。

第四个阶段是1984年以后，是PLC的快速发展期。在这一时期，PLC的规模有所突破，具有高达896 K的存储器，并开始逐步应用32位微处理器。这时的分布式控制系统是由多台PLC与大型电气自动化控制系统共同组成的整体，已经具备了与通用计算机兼容的软件系统。PLC的编程语言也有了多种形式，如流程图语句表、梯形图、BASIC语言、机床控制的数控语言等。由于此时PLC在人机操作上使用了实时信息的CRT替代传统的仪表盘，工作人员操作或者编程PLC的过程更为简单、便利。此外，PLC的I/O模件不仅形成了自配微处理器的智能I/O模件，还增大了I/O的点数，从而使其更加满足系统对A/D、D/A通信的使用及其他特殊功能模件的要求。与此同时，各大PLC生产型企业提升了I/O的密集程度，进行了高密度的I/O模件的生产，从而减少了系统的成本投入，节省了运行空间。目前，第一代PLC由于其功能太少已经极少使用，而第四代PLC是比较复杂庞大的系统，还未得到全面的应用，如今各个行业普遍使用的是第二、第三代PLC。

二、PLC的性能

（一）国外PLC的性能

全球如今有200多家PLC生产型企业，PLC产品种类多达300种以上，世界PLC产品运输量在2000年为1 890万件，到2018年这一数据已经超过3 348万件。2018年，根据用户类型分类，PLC产品的发货数量中：粮食加工占17.4%，汽车占24%，纸浆、造纸占10.3%，金属、矿山占10.5%，化学药品占15.6%，其他占22.2%。随着PLC与DCS、IPC等系统集成，PLC已经在自动化控制市场中占有绝大部分的生产份额。

根据美国国防部可靠性分析中心（简称RAC）的调研，全世界PLC制造商中的五个领军企业是：Allen-Bradley公司、西门子公司、三菱公司、施耐德公司、欧姆龙公司，这五个公司的销售额约占世界总额的2/3。其中，西门子公司生产的SIMATICS7-400系列的PLC应用最为广泛，下面以其为例，介绍国外PLC的研究现状。

这一系列的PLC是匣式封装模块，可以卡在导轨上进行安装，电气连接是通信总线和I/O总线的组合，其模块可以在工作或者加电时更换或者拔、插，可迅速装配维护，修改便利。

总的来说，SIMATICS7-400系列PLC的重要性能如下：①超强的扩展功能，S7-400系列PLC中央控制器的连接扩展单元最多可达21个。②在

CPU上有多点接口,能够同时连接编程设备和操作员接口等。③CPU上附加了分散I/O的集成功能。④提供与计算机和其他西门子公司的产品或系统的连接接口。⑤有高达4个CPU的系统计算能力。⑥较高的稳定性、优秀的自我诊断和清除故障能力。

(二)国内PLC的性能

当前,我国也对PLC进行了研究,已经生产了大量的小型PLC、部分中型PLC,并且正在进行较大型PLC的研制。我国生产出的PLC不仅要满足国内市场的需求,还要满足出口的需要。现阶段,我国有30多家PLC生产厂家,包括杭州通灵自动化系统公司、北京机械工业自动化研究所、苏州电子计算机厂、苏州机床电器厂有限公司、天津市自动化仪表厂、上海香岛机电制造有限公司和江苏嘉华实业有限公司等,但是其在自动化控制市场的占比小于10%。目前,我国大部分PLC产品以全套引入技术或以仿制为主要形式,这是因为我国PLC发展处于初创期,但为长久计,必须加强自主研发,提高PLC技术水平,增强我国PLC研究能力。

第二节 PLC控制系统的安装与调试

一、PLC的好处

(一)控制流程

PLC通常使用的是存储的方式,能够直接连接到输入输出端。因为控制逻辑只和程序联系,在应该改变控制逻辑时,只需要把程序修改就行,不用改变连接,具有较强的灵活性与扩展性。

(二)控制效率

就控制效率而言,继电器通常会结合触点的相应机械操作来进行。但是由于继电器实现触点的开启关闭大概需要几十毫秒,通过比较觉得有些慢,工作效率不高。PLC是利用程序做出指示而控制效率的,它能够快速操作,工作需要的时间特别短。另外,其不存在抖动的现象。

(三)可靠性与可维护性

继电器运用了机械触点与较多的电线,在开展工作时也许会对自己的电弧造成损坏,所以设备使用年限较短,可靠性与可维护性不好。但是

PLC通常会使用的是先进的微电子技术，大部分的开关操作都是由非接触式半导体电路实现的，存在耗能少、使用年限长、高效性等优点。

（四）逻辑电路的设计与实施

系统设计结束后，能够同时开展现场电路的安装以及逻辑设计，主要包含了继电器梯形图与程序设计，调试与修改都比较简单。之后检查PLC设备能否顺利工作，假如设备不能顺利工作，需要进行检查并处理故障。[①]当故障全部排除以后，便可以用于实践生产生活中。

二、安装与调试

（一）布线

PLC控制机构存在控制线、动力线以及I/O线，此类线都应该分别实行设置。PLC设备应该与干扰电源相隔一定的距离，不能够把高压电气设置在同一开关柜里，PLC设备的输入线和输出线也应该不一样，数字量与模拟量也应分开安装。输出信号的时候，模拟量必须使用屏蔽线。而屏蔽层的一端应该与地面相连，接地线的电阻应该比屏蔽层电阻的十分之一还低。除此之外，需要降低外界信号对PLC体系的影响，PLC系统设置的拓展单元、基本单元、不一样模块的存在差异的电缆线都应分开安装。在同一电缆上不能够同时具有交流线和直流线，同时动力线、高压线、输出线的安装也要有一定间隔。

（二）安装输入设备

在实行机电一体化设备设置的时候，输入设备必须完全结合后续的设备调试与维护等有关操作，应该结合现场的具体情况来设置机电一体化设备，以此来满足现场的规定。

（三）I/O端的接线处理

I/O端所接的输入线的距离必须小于等于32 m，应该使用常开点的形式连接到输入端口，从而确保编制的梯形图与原理图是一样的。输入、输出组件应该安装短路保护设备，比如信号隔离器，其使用的是线性光耦的隔离原理，可以把输入、输出与工作电源进行分离，此类形式通常运用在电隔离所运用的仪器表上。转炉炼钢的操作中，氧枪中的氧气压力是通过压力变送器实行检测的，可以把5 mA到19 mA的模拟信号通过输入线

①孙庆峰．工业自动化PLC控制的应用与调试研究[J]．南方农机，2022，53(12)：144-146.

传递到下一步的信号隔离器里,使用转换方式后通过隔离器中的输入端传递到下一步的PLC模块。假如系统出现短路,信号隔离器就可以把隔离短路的线路同PLC系统进行结合,保护PLC系统。假如使用感情负载,继电器必须要使用寿命长、防干扰的。外部安全电路的安装,通常是为了避免发生故障的、不安全的情况而安装的保护电路的装置,如严重故障的警报和防护电路等装置。PLC必须较好地连接地面,这才符合保证PLC顺利工作的标准,为了降低不时发生的电压冲击的影响,PLC的接地线与机器的接电线相互连接,接地线的范围必须大于等于1.5 mm,而接地的电阻必须比99 Ω小。

(四)安全连锁试验以及故障检查

刚开始应初步掌握和评估机电一体化设备的工作状况,方便检测人员可以较好地检测出设备的每一项功能是否良好。在实行转炉吹炼操作时,氧枪中的水流量瞬间值必须大于等于58 t/h,如果小于58 t/h并且这类情况保持3 s,PLC系统就会出现响应,并且关闭氧气的阀门,这时提氧枪就会离开转炉。除此之外,在进行检测的时候,检测出机电一体化设备发生了故障,应该根据具体的状况实行检查,并且对故障造成的损坏情况进行预估,全部操作都应该根据正确的规范实施操作,避免事故的扩大,防止更大的损失。

第三节 PLC的通信网络

一、西门子工业网络介绍

随着计算机技术和网络技术的飞速发展,工业自动化水平不断提高,分布式控制系统在工厂自动化和过程自动化中的应用迅速增长,工业控制网络已经成为现代工业控制系统中不可或缺的组成部分。从计算机、PLC、HMI到现场驱动器、I/O设备,工业网络通信技术无处不在。[①]

西门子于1996年提出全集成自动化技术(简称TIA),是西门子自动化技术与产品的核心思想和主导理念。TIA将所有的设备和系统完整、彻底地嵌入一个自动控制解决方案中,其核心理念是采用共同的组态和编

①欧娟娟,段向军,王春峰. 基于PLC技术的电气设备自动控制系统[J]. 淮阴师范学院学报(自然科学版),2022,21(2):132-137.

程、共同的数据管理和共同的通信。TIA将全集成自动化体系结构分为四个自动化层次:管理层、运行层、控制层及现场层。

SIMATICNET是西门子工业通信网络解决方案的统称,可以分为以下两类网络类型。

符合国际标准通信网络类型:这类网络性能优异,功能强大,互连性好,但应用复杂,软硬件投资成本高。

西门子专有通信网络类型:这类网络开发应用方便,软硬件投资成本低,但与国际标准通信网络类型相比,性能、互连性都低于以上标准。

二、实验室网络介绍

314C-2PN/DP控制器包含PROFINET(2个交换机端口)和MPI/DP(MPI/DP复用一个RS485端口)网络,实验配备PCAdapter(MPI/USB)下载器,计算机通过USB端口,将程序下载至MPI通道。

控制屏中网络设备除PLC外,还含有触摸屏、变频器,控制屏通过一台交换机以PROFINET网络形式将以上设备互联,并基于实验室网络柜中交换机将所有控制屏组网连接,因此要求每台设备具有独立且唯一的以太网IP地址。

第七章 电气安全组织管理措施

保证电气安全主要有组织管理措施和工程技术措施两种，所以说电气安全工作是一项综合性工作。而工程技术措施与组织管理措施有着十分密切的联系。经验证明，即使有完善先进的工程技术措施，但没有或欠缺组织管理措施，事故也不可避免。反之，若没有完善的工程技术措施，组织管理措施也只是一纸空文。由此可见，必须在重视工程技术措施的同时，也要重视组织管理措施，这样才能保证电气系统、设备和人身的安全。

第一节 电气安全组织管理措施

一、管理机构和人员

电气安全管理机构是单位安全委员会(或安全领导小组)的组成部分，其主要职责是完成安全组织管理的任务和组织安全技术措施的实施。首先，有计划地组织人员学习相关法律法规和条例等；其次，经常组织从事电气工作的人员进行电气安全技术的培训；再次，有计划、有针对性地组织电气安全检查，及时发现和消除安全隐患；最后，全力配合单位的安全工作，保证安全技术措施的全面实施。

从事电气安全的人员就是电工，其主要职责是对所管辖区域内的电气设备、线路、电器元件的安全运行负责。首先，严格遵守相关安全法律、法规和制度，不得违章操作；其次，做好所管辖区域内的巡视、检查，发现隐患并及时消除；再次，认真填写工作记录和交接班记录；最后，积极参加管理机构组织的学习和培训。①

二、规章制度

企业在运行过程中首先必须符合国家、主管部门和所在地区的法律法规和标准规范，其次是要符合行业标准、规程、规范，并制定出符合本企

①刘小龙．浅析化工企业电气工程的安全管理策略[J]．石河子科技，2022(3)：47-48.

业的制度、规程和实施细则。合理的规章制度是保证安全、促进生产的有效手段。企业中主要的规章制度包括岗位责任制，交接班制度，巡视检查制度，试验切换制度，缺陷管理制度，作业验收制度，运行分析制度，技术培训制度，保卫制度，电气设备、线路运行和操作规程，设备检修制度，设备分析制度，临时线路安装审批制度，安全责任制，电气设备及线路安全、试验和质量标准，设备交接验收制度，安全措施编制和实施制度，安全施工检查制度，值班制度，作业票制度，作业许可制度，作业监护制度，作业间断制度，作业转移制度，作业终结制度，查活及交底制度，送电制度，调度管理制度，事故处理制度，其他有关安全用电及电气作业的制度。上述管理制度要根据本单位的实际情况来制定。对于重要设备，应建立专人管理负责制。

对控制范围较宽或控制回路多元化的开关设备、临时线路和临时性设备等比较容易发生事故的设备，都应建立专人管理的责任制。

三、安全检查

电气安全检查主要包括设备检查和管理措施检查两方面。

（一）设备检查

设备检查主要包括：电气设备、线路、电气设备的绝缘电阻是否老化，接地电阻是否符合要求；各种指示灯、信号装置指示是否正确；电气设备裸露带电部分是否有防护，屏护装置是否符合安全要求；安全间距是否足够；保护接地或保护接零是否正确和可靠；充油设备是否滴油、漏油；保护装置是否符合安全要求；携带式照明灯和局部照明灯是否采用了安全电压或其他安全措施；安全用具和防火器材是否齐全；安全标志是否完好齐全且安装正确；电气连接部位是否完好；熔断器熔体的选用及其他过流保护的整定值是否正确等。

（二）管理措施检查

管理措施检查主要包括：电气安全生产管理方面是否有漏洞；安全生产规章制度是否健全以及执行情况；各级负责人及安全管理人员对电气安全管理制度和相关的电气安全技术专业知识的掌握情况。

四、安全教育

安全教育的目的是从事电气安全的工作人员要树立“人人要安全，安全为人人”的大安全意识，提高安全意识，它是事故预防与控制的重要手段之一。所谓的安全教育，实际上包含安全培训和安全教育两大部分。

首先,要对工作人员进行电工技能培训,让工作人员懂得用电的基本知识,掌握安全用电的基本方法,主要体现出的是一种技能的培训,它的主要目的是使人掌握在某种特定的作业或环境下正确并安全地完成其应完成的任务,故也称为生产领域的安全培训为安全生产教育。其次,要不断学习和掌握企业中与电气安全技术相关的制度、规程和实施细则,做到不违规操作。它主要是通过各种形式,包括学校的教育、媒体的宣传、政策的导向等,努力提高人的安全意识和素质,学会从安全的角度观察和理解要从事的活动和面临的形势,用安全的观点解释和处理自己遇到的新问题。如对于新入厂的工作人员应接收厂、车间、生产班组等三级的安全教育。对普通职工,应当要求懂得关于电和安全用电的一般知识;对于使用电气设备的生产工人,除应懂得一般性知识外,还应当懂得与安全用电相关联的安全规程;对于独立工作的电气专业工作人员,更应当懂得电气装置在安装、使用维护、检修过程中的安全要求,应当熟知电气安全操作规程及其他相关联的规程,应当学会触电急救和电气灭火的方法,并通过培训和考试,取得操作合格证。

五、安全资料

(一)原则

企业必须建立较完善的电气安全档案,它是做好电气安全工作的重要依据,并由专人管理电气安全档案。

电气安全档案要编写详细的目录并分档存放,以便于查阅。要逐步实现安全档案的标准化、规范化、现代化管理。例如:对重要设备应单独建立资料档案;每次检修和试验记录应作为资料保存;设备事故和人身事故的记录也应作为资料保存。

电气安全档案管理人员要从以往的档案中及时总结出规律,运用科学的方法进行统计分析,并得出适合解决一般问题的普遍规律。

应当注意收集各种安全标准、规范和法规;应当注意收集国内外电气安全信息并予以分类,作为资料保存。

(二)内容

安全生产管理委员会或安全生产领导小组人员名单及变动记录。

安全机构设置情况及专职、兼职安全员名单。

特种作业人员操作资格证件及人员名单。

特种设备清单及有关档案资料。

作业环境监测资料(地压监测、边坡监测、岩石移动观测、涌水量观测、洪水量观测、粉尘浓度监测、风速、风量监测、噪声测定等)。

职工健康档案及健康监护资料。

职业病人档案及监护资料。

安全生产检查记录及整改情况。

安全例会及安全日、月活动记录。

职工代表大会关于安全生产的提案及整改落实情况。

安全生产事故记录和统计资料。

职工伤亡事故登记表等有关伤亡事故管理的档案资料。

安全生产管理制度及岗位技术操作规程及作业安全规程,并汇编成册。

安全措施费用的提取和使用情况。

安全教育培训记录。

事故应急救援预案,事故应急救援演练及实施记录。

其他有关安全生产情况记录。

第二节 电气作业安全组织措施

一、带电作业

(一)定义

带电作业是指在不停电的情况下,对电力线路和设备进行检修的方式。带电作业是避免检修停电,保证正常供电的有效措施,只要使用合适的工具,采用正确的工作方法和必要的安全措施,带电作业完全可以确保人身的安全。带电作业的主要项目有:带电更换线路杆塔绝缘子,清扫和更换绝缘子,水冲洗绝缘子,压接修补导线和架空地线,检测不良绝缘子,测试更换隔离开关和避雷器,测试变压器温升及介质损耗值,检修断路器,滤油及加油,清刷导线及避雷线并涂防腐油脂等。

(二)分类

根据人体所处位置,带电作业可分为等电位作业、地电位作业和中间电位作业。

等电位作业:即人体直接接触高压带电部分。处在高压电场中的人体,会有危险电流流过,危及人身安全,因而所有进入高电场的工作人员,都应穿着全套合格的屏蔽服,包括衣裤、鞋袜、帽子和手套等。全套屏蔽服的各部件之间,必须保证电气连接良好,最远端之间的电阻不能大于20 Ω,使人体外表形成等电位体。①

地电位作业:即人体处于接地的杆塔或构架上,通过绝缘工具带电作业,因而又称绝缘工具法。在不同电压等级电气设备上带电作业时,必须保持空气间隙的最小距离及绝缘工具的最小长度。在确定安全距离及绝缘长度时,应考虑系统操作过电压及远方落雷时的雷电过电压。

中间电位作业:即人体通过绝缘棒等工具进入高压电场中某一区域,但还未直接接触高压带电体,是前两种作业的中间状况。因此,前两种作业时的基本安全要求,在中间电位作业时均须考虑。在人员素质方面,所有带电作业工人均应经过培训并考试合格。带电作业时,应加强绝缘工具的现场检查和带电作业人员的地面监护,监护人要有实际带电工作经验的人员担任。

(三)条件

下述规定适用于在海拔1 000 m及以下交流10 ~ 500 kV的高压架空电力线路、变电所(发电厂)电气设备上采用等电位、中间电位和地电位方式进行的带电作业,以及低压带电作业。

两线一地的线路及其电气设备上不宜进行带电作业。

带电作业应在良好天气下进行。如遇雷、雨、雪、雾等天气不得进行带电作业,风力大于5级时,一般不宜进行带电作业。

在特殊情况下,必须在恶劣天气进行带电抢修时,应组织有关人员充分讨论并采取必要的安全措施,经主管生产领导(总工程师)批准后方可进行。

对于比较复杂、难度较大的带电作业新项目和研制的新工具必须进行科学试验,确认安全可靠,编出操作工艺方案和安全措施,并经主管生产领导(总工程师)批准后方可进行和使用。

带电作业工作票签发人和工作负责人应具有带电作业实践经验。工作票签发人必须经领导批准,工作负责人也可经工区领导批准。

带电作业必须设专人监护:监护人应由有带电作业实践经验的人员担任;监护人不得直接操作;监护的范围不得超过一个作业点;复杂的或

①陈帆. 关于矿山电气安全管理与技术研究[J]. 冶金管理, 2022(7):43-45.

高杆塔上的作业应增设(塔上)监护人。

带电作业工作票签发人和工作负责人对带电作业现场情况不熟悉时,应组织有经验的人员到现场查勘。根据查勘结果作出能否进行带电作业的判断,并确定作业方法和所需工具以及应采取的措施。

带电作业负责人在带电作业工作开始前应与调度联系,工作结束后向调度汇报。

带电作业有下列情况之一者,应停用重合闸,并不得强送电:①中性点有效接地的系统中有可能引起单相接地的作业;②中性点非有效接地的系统中有可能引起相间短路的作业;③工作票签发人或工作负责人认为需要停用重合闸的作业;④严禁约时停用或恢复重合闸。

在带电作业过程中如设备突然停电,作业人员应视设备仍然带电。工作负责人应尽快与调度联系,调度未与工作负责人取得联系前不得强送电。

(四)带电作业工具的保管与试验

带电作业工具应置于通风良好,备有红外线灯泡或恒温设施的清洁干燥的专用房间存放。运输过程中,应装在专用工具袋、工具箱和工具车内以防受潮和损伤,在使用带电作业工具前,要进行认真仔细的检查,绝缘工具必须完好无损。使用前必须用2 500 V绝缘摇表或绝缘检测仪进行分段绝缘检测(电极宽2 cm,极间宽2 cm),阻值应不低于700 MΩ。操作绝缘工具时应戴清洁、干燥的手套,并应防止绝缘工具在使用中脏污和受潮。带电作业工具应定期进行电气试验,预防性试验每年一次,检查性试验每年一次,两次试验间隔半年。绝缘工具电气试验项目及标准参见相关资料。绝缘工具的电气试验项目及标准操作冲击试验宜采用250/2 500 μs的标准波,以无一次击穿、闪络为合格。工频耐压试验以无击穿、无闪络及过热为合格。高压电极应使用直径不小于30 mm的金属管,被试品应垂直悬挂。接地极的对地距离为1.0 ~ 1.2 m。接地极及接高压电极(无金属时)处以50 mm宽金属箔缠绕。试品间距不小于500 mm,单导线两侧均压球直径不小于200 mm,均压球距试品不小于1.5 m。试品应整根进行试验,不得分段。机械试验绝缘工具每年一次,金属工具两年一次。机械试验分静荷重试验和动荷重试验,静荷重试验为2.5倍允许工作负荷下持续5 min,工具无变形及损伤为合格;动荷重试验为1.5倍允许工作负荷下实际操作3次,工具灵活、轻便、无卡住现象为合格。

二、维修作业

在电力系统中，检修维护工作大部分是在停电后进行的，所以维修作业也称为停电作业。维修作业要求凡是参与电气线路与电气设备维修作业人员，均不得在作业前饮酒，身体患有疾病（如发高烧、呕吐）、思维混乱、情绪不良、状态疲惫的人员，均不得参与维修作业。

（一）一般原则

作业时必须戴好规定的防护用品，一般情况下不允许带电作业。

不准私自维修不了解内部原理的设备及装置；不准私自维修厂家禁修的安全保护装置；不准私自超越指定范围进行维修作业；不准从事超越自身技术水平且无指导人员在场的电气维修作业。

电工作业时必须视需要穿戴合格的劳保用品（绝缘鞋、安全帽等其他安全防护用具），禁止使用破损、失效的劳保用品、用具。

不准随意变更维修方案而使隐患扩大。

断电作业需验电后方视为断电，否则一律视为有电，对电容性设备还应进行放电处理，否则不准触及。对于与供配电网络相联系的部分，除进行断电、放电、验电外，还应挂接临时接地线，防止突然来电。

不准酒后或有过激行为之后进行维修作业。

电工应掌握电气安全知识，了解岗位责任区域之电气设备性能，熟悉触电急救方法和事故紧急处理措施。

电气维修作业人员必须经专业安全技术培训考核合格，获得有效的操作证方可上岗作业。

供配电回路停送电作业必须按规定程序进行。动力配电箱的闸刀开关，禁止带负荷拉开或合闸，必须先将用电设备箱开关切断方能操作。

各种电气接线的接头应保证导通接触面积不低于导线截面积，接头不应松动，防止应接触不良引发事故。

使用电动工具应遵守有关电动工具使用相关规定。

在供、配电设备和线路上作业和高处作业，必须设专人监护。

不准在本单位不能控制的线路及设备上工作。

紧急情况需要拉开带负荷的动力配电箱闸刀开关时，应采用绝缘工具，戴绝缘手套和防护眼镜或采取其他防止电弧烧伤和触电的措施。

对施工现场所属的各类电动机，每年必须清扫、注油或检修一次。对变压器、电焊机，每半年必须进行清扫或检修一次。对一般低压电器开关等，每半年检修一次。

工作结束,应认真做好交接班记录。

(二)具体步骤

维修作业分为全部停电和部分停电两种,所谓全部停电,系指室内高压设备全部停电(包括架空线路与电缆引入线在内),并且通至邻接高压室的门全部闭锁,以及室外高压设备全部停电(包括架空线路与电缆引入线在内)。所谓部分停电,是指高压设备部分停电或室内全部停电,而通至邻接高压室的门并未全部闭锁。但是,无论是哪种停电,都应该遵照工作票、操作票的要求进行。具体步骤主要包括维修作业前的安全措施,维修作业中的安全保证和维修作业完毕的安全恢复与检查等。

电气线路与设备维修作业前的安全措施在全部或部分电气线路、设备上进行检修作业时,均必须采取停电、放电、验电、装设接地线、悬挂标志牌等措施。

停电:电气线路或设备停电时,必须由具有进网操作资格的人员填写操作票并按规程规定的操作步骤分步操作,禁止无证人员进网操作。停电操作必须做到明确停电线路和设备,明确变压器运行方式,明确设备操作顺序等;否则,不得进网作业。

放电:放电的目的是消除检修设备上的残存电荷,以确保检修人员的安全,所以必须严格、认真地执行。放电应采用专用的导线,一般都使用绝缘棒操作,人体不得与放电导体相碰触。线与线之间、线与地之间均应放电,电缆与电容器的残存电荷较多,要特别注意,一定要将残余电荷放干净。

验电:用电压等级合适的验电器,在已知电压等级相当,且有电的线路上进行试验,确认验电器外观是否有损坏,再在带电设备上进行试验,确认验电器完好后方可使用。验电时,不要用验电器直接触及设备的带电部分,而应逐渐靠近带电体,至灯亮或风轮转动或语音提示为止。应注意不要让验电器受邻近带电体影响。验电时必须三相逐一验电。

装设接地线:当验明被检修线路或设备已断电后,应随即将待修线路或设备的供电出、入口全部短路接地。装设接地线要注意防止“四个伤害”,即防止感生电压的伤害;防止断电气残余电荷的伤害;防止旁路电源的伤害;防止回送电源的伤害等。装设接地线必须做到“四个不可”,即:顺序不可颠倒;措施不可省略;线规不可减小;地点不可变更等。同时临时地线应用多股软铜线制成,其面积不低于25 mm^2,不得使用铝线作为临时地线。在开关柜间隔内悬挂临时地线后,应装设“已接地”标志牌。凡带有电容器的设备,未放电前不允许装设接地线。

悬挂标志牌和装设护栏:在部分停电作业时,应使用护栏将带电部分隔离起来,使工作人员与带电体之间保持一定的距离。用于警示的标志牌,应使用不导电材料制作,如木板、胶木板、塑料板等。各种标志牌的规格要统一,标志牌要做到“四个必挂”,即在一经合闸即可得电的待修线路设备的电源开关和刀闸的操作把手上,必须悬挂“有人工作、禁止合闸”的标志牌;在室外构架上工作,必须在工作邻近带电部分的合适位置上悬挂“止步,高压危险!”的标志牌;在工作人员上下用的铁架或梯子上,必须悬挂“从此上下”的标志牌;在可能误登危及人身安全的构架上,必须悬挂“禁止攀登,高压危险!”的标志牌等。标志牌要谁挂、谁摘除,或由指定人员摘除。不能挂而不摘,或乱挂乱摘。其他人员不得变更或摘除标志牌,否则可能酿成严重后果。

装设的护栏通常选用网孔金属板、金属线编织网、铁栅条等制成。护栏下部距地面一般为0.1 m,其高度一般为2 m,宽度或形状可根据实际需要制作。移动式护栏应该做得小些,以便于搬运,固定式应该做得大些,以便节省材料。

凡是带电裸导体与人体可能直接或间接触及,且触及两点之间的距离小于线路或设备不停电安全距离的,均必须设置护栏。不论护栏是长期设置还是临时设置,是固定设置还是移动设置,均必须在护栏上悬挂“止步,高压危险!”的标志牌。非护栏设置人员未经许可,不得擅自拆除护栏。

电气线路与设备检修作业中的安全保证在电气线路或电气设备检修作业过程中,必须做到:①保证安全距离。在10 kV及以下电气线路检修时,操作人员及其所携带的工具等与带电体之间的距离不应小于1 m。②清理作业现场。线路检修或者设备检修时,首先应对检修现场妨碍作业的障碍物进行清理,以利检修人员的现场操作和进出活动。③防止外来侵害。检修现场情况十分复杂,在检修作业前,应巡视一下周围,看有无可能出现外来侵害,如带电线路的有效安全距离如何等。如果存在外来侵害,应在检修前做好安全防护。④集中精力。检修作业中不做与检修作业无关的事,不谈论与检修作业无关的话题,特别是进行紧急抢修作业时更是如此。⑤谨慎登高。如果在高处作业,使用的脚手架要牢固可靠,并且人员要站稳。在2 m以上的脚手架上检修作业,要使用安全带及其他保护措施。⑥有防火措施。检修过程中,若需要用火时,要检查一下动火现场有无禁火标志,有无可燃气体或燃油类。当确认没有火灾隐患时，方能动火。如果用火时间长，温度高，范围大，还应预先准备好灭火器具，以防不测。⑦群体作业互防伤害。如果确需多人共同作业，要预先分析一下可能发生危险的位置和方向，并采取相应的对策后再进行作业。多人作业时，相互之间要保持一定的距离，以防相互碰伤。如果作业人员手中持有利器进行作业，其受力方向应引向体外，并且在作业前看一下周围，提醒他人不得靠近。⑧及时请示汇报。如果供电线路检修内容多或偶尔遇到难题超出常规预料，不能在规定的时间内恢复供电，应提前与有关方面通报，以便采取相应的措施。

电气线路与设备检修作业完毕的安全恢复与检查检修工作结束后，检修负责人应组织人员清扫工作现场、清点工器具，然后清点人数进行自验收，合格后撤出现场，把工作票交给值班负责人。值班负责人收到工作票后，会同检修负责人，再次仔细检查现场，验收设备，确认无问题后，会同检修负责人在验收单上签字，方可拆除遮拦和临时接地线进行送电。拆除临时地线和送电的操作顺序，与挂临时地线和停电时的操作顺序相反。送电后，停电时所悬挂的标示牌都应全部拆除，使检修现场恢复到停电前的状况。

以上内容紧密相连，构成一条安全链，其中任何一个环节失控，都可能出现事故。因此，对每一个环节、每一个步骤都要认真对待，以确保电气线路和设备检修万无一失。

三、电气线路作业

（一）检修架空线时的安全要求

架空线及线杆在检修之前，必须由带班班长或负责人全面检查，确实无缺陷，不危及人身安全和作业安全方可进行作业。

架空线路登高作业，必须按照登高作业规定，对登杆器具，要有专人认真检查，是否完好可靠，上下传递物品要用小绳，杆下应设监护人，严禁非工作人员进入作业区，监护人员必须戴安全帽，并要保持一定距离，避免操作人员掉下物品工具，造成伤亡事故。

在高低压同杆线路上作业，在一条线路带电的情况下，由车间采取安全措施，报主管厂长批准后，才能进行作业。

两条或两条以上同杆低压线路在生产抢修时，因停电影响重要岗位生产的情况下进行抢修，必须由动力车间主任在现场进行监护，才能进行此项作业。

架空导线最小截面积（铝导线）不小于16 mm^2，架空导线最大垂度最低点与地面距离不小于7 m,高低压之间距离不小于1.2 m。

线路巡视每季至少一次,每年登杆检查一次(包括擦拭瓷瓶,巡视检查单位要有记录,以备查),其导线的弧度和线间平行度应符合规定要求。

五级以上大风时,严禁在架空线上作业。

(二)检修电缆时的安全要求

电缆的移动、拆除改装或更换接头时,必须先行停电并进行接地,确认无电后方可工作。

检查电缆时不得接触铠装和移动电缆,以防感应触电。

检修故障电缆时,先用接地的并带木柄的螺丝刀钻入电缆的导体,使导体接地放电。然后工作人员站在绝缘台上并戴绝缘手套方可工作。

切断电缆时,所用的电缆切割锯应接地,工作人员站在绝缘台上,手戴绝缘手套方可切割电缆。

挖掘电缆时,当挖到保护板处,需设专人监视指导,方可继续深挖。

挖出的电缆接头,如下面需悬空时,应加悬吊保护,吊点水平距离为1~1.5m。

进入电缆入孔井工作之前,应等井中浊气排出之后,方可进入井中。在井内工作应戴安全帽,并在井口设专人看守,防止物体落入井中伤人。

在将水底电缆提起放在船上时,应保护船身平稳,并应备有救生圈。

第八章 电气安全应用管理

第一节 特殊环境电气安全

特殊环境是指影响电气设备安全运行的环境，如潮湿环境、高温环境、易化学腐蚀环境、狭窄导电场所等。这些特殊环境影响或降低电气设备及线路的绝缘性能，触电的危险性增加。在这类场所内一般电气安全措施有些已不适用，应根据各环境特殊性提高防护要求或补充安全措施。对特殊用电环境主要措施包括对电气设备的选型、选择布线及敷设方式时，必须符合其环境要求，并采取相应措施，以减少或避免上述不良影响和危害。

一、潮湿环境

潮湿场所主要有水汽较多的铸造车间、水泵间、制冷站、人防工地、洗车场、锅炉间等，其一般电气安全要求有：电气设备应选用密闭式或与潮湿程度及要求相适应的防护等级；导线应选用有保护层的绝缘导线，布线采用管路暗敷设方式且管口有密封措施，如密封胶泥密封；潮湿场所使用的工具为Ⅱ类或Ⅰ类，如果使用Ⅰ类工具，必须装设额定漏电动作电流不大于30 mA，动作时间不大于0.1 s的漏电保护器。

常见的特别潮湿环境，如浴室、室内外游泳池等场所使用的电气设备，因人体电阻降低和接触的电位而大大增加了电击的危险性。因此，在特别潮湿的环境中，对电气设备及线路的防护等级要求特别高。

（一）浴室

浴室是电击事故多发的特殊潮湿的场所，浴室被国际电工标准列为电击危险大的特殊场所。从以往事故调查来看，大多数“肇事”热水器均被检测出是合格产品，而事故的主要原因是不规范的用电环境。例如，自建的住宅或旧的房屋存在布线不符合相关标准要求或接地不良，淋浴间的电源开关和插座没有防水装置等都是环境漏电的安全隐患。

IEC按照电击危险程度将浴室划分为4个区域。

0区:浴盆或淋浴盆内部。

1区:围绕浴盆或淋浴盆外边缘的垂直面内,或距淋浴喷嘴0.6 m的垂直面内,其高度止于离地面2.25 m处。

2区:1区至离1区0.6 m的平行垂直面内,其高度止于离地面2.25 m处。

3区:2区至离2区2.4 m的平行垂直面内,其高度止于离地面2.25 m处。按照IEC标准,在0,1,2区内不得设置电源插座和开关,而对浴室内必须要用的电气设备和线路,IEC标准则规定了各分区的防水等级要求。

0区——IPX7级;1区——IPX5级;2区——IPX4级(公共浴室为IPX5级);3区——IPX1级(公共浴室为IPX5级)。

浴室做局部等电位联结的设置。因各种原因浴室内出现电位差,即使其值不过十几伏,也能引起电击死亡事故,因此浴室内各种金属管道和构件常成为传入电位的路径。对这种自浴室外部传导来的电位引起的电击事故,只能实施局部等电位联结来防范,即在浴室内的局部范围内将各种金属管道和构件用导体互相连通,如果浴室内有PE线也必须与之连通,使浴室内各大件金属部分之间的电位相等。[①]

浴室内实施局部等电位联结的方式是在便于检验的位置离地300~400 mm处的墙上,装一嵌墙的铜质等电位联结端子板箱,端子板上有若干接线端子,箱面装有可上锁或用工具才能开启的小门,上述需连接的管道构件则用卡子、抱箍、焊接等方法接出黄绿双色线,线芯截面不小于4 mm^2的铜芯绝缘导线暗敷或明敷至端子板上。

浴室内的线路敷设。如为明敷或在埋设深度小于50 mm的墙内暗敷时,线路应为双重绝缘,即应为非金属护套的电缆或穿绝缘套管的电线。这样可以提高线路绝缘水平,也可避免金属护套或套管导入故障电压的危险。另外,在0区、1区及2区内不应让与这些区内用电无关的线路进入,在这些区内也不允许安置线路接线盒。

(二)游泳池

游泳池具有与浴室类似的电击危险性。按电击危险程度,IEC将游泳池不同使用部位划分为3个区。

游泳池各区内电气设备应至少具备以下防水等级:0区为IPX8级;1区为IPX5,如为室内游泳池,清洗时不使用水喷头,则可降为IPX4级;2区

①赵三虎. 电气工程及其自动化的质量控制与安全管理[J]. 石河子科技, 2022(2): 11-12.

室内游泳池为IPX2级，室外为IPX4级，如使用水喷头清洗时提高为IPX5级。

游泳池的防电击措施与浴室颇多相似。在0区、1区及2区内应将所有装置外导电部分和PE干线通过等电位联结端子板互相连接，并做局部等电位联结。在0区、1区及2区内的线路不应有人体可触及的金属外护物。人体触及不到线路的金属外护物，应与游泳池的局部等电位联结系统相连通。电气线路宜用绝缘套管敷设。在0区和1区内不得装设插座，不得设置开关。2区内可装设电压为50 V以下的由SELV回路供电的插座。但应注意在0区和1区内，如人在水内只能使用电压不大于12 V的设备。SELV回路的隔离降压变压器应安装在0区、1区及2区以外。2区内也可装用由变比为1∶1的隔离变压器供电的插座，一个变压器或一个变压器二次绕组只能供电给一个插座(即一台设备)。隔离变压器应安装在0区、1区及2区以外。在2区内也可装用$I_{\Delta n}$不大于30 mA的RCD作为保护插座。

二、高温环境

按照国际设计和制造的电气设备运行时的周围环境温度的下限不应低于-20 ℃，上限不应高于40 ℃，而在高温环境运行中电气设备，由于外界的高温和自身产生的热量，极易造成电器线圈、引线的绝缘老化而击穿烧坏，电器触头接触电阻增加导致触头烧坏，同时温度过高还会影响电器保护性能稳定性、动作的可靠性等。

高温场所主要包括冶金熔炼车间、锅炉房、烘干、安装有蒸汽供暖管道等场所，安装在其附近的电气设备和线路都将不同程度地受到高温辐射环境的影响。另外，一些电气设备的本身如变压器、电机等设备也散发出高温，若自然通风和散热条件差，运行温度持续升高而不能工作。高温环境对电气设备的影响较大，会使开关的容量减小，热继电器误动作，电子器件的技术性能被破坏。当电气设备和线路长时间在高温环境下工作，绝缘材料老化，脆弱干裂，甚至是短路，若保护开关不能及时跳闸，将会导致绝缘导线的外护层熔化、着火，引发火灾事故。

高温环境的防护对策主要在电气设备选型、敷设、维护方面。电动机等电气设备选用F级或H级绝缘等级，导线及开关选择比一般环境大一个规格，也可选用耐热型。线路应穿管明设，尽量避免在高温环境区域内安装电气设备和敷设线路。必须在一些热力设备和管网附近安装电气设备和线路时，应采用耐高温的元器件和绝缘材料，采用耐热型或阻燃型的电缆和导线;配电箱、开关柜、闸箱等设备应用钢板制造外壳并刷耐火漆。对热力设备等采用保温隔热材料作防护层,以减少对周围环境的热辐射。用空调或通风装置,把电气设备的安装环境调节到合适的温度。

三、电化腐蚀环境

电化腐蚀场所主要包括电解、电镀、热处理、充电车间以及酸、碱或腐蚀性气体的化工车间等,该类环境有以下特殊要求:①电气设备应选用防腐型,腐蚀较轻的地方可选用密闭型,导线应选防腐电缆或防腐导线,腐蚀较轻的地方可用塑料电缆或塑料导线。②线路敷设应避开直接腐蚀或熏染场所,明设导线必须穿优质硬塑管,暗设可选用金属管,但管内必须刷防腐漆。所有管口应用密封胶泥密封。③接地线的干线应用镀锌扁钢沿室外的墙敷设;电镀、电解、充电设备的保护零线应用镀锌扁钢与零干线焊接,所有的焊口应进行防腐处理,且接地装置及其引线的规格应比正常环境大一个规格。④对所使用的电气设备及供电线路、保护装置有严格的检查、检修制度。

四、狭窄导电场所

所谓狭窄导电场所,是指一空间不大的场所,且场所内大都是带地电位(零电位)的金属可导电部分,人体接触较大电位差的可能性大,如锅炉炉膛内部、金属罐槽内部等。此场所内所使用的电气设备一旦绝缘损坏,其金属外壳所带故障电压与场所的电位间的电位差(即接触电压)为最大值,而在此狭窄导电场所内人体难以脱离与故障设备以及可导电金属部分的同时接触,电击危险很大,因此狭窄导电场所被IEC标准和发达国家标准列为电击危险场所。

在狭窄导电场所内,应对不同类型的电气设备分别采用不同的防间接接触电击措施:①功率小的手持式电气工具和移动式测量设备,可用降压隔离变压器作电源的SELV回路供电。②功率较大的手持式电气工具可用变比为1:1的隔离变压器供电。隔离变压器可有多个二次绕组,但一个二次绕组只能供一台电气设备,所供电气设备应尽量采用Ⅰ类设备。当采用Ⅰ类设备时,则至少该设备的手柄为绝缘材料制成。③手提灯必须用SELV回路供电,其灯光可为白炽灯泡,也可为由其内装的双绕组变压器和逆变器供电的荧光灯。

上述降压隔离变压器和1:1的隔离变压器应放置在狭窄的导电场所以外。如果狭窄导电场所内固定安装有需功能接地的测量和控制设备,则此场所内所有的外露导电部分、装置外导电部分应通过等电位联结与该等功能性的系统互相连通，以避免场所内出现不同接地装置的不同电位而引起人身电击和设备损坏事故。

第二节 易燃易爆环境电气安全

石油、化工、煤矿、轻纺、粮食加工以及军工等场所往往会产生或需要使用可燃气体、液体、蒸汽、粉尘或纤维等危险物料，在其生产、使用、贮存、运输过程中如果安全防范措施不到位，各种易燃易爆物质遇上火源则容易引发火灾、爆炸事故。易燃易爆环境也是特殊环境，这类环境主要防止因雷电、静电、电气设备与线路所产生的火花而导致火灾爆炸事故。

一、防电气设备及线路火花

防止易燃易爆环境中的火灾爆炸事故其安全措施主要在于合理选择、安装和使用防爆电气设备及线路，防止其成为点燃源。在防爆电气设备的应用安全方面存在许多安全隐患，如爆炸危险区域划分模糊、购置防爆电气设备的合格率低、安装时防爆电气设备的隔爆接合面处理不当等。

防爆电动机、防爆开关电器、防爆灯具、防爆仪表、防爆成套设备和电气附件等经检验合格后并不能确保其在爆炸危险场所的安全使用，因为不正确的选型、不恰当的安装和不到位的维护都会影响防爆电气设备的安全使用。例如，矿用防爆电机、矿用防爆按钮等用在工厂爆炸危险场所中是防爆电气设备选型错误；隔爆型开关操作手柄的轴与轴孔之间的长期磨损也会使隔爆接合面的间隙增大，影响隔爆性能；隔爆外壳的隔爆接合面长期受到腐蚀作用而发生锈蚀，使隔爆性能降低甚至丧失等。因此，必须由经认可的防爆电气设备检测检验机构对生产型企业中存在爆炸危险场所的防爆电气设备的选型和安装进行检查并出具报告，以确定企业爆炸危险场所防爆电气设备的选用、安装、检修、更新等符合国家有关标准的规定。

在易燃易爆危险环境中电气设备选型十分重要，应按区域等级和使用条件选择。设备的类、级、组别应与使用的爆炸性环境相适应，一般选用防爆电气设备的温度组别比所处的温度组别高 1 ~ 2 级即可，当存在两种以上爆炸性混合物时，应按高级别和组别选用。而且选择防爆电气设备应能够满足周围环境内化学、机械、气候(如温度、潮湿、腐蚀、风沙、雷电)等不同环境条件的要求,在规定的运行条件下必须确保其防爆性能良好,此外还应考虑系统露天长期过负荷运行及日常维护等因素。[①]

电气线路一般应采用非铠装电缆或钢管配线明敷设。在21区或23区内,可采用硬塑料管配线。在23区当远离可燃物质时,可采用绝缘导线在瓷绝缘子上敷设。21区或22区内,电动起重机不应采用滑触线供电。23区内可采用滑触线供电,但在滑触线下方不应堆置可燃物质。移动式、携带式电气设备的线路,应采用移动电缆或橡套电缆、橡套软线。由于环境条件的特殊性,爆炸危险和火灾危险环境的电气设备及线路的接地要求不同于常规环境的接地。除了保护接地、保护接零外,在生产、贮存、装卸液化石油气、可燃气体、易燃液体的环境和利用空气干燥、掺和、输送粉尘粒状的可燃粉尘的环境应设置防静电与防感应雷接地。防静电的接地装置可与防感应雷的电气设备的接地装置共同设置,其接地电阻值应符合防感应雷和电气设备接地的规定。

防爆电气设备在应用中注意维护及检测。一般来说,新的正规厂家生产的防爆电气产品防爆安全性能是满足标准要求的,但在使用中会受到工作条件和环境条件的影响,对防爆电气产品产生不利影响,某些损害还会降低防爆电气产品的防爆安全性能。这些设备在使用过程中由于机械磨损或材料老化,或者受使用环境的影响,或者由于设备检查、维护、修理工作失误等原因,使防爆电气设备防爆性能降低甚至丧失,形成点燃源而引起爆炸或火灾事故。防爆电气设备因外力损伤、大气锈蚀、化学腐蚀、机械损伤、自然老化等导致防爆性能下降或失效时,应予以修理,不能恢复到原有等级防爆性能的,可以根据设备实际技术性能,降低防爆等级使用或降为非防爆电气设备使用。防爆设备失效判定依据和使用年限规定难以把握,一般在额定条件下,防爆电气设备的可靠性寿命在10~15年。但如果防爆电气产品在化工等腐蚀严重的场所,这类部件的寿命会缩短,防爆安全性能可能受到影响,如隔爆面锈蚀、密封垫老化等。

二、防静电火花

爆炸性环境中为避免接触点处产生静电放电,对可能产生静电危险的设备和管道,均应采取静电接地措施。如加工、贮存、运输可燃气体、易燃液体和粉体的金属工艺设备、容器和管道都应做防静电接地。可燃气

①宋宗发. 瑞龙煤矿综放工作面机电设备管理分析[J]. 能源与节能, 2022(3): 207-208.

体、液化烃、可燃液体、可燃固体的管道在下列部位应设静电接地设施:进出装置或接地设施处;爆炸危险场所的边界;管道泵及泵入口永久过滤器、缓冲器等。对不能保持良好电气接触的法兰装置、管箍弯头和管道阀门等管道连接处采用跨接,跨接线所采用的钢绞线、热镀锌圆钢或铜编织线,因管道内的介质腐蚀性比较强,在管道的法兰连接处或阀门连接处极易发生泄漏,故选用不锈钢材质,并将工艺管道的阀门或法兰两端采用抱箍连接。还应对屋顶设备及工艺管道、排风管、放散管等处作防静电接地处理。可燃液体储罐的温度、液位等测量装置应采用铠装电缆或钢管配线,电缆外皮或配线钢管与罐体应作电气连接。

应对易燃易爆场所的防静电接地装置进行检测。对生产场所的工艺装置(操作台、传送带、塔、容器、换热器、过滤器、盛装溶剂或粉料的容器等)、设备等金属外壳的静电接地状况,测试其与接地装置的电气连接。静电接地连接线应采取螺栓连接,静电接地线的材质、规格宜符合相关标准要求。检查直径大于或等于2.5 m及容积大于或等于50 m^3的装置静电接地点的间距应不大于30 m,且不少于两处,并测试其与接地装置的电气连接。检查有振动性的工艺装置、皮带传动的机组及其皮带的防静电接地刷、防护罩的静电接地、袋式集尘设备中织入袋体的金属丝的接地端子的静电接地、与地绝缘的金属部件(如法兰、胶管接头、喷嘴等)的静电接地、粉体筛分、研磨、混合等其他生产场所金属导体部件的等电位联结和静电接地状况,测试其与接地装置的电气连接和静电接地电阻。检查在生产场所进口处,应设置人体导静电接地装置,测试其接地电阻。

对储运场所中储罐及储罐内各金属构件(搅拌器、升降器、仪表管道、金属浮体等)与罐体的电气连接状况,测试其电气连接。检查浮顶罐的浮船、罐壁、活动走梯等活动的金属构件与罐壁之间的电气连接状况,测试其电气连接。连接线应取截面不小于25 mm^2铜芯软绞线进行连接,连接点应不少于两处。检查油(气)罐及罐室的金属构件以及呼吸阀、量油孔、放空管及安全阀等金属附件的电气连接及接地状况,测试其电气连接。检查在扶梯进口处,应设置人体导静电接地装置,测试其接地电阻。

油气管道系统中长距离无分支管道及管道在进出工艺装置区(含生产车间厂房、储罐等)处、分岔处应按要求设置接地,测试其接地电阻。检查距离建筑物100 m内的管道,应每隔25 m接地一次,测试其接地电阻。检查平行管道净距小于100 mm时,每隔20~30 m作电气连接,当管道交叉且净距小于100 mm时,应作电气连接,测试其电气连接。检查管道的法兰应作跨接连接,在非腐蚀环境下不少于5根螺栓可不跨接,测试法兰跨接的过渡电阻。检查工艺管道的加热伴管，应在伴管进气口、回水口处与工艺管道作电气连接，测试其电气连接。检查储罐的风管及外保温层的金属板保护罩，其连接处应咬口并利用机械固定的螺栓与罐体作电气连接并接地，测试其与接地装置的电气连接。检查金属配管中间的非导体管两端金属管应分别与接地干线相连，或采用截面不小于6 mm^2的铜芯软绞线跨接后接地，测试跨接线两端的过渡电阻。检查非导体管段上的所有金属件应接地，测试其与接地装置的电气连接。

三、防雷电火花

检测接闪器引下线是否电气连接可靠以及接地电阻是否符合要求。接闪器的材质、规格(包括直径、截面积、厚度)与引下线的焊接工艺、防腐措施、保护范围及其与保护物之间的安全距离是否符合标准要求，测试其接地电阻值是否符合要求。

测试等电位连接的可靠性。检查穿过各雷电防护区交界的金属部件，以及建筑物内的设备、金属管道、电缆桥架、电缆金属外皮、金属构架、钢屋架、金属门窗等较大金属物，应就近与接地装置或等电位连接板(带)做等电位联结，并测试其电气连接的可靠性。检查平行敷设的管道、构架和电缆金属外皮等长金属物，其净距小于100 mm时应采用金属线跨接，跨接点的间距不应大于30 m；交叉净距小于100 mm时，其交叉处亦应跨接。当长金属物的弯头、阀门、法兰盘等连接处的过渡电阻大于0.03 Ω时，连接处应用金属线跨接。

检查电涌保护器的安装场所应与使用环境要求相适应。

油库中的储油罐体积超过50 000 m^3的金属储罐要求接地电阻小于5 Ω，体积在50 000 m^3以下的金属储罐要求接地电阻小于10 Ω。当储罐顶板厚度大于4 mm时，储罐本体可作为接闪器。金属储罐必须设环形防雷接地，其接地点不少于2处，其防雷接地电阻不大于10 Ω，其防雷电感应接地电阻不大于30 Ω。金属油罐的阻火器、呼吸阀、量油孔、透光孔、入孔等金属配件必须做等电位联结。非金属油罐一般采取独立接闪杆(网)的保护措施，应注意其独立的防雷装置与被保护物的水平距离应不小于3 m。若采用的是接闪网时，其网格应不大于6 m×6 m，引下线不少于2根，且应均匀或对称布置。非金属的防雷接地电阻应小于10 Ω，其阻火器、呼吸阀、量油孔、透光孔、入孔等金属配件必须做等电位连接，且在防直击雷装置的保护范围内。

油库的动力、照明及通信线路宜采用铠装屏蔽电缆埋地引入，在与架空线连接处应装设过电压保护(电涌保护)器,电压保护器、电缆外皮和绝缘子铁脚应做电气连接并接地,其冲击电阻不大于10 Ω。油库的卸油台应有防感应雷接地测试点,且输送油管路应连接成电气通路,并做防感应接地。

汽车加油站的钢体油罐是埋地罐体,则其罐体、量油孔、阻火器等金属配件应进行电气连接并接地,其连接的接触电阻不大于0.03 Ω;防雷接地装置冲击接地电阻不大于10 Ω;汽车加油站的输送油管路应设有防感应雷接地装置,其接地电阻小于30 Ω。处于雷击和多雷区的加油站站房、加油岛、罐区、罩棚应采用防直击雷装置。

爆炸物品仓库如火药、炸药和化学试剂类仓库进行防雷检测时应注意爆炸物品仓库周围必须安装防直击雷、防雷电波入侵等设施。如消雷器或避雷针、架空避雷网等,其引下线截面积应大于50 mm^2。库房的电气线路应采用铠装屏蔽电缆埋地敷设,在引入端的电缆金属外皮应有防雷电感应接地测试点。爆炸物品仓库的接地装置与库房的距离应在3 m以上。

在排放爆炸危险的气体、蒸气、粉尘的管道和管口处以下空间应在防直击雷装置的保护范围内。其引入高危场所的线路应采用铠装屏蔽电缆直接敷设,在入户端应连接到防雷电感应的接地装置上。其冲击接地电阻不应大于10 Ω。在电源引入的总配电柜处应装设过电压保护器。当高危场所建筑物高于30 m时,应增设防侧击雷装置。

第三节 起重机械与电梯特种设备的电气安全

由《中华人民共和国特种设备安全法》所称特种设备包括:锅炉、压力容器(含气瓶)、压力管道、电梯、起重机械、客运索道、大型游乐设施等。本节仅涉及特种设备中塔式起重机与电梯的电气安全技术。

一、起重机械

起重机械按其功能和结构特点分轻小型起重设备、起重机、升降机、工作平台、机械式停车设备五类。电动葫芦、卷扬机等属于轻小型;起重机又有桥架、臂架和缆索型起重机,如桥式起重机、门式起重机、梁式等桥架类型,塔式起重机、汽车起重机、轮胎起重机等臂架类型;升降机有施工升降机、举升机等。

(一)一般安全要求

起重机械的安装、验收、运行、监管等都必须符合特种设备相关标准和要求。起重机所有电气设备的防护等级应当符合有关安全技术规范的要求。如当环境温度超过40 ℃的场合,应选用H级绝缘的电动机。电动机外壳防护等级在户内正常条件下使用时至少符合IP23,多尘环境下须符合IP54,户外使用时至少符合IP54。户外型起重机控制屏(柜、箱)应采用防护式结构,在无遮蔽的场所安装使用时,外壳防护等级应不低于IP54,在有遮蔽的场所可适当降低。

电路导体与起重机结构之间的绝缘保护达到安全要求。电气设备之间及其与起重机结构之间,应当有良好的绝缘性能,主回路、控制电路、所有电气设备的相间绝缘电阻和对的绝缘电阻不得小于1.0 MΩ,有防爆要求时不小于1.5 MΩ。

起重机的金属结构以及所有电气设备的外壳、管槽、电缆金属外皮和变压器低压侧均应当具有可靠的接地。检修时也应当保持接地良好。

(二)起重机电气安全装置

起重机械电气控制系统都要设置必要的电气保护措施,主要安全装置包括:

断路器保护线路和电动机,当发生短路、过载、过压及失压时断开电源。恢复供电时,不经手动操作总电源回路不能自行接通。为了检修安全加主隔离开关,保证有断开距离和明显可见的断开点。空气开关和铁壳开关在断开位置时,无明显可见的断开点,不能作为隔离开关使用。[①]

紧急断电开关起重机的电气设备必须保证传动性能和控制性能准确可靠,在紧急情况下能够切断电源安全停车,紧急断电开关设在司机操作方便的地方,紧急断电应是不能自动复位的。

电源相序断相保护装置起重机有很多保护电路与相序是密不可分的,相序颠倒随即改变了电动机的转向。比如塔机正常情况吊钩的上限位保护开关是控制吊钩上升的,即断开正转接触器线圈而停止继续上升。相序颠倒后,则该上限位保护开关所控制的接触器就变成控制吊钩下降方向了。吊钩上升就变成是反转接触器控制,此时上限位失去了保护作用而会造成设备冲顶事故。同样道理,塔机的小车因相序颠倒而会出现

①曹淑童. 电气自动化系统中的继电保护安全措施分析[J]. 集成电路应用,2022,39(2):244-245.

前限位不能限制小车前进，小车便会冲出起重臂而坠落。建筑工地上的供电系统常常会因为临时走线或增减开关箱而使三相电的相序发生改变，而这种改变看不见摸不着，其他的仪器又检查不出来，只有相序继电器才能判别。当相序发生颠倒时，相序继电器将切断控制电路并报警显示。

电气联锁保护装置包括零位保护，通道口安全联锁保护，限位、限重、限速等保护。为防止控制器手柄不在零位时，起重机供电电源失压后又恢复供电，造成电动机的误起动，起重机设有零位保护。司机室和工作通道的门设有连锁保护装置，当任何一个门开启时，起重机所有机构应当断开电源不能工作。限位开关用以限制电动机带动的机械在一定范围内运转，防止越位事故。对于臂架式起重机其起吊重量与吊钩运行位置有关，一定的幅度只允许起吊一定的吊重，如果超重，起重机就有倾翻的危险，须有力矩限制器控制。起升机构采用能耗制动可控硅供电、直流机组供电方式时还必须设置超速保护装置；额定起重量大于20 t用于吊运熔融金属的起重机，也应当设置超速保护装置。

（三）塔式起重机电气安全措施

根据《塔式起重机安全规程》（GB 5144—2006）起重机安全装置有起升重量限位器、回转限位器、高度限位器、力矩限制器、行程限位器、小车断绳保护装置、小车防脱轨装置、小车断轴保护装置、钢丝绳防脱装置防脱钩装置、导绳器、防雷保护、风速仪和各类电气保护装置等。通过这些安全装置获取信号并与电气控制系统、机械控制装置共同完成安全保护功能。

塔式起重机的电气系统要设置短路、过流、欠压、过压及失压保护、零位保护、电源错相及断相保护。施工机械要求塔机配置专用配电开关箱。

1.安全装置工作原理

起升高度、小车变幅限位器。起升高度限位器限制的是吊钩运行的上下终点位置，防止由于操作不慎或失误而造成吊钩组与变幅小车顶死拉断起重绳或损坏机件事故。小车变幅行程限位器限制小车运行的前后终端位置，原理一致。它是一个带涡轮减速器、凸轮轴及微动开关的多功能行程限位器，安装在卷扬机卷筒一侧，限位器输入轴和卷筒作同向，同转速旋转，钢丝绳在卷筒上卷绕的长度信号进入限位器，到设定值时凸轮压下微动开关切断起升机构上升控制电路。

回转限位器：它安装在回转塔身下面，其输入轴上装有与回转大齿圈啮合的小齿轮即输入小齿轮，限制回转角度，实现回转限位，防止电缆扭曲和损坏。

力矩限位器：通过两端的连接钢板牢固地焊接在塔尖右后角主肢内侧，即塔顶主弦杆。塔帽在吊重载荷作用下，其后方（靠平衡臂方向）主肢将承受拉状态而微量变长，焊接在主肢上的两块弯曲钢板中间间距将减小，达到限制时调节螺栓头部触动行程开关，常闭触点被顶开而切断相应控制电路，即可达到使塔机不能上升和向外变幅动作，这时塔机的下降、向内变幅仍然正常作业，避免塔机超力矩作业。

起重量限制器：它是有测力环的专用组件，安装在塔尖上部，起重钢丝绳从其滑轮绳槽中穿过，载荷在钢丝绳上的张力经滑轮传给安装滑轮的测力环上，使测力环产生微量变形，经放大器将变形放大顶开行程开关。

2. 电气控制原理

下面以QTZ80型塔式起重机为例，说明起升、变幅、回转的电气控制原理。

小车行走控制线路见图8-1，操作小车控制开关SA，可控制小车以高、中、低3种速度向前、向后行进。

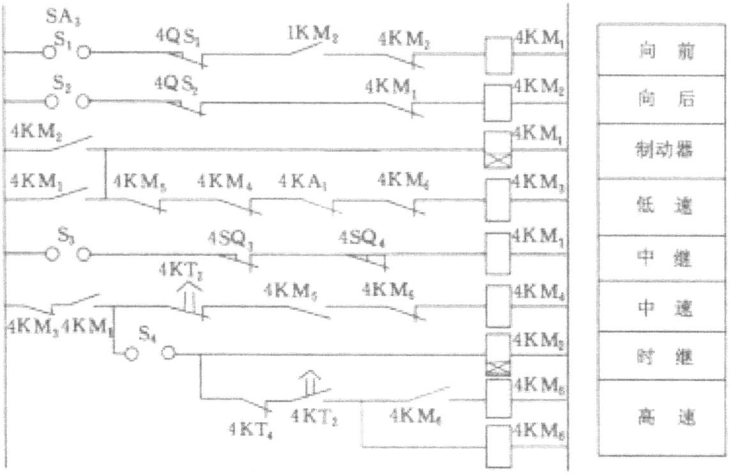

图8-1 小车行走控制电路

小车行走控制线路的极限保护有：①当小车前进（后退）到终点时，终点极限开关$4SQ_1$（$4SQ_2$）断开，控制线路中前进（后退）支路被切断，小车停止行进。②临近终点减速保护：当小车行走临近终点时，限位开关$4SQ_3$、

$4SQ_4$断开，中间继电器$4KA_1$失电，中速支路、高速支路同时被切断，低速支路接通，电动机低速运转。③力矩超限保护：力矩超限保护接触器$1KM_2$常开触头接入向前支路，当力矩超限时，$1KM_2$失电，向前支路被切断，小车只能向后行进。

塔臂回转控制线路见图8-2，塔臂回转控制线路，操作回转控制开关SA2，可控制塔臂以高、中、低3种速度向左、向右旋转。

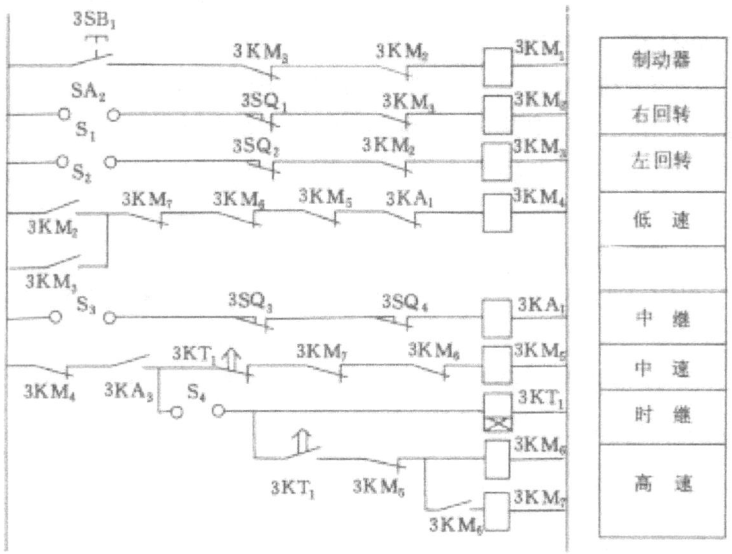

图8-2 塔臂回转控制电路

塔臂回转控制线路的极限保护有：①回转角度限位保护：当向右（左）旋转到极限角度时，限位器$3SQ_1$（$3SQ_2$）动作，$3KM_2$（$3KM_2$）失电，回转电动机停转，只能做反向旋转操作。②回转角度临界减速保护：当向右（左）旋转接近极限角度时，减速限位开关$3SQ_3$（$3SQ_4$）动作断开，$3KA_1$、$3KM_5$、$3KM_6$、$3KM_7$失电，$3KM_4$得电，回转电动机低速运行。

操作起升控制开关SA_1分别置于不同挡位，可用低、中、高3种速度起吊。

起升控制线路如图8-3所示。控制开关拨至上升第I挡，S_1、S_3闭合。接触器$2KM_1$得电、力矩限制接触器$1KM_2$触头处于闭合状态，$2KM_3$得电使低速支路长开触头闭合，$2KM_6$、$2KM_5$相继得电，对应主线路$2KM_6$闭合，转子电阻全部接入，$2KM_1$闭合，转子电压加在液压制动器电机M_2上使之处于半制动状态，$2KM_5$闭合，滑环电动机M_2定子绕组8级接法，$2KM_3$闭合，电动机得电低速正转（上升）。通过线间变压器201抽头110 V交流电经

$2KM_1$触头再经75号线接入桥堆，涡流制动器起动。

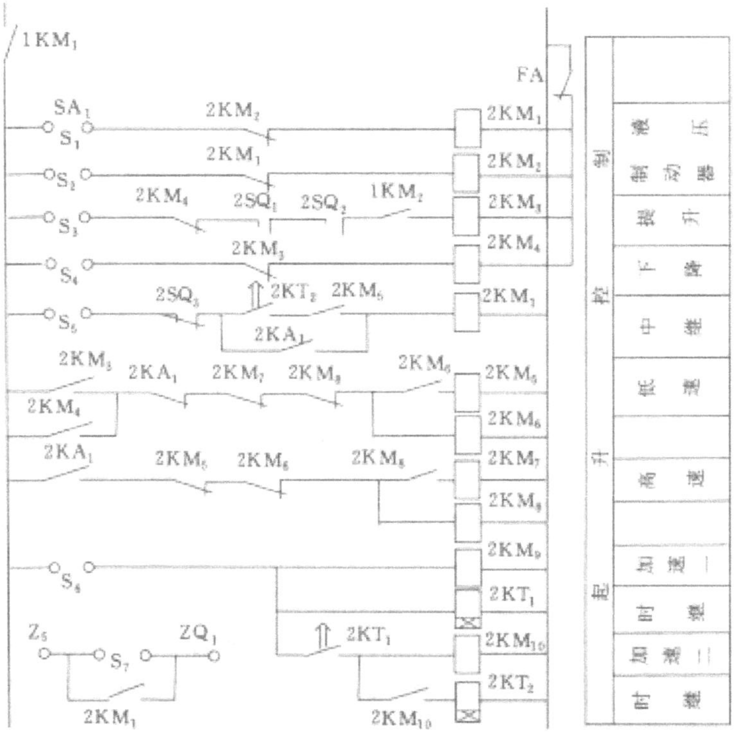

图8-3 起升控制电路

当控制开关拨至第Ⅱ挡，S_2、S_3、S_7闭合，S_1断开使$2KM_1$失电，制动器支路$2KM_1$常闭触头复位。S_2闭合使$2KM_2$得电，S_3闭合使$2KM_3$继续得电。主电路$2KM_1$断开$2KM_2$闭合使三相交流电直接加在液压制动器电机M_2上，制动器完全松开。S_7闭合使涡流制动器继续保持制动状态，$2KM_5$、$2KM_6$依然闭合，电动机仍为8级接法低速正转（上升）。

当控制开关拨至第Ⅲ挡，S_2、S_3闭合，除S_7断开使涡流制动器断电松开而外，电路状态与Ⅱ挡一样。

当控制开关拨至第Ⅳ挡，S_2、S_3、S_6闭合，S_6闭合使$2KM_9$得电，时间继电器$2KT_1$得电，触头延时闭合使$2KM_{10}$得电继而使时间继电器$2KT_2$得电。主电路电动机转子因$2KM_9$和$2KM_{10}$相继闭合使电阻R_1、R_2先后被短接，使电动机得到两次加速。

中间继电器控制支路触头$2KT_2$延时闭合，为下一步改变电动机定子绕组接法高速运转做好准备。

当控制开关拨至第V挡，S_2、S_3、S_5、S_6闭合，S_5闭合使中间继电器$2KA_1$得电自锁(触头$2KM_5$在I挡时完成闭合)，其常闭触头动作切断低速支路，$2KM_5$失电，常闭触头复位接通高速支路，接触器$2KM_8$、$2KM_7$相继得电。主回路转子电阻继续被短接，触头$2KM_5$断开、$2KM_8$闭合，电动机定子绕组接法为4级，触头$2KM_7$闭合，电动机高速运转。

提升控制线路中设有力矩超限保护$2SQ_1$、提升高度限位保护$2SQ_2$、高速限重保护$2SQ_3$，保护原理如下：①力矩超限保护，力矩超限时$2SQ_1$动作，切断提升线路，$2KM_3$失电，提升动作停止。同时总电源控制线路中单独设置的力矩保护接触器常开触头$1KM_2$再次提供了力矩保护。②高度限位保护，当提升高度超限，高度限位保护开关$2SQ_2$动作，提升线路切断，$2KM_3$失电，提升动作停止。③高速限重保护，当控制开关在第V挡，定子绕组4级接法，转子电阻短接，电动机高速运转，若起重量超过1.5 t时，超重开关$2SQ_3$动作，$2KA_1$失电，$2KM_7$、$2KM_8$相继失电，$2KM_5$、$2KM_5$相继得电，电动机定子绕组由4级接法变为8级接法，转子电阻R_1、R_2接入，电动机低速运转。

提升控制线路中接有瞬间动作限流保护器FA常闭触头，当电动机定子电流超过额定电流时FA动作，切断提升控制线路中相关控制器件电源，电动机停止运转。如遇突然停电，液压制动器M2失电，对提升电动机制动，避免起吊物体荷重下降。

3.防雷

塔机防雷是否需要另外设置防雷装置。能否用塔机机身代替防雷引下线在相应的安全规范中没有说明。因塔机是钢结构，本身是一个良好导体，但是塔机机身是分段用高强螺栓或销轴进行连接，如果是旧塔机，有可能在其中某一节点接触不良，造成绝缘或接地电阻过大，达不到防雷安全规范要求。所以，规范要求使用达到规定的接地电阻。

塔机金属结构、轨道、所有电气设备的金属外壳、金属线管、安全照明的变压器低压侧等均应可靠接地，接地电阻不大于4 Ω，重复接地电阻不大于10 Ω，接地装置的选择和安装应符合电气安全的有关要求。

塔机的机体必须做防雷接地，同时必须与配电系统PE线相连接。除此之外，PE线与接地体之间还必须有一个直接独立的连接点。若是轨道式塔机其防雷接地可以借助于机轮和轨道的连接，但还应在轨道两端各设一组接地装置，轨道接头处做电气连接，两轨道端部做环形电气连接，轨道较长时应每隔30 m加一组接地装置。

(四)起重机械的电气安全措施的检验判断

定期检查起重机械中电气安全措施及安全装置的可靠性、完好性,测量电气设备的绝缘性能,并应满足相应规范与标准。

对起重机械的电气安全装置及措施可通过核查各设备运行的自检记录,有质疑时赴现场进行实物、外观检查,采取测试并动作试验等措施。下面列举起重机械常用电气安全技术措施与安全装置的检验判断方法。

电气保护装置中接地保护的判定。现场进行实物外观检查,并要求施工单位测量接地电阻,并现场监督测量情况。满足以下要求判定为合格:用整体金属结构作为接地干线的起重机,其金属结构有可靠电气连接的导电整体,如金属结构的连接有非焊接处时,另设了专用接地干线或在非焊接处设有跨接线;起重机上所有电气设备正常不带电的金属外壳、变压器铁芯及金属隔离层、穿线金属管槽、电缆金属护层等均与金属结构或专用接地干线间有可靠的连接;当起重机供电电源为中性点直接接地的低压系统时,整体金属结构的接地形式采用TN或TT接地系统。采用TN接地系统时,零线非重复接地的接地电阻不大于4 Ω;零线重复接地的接地电阻不大于10 Ω。采用TT接地系统时,起重机金属结构的接地电阻与漏电保护器动作电流的乘积不大于50 V。

电气保护装置中短路保护的判定。现场检查起重机总电源回路设有完好的自动断路器或熔断器。

电气保护装置中失压保护的判定:核查自检记录,有质疑时赴现场进行实物外观检查,并动作试验。起重机上总电源设有失压保护,当供电电源中断时能够自动断开总电源回路,恢复供电时,不经手动操作(如按下启动按钮),总电源回路不能自行接通。

电气保护装置中零位保护的判定:现场进行实物外观检查,并动作试验。起重机设有零位保护,断开总电源,将任一机构控制器手柄搬离零位,再接通总电源,该机构的电动机不能启动;恢复供电时,必须先将控制器手柄置于零位,该机构或所有机构的电动机才能启动。

电气保护装置中过流(过载)保护的判定:起重机上的每个机构均单独设置过流(过载)保护;过流(过载)保护没有被短接或拆除。

电气保护装置中供电电源断错相保护的判定:现场按下述方法进行检查,断开主电源开关,在主电源开关输出端断开任意一根相线或者将任意两相线换接,再接通主电源开关,观察总电源接触器能否接通。电源断相或错相后,总电源接触器不能接通,判定为合格。

应急断电开关判定：动力电源的接线从总电源接触器或自动断路器出线端引接；应急断电开关为非自动复位，且设在司机操作方便的地方；在紧急情况下，应急断电开关能切断起重机总动力电源（主电源）。

限位限制保护判定：起升高度限位器、运行机构行程限位器等各机构配合良好，到达限位位置能停止相应方向的运行。

连锁保护装置判定：各机构未运行时分别打开出入起重机械的门和司机室到桥架上的门后，按下启动按钮不能接通起重机主电源；各机构运行时则各机构停止运行。

空载、起重量限制器、额定载荷判定：核查施工单位的试验方案，检查现场试验条件、程序满足起重机相关要求，由施工单位进行试验，检查人员进行现场监督，并且对试验结果进行确认。

二、电梯

（一）电梯概述

电梯是高层建筑不可缺少的交通运输设备，已经成为城市现代化程度的重要标志之一。电梯按用途分乘客电梯、客货电梯、病床电梯、载货电梯、观光电梯、消防电梯、施工电梯等。电梯对人可能造成的危险有剪切挤压、坠落、撞击、电击、被困等。

现代电梯广泛采用曳引驱动方式：曳引机作为驱动机构，钢丝绳挂在曳引机的绳轮上，一端悬吊轿厢，另一端悬吊对重装置。曳引机转动时，由钢丝绳与绳轮之间的摩擦力产生曳引力来驱使轿厢上下运动。电梯是机电一体化产品，由机械、电气以及安全装置3大部分组成，就如人的身体，机械是人的骨骼（架），电气是人的神经系统，安全装置是人的各种器官。电梯按功能可分为8个系统，见表8-1。

表8-1　电梯按不同的功能可分为8个系统

8个系统	功能	组成的主要构件
曳引系统	输出与传递动力，驱动电梯运行	曳引机、曳引钢丝绳、导向轮、返绳轮、制动器
导向系统	限制轿厢和对重活动自由度，使轿厢和对重只能沿着导轨运动	对重导轨、导靴、导轨架
轿厢	用以运送乘客和货物的组件	轿厢架、轿厢

续表

8个系统	功能	组成的主要构件
门系统	乘客或货物的进出口，运行时门必须封闭，到站时才能打开	轿厢门、层门门锁、开门机、关门防夹装置
重量平衡系统	平衡轿厢重量以及补偿高层电梯中曳引绳重量的影响	对重、补偿链(绳)
电力拖动系统	提供动力，对电梯实行速度控制	供电系统、电机调速装置
电气控制系统	对电梯的运行实行操纵和控制	操纵盘、呼梯盒、控制柜、层楼指示、平层开关、行程开关
安全保护装置	保证电梯安全使用，防止一切危及人身安全的事故	限速器、安全钳、缓冲器端站保护、超速保护、断相错相保护、上下极限

电梯采用TN-S或TN-C-S系统，TN-C系统不宜用于电梯供电系统上，因为该系统三相不平衡电流，单相工作电流以及整流装置产生的高次谐波，都会在PEN线与接零设备外壳上产生压降，不但会使工作人员麻电，而且会使微弱的电信号控制的电脑运行不稳定，甚至产生误动作。TN-C-S系统经重复接地可用于电梯供电系统，但重复接地要求较严格。接地电阻$R \leqslant 4\ \Omega$，接地干线不易发生断裂等。在TN系统中，严禁电梯的电气设备外壳单独接地，也不允许接地线串接，应把所有接地线接至接地端上。

按电梯安全规范规定零线和接地线应始终分开，所有电梯电气设备金属外壳应有易于识别的接地端，接地线应用黄绿双色相间的铜芯线，其截面积应不小于相线的1/3(最小不应小于4 mm^2)。电线管和线盒之间均应用直径5 mm的钢筋跨接并焊牢。轿厢用不得少于两根、截面积大于1.5 mm^2的铜芯线作接地线。

(二)电梯安全保护装置

为了防止电梯对人造成剪切、挤压、坠落等事故发生，电梯装置需要电气安全装置监控，这些电气安全装置之中的任何一个动作，应防止电梯主机启动或立即使其停止，制动器的电源也应切断。我国电梯技术条件GB/T 10058—2009规定，电梯应具有以下安全装置或保护功能。

1.限速器–安全钳系统联动超速保护装置

监测限速器或安全钳动作的电气安全装置以及监测限速器绳断裂或松弛的电气安全装置。限速器和安全钳是电梯最重要的安全保护装置，也称之为断绳保护和超速保护。电梯中限速器与安全钳成对出现和使用，其作用：超载、打滑、断绳、控制等失控时，电梯轿厢超速向下坠落，限速器–安全钳动作，将轿厢紧紧地卡在导轨之间。

2.供电系统断相、错相保护装置

防止电梯反向运行、烧毁电机。

3.上下端超越保护装置

设在井道上下两端的终端极限开关在轿厢或对重装置未接触缓冲器之前，强迫切断主电源和控制电源的非自动复位的安全装置，防止电梯冲顶与礅底事故，此时不可呼梯；端站限位开关可呼梯。

4.层门联锁与轿门电气联锁装置

电梯层门上的门联锁是电梯中最重要的安全部件之一，是带有电气触点的机械门锁。电梯安全规范要求所有厅门锁的电气触点都必须串联在控制电路内。只有在所有层楼的层门、轿门都关好，门锁电气触头都接通以后，电梯才能启动运行。

5.超载保护装置

当电梯负载超过额定负载后，保护装置切断电梯控制电路使电梯不关门、不运行；同时点亮超载信号灯，超载蜂鸣器响。

6.门入口安全保护

动力操纵的自动门在关闭过程中，当人员通过入口被撞击或即将被撞击时自动使门重新开启的保护装置，避免电梯门夹人事故的发生。安全触板是电梯一种近门安全保护装置，它是一种机电一体式关门防夹安全装置。与其同等作用的近门保护装置还有非接触式装置：光电式、电磁感应式、超声波监控式、红外线光幕式保护装置等。

7.其他

紧急操作装置，停电或电气系统故障时应有慢速移动轿厢的措施等。终端缓冲装置（对于耗能型缓冲器还包括检查复位的电气安全装置），如底坑撞底缓冲器装置有弹簧缓冲器和液压缓冲器。

（三）电梯电气安全回路及作用

把所有的电气安全装置串联起来，成为一个电气安全回路。当电气安全装置之中的任何一个动作时，直接切断主接触器的线圈供电，主接触器的触点就会断开驱动主机的供电，切断制动器线圈供电，从而断开主电源和制动器的电源，防止电梯驱动主机启动或立即使其停止运转，制动器的电源被切断而制动把轿厢制停。

由于输电功率、电气安全回路压降、监控电梯状态需要等原因，实践中设计是把层门触点和轿门触点从电气安全回路中抽出来，另外串联成一个回路，称为门锁回路。有的还把层门和轿门触点分别串联成回路，称为层门锁回路和轿门锁回路。电气安全回路剩下的那一段，通常就称为安全回路。同时安全回路和门锁回路也不再直接切断主接触器的线圈供电，而是先切断一个继电接触器的线圈供电，再由继电接触器的触点来切断主接触器的线圈供电，这个继电接触器就被分别称为安全继电器和门锁继电器。图 8-4 所示为 JY 安全继电器和 JMS_1、JMS_2 门锁继电器、JK 监控继电器。

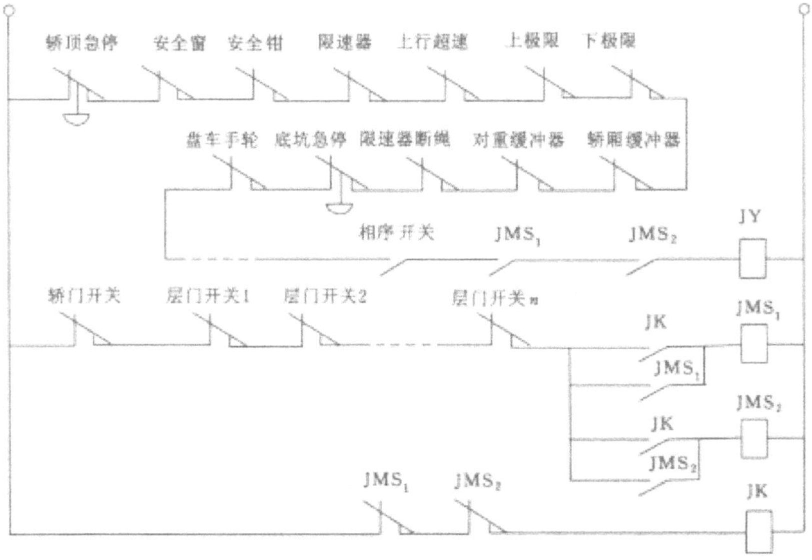

图8-4　电梯电气安全回路图

电梯事故相当数量与电梯的门系统有关，电梯层门为一种防坠落和剪切的保护装置。为防止继电器元件故障导致安全失效，用两个门锁继电器 JMS_1、JMS_2 并联的方法，增加其冗余度，然后通过对这两个电路进行监控。它们的常开触点均串联进了“主”电气安全回路，而它们的常闭触点被 JK 所监控。利用 JMS_1、JMS_2 的常开触点进行门锁的关闭条件的判别；利用 JMS_1、JMS_2 的常闭触点进行门正常运行的检测。将这些触点状态输入PLC或微机控制板，通过软件判断门锁安全电路是正常还是断线故障、处于短接门锁还是门机械故障或门锁继电器故障等。当门锁电路处于短接状态时，让电梯中止正常运行状态，专人检修运行状态。当门锁开关断开时，如果JMS_1、JMS_2中有一个常开触点粘连则它的常闭触点相应地就断开，这样JK线圈就再也无法得电，即使门锁开关再次闭合，JMS_1、JMS_2线圈也无法得电，“主”电气安全回路就无法导通了，以确保电梯不产生开门运行的事故。

安全回路中盘车手轮开关用于电梯发生故障，轿厢停靠在两层站之间时，切断盘手轮开关，松开安全钳，转动盘手轮，可使轿厢到达较近的层站。

检修开关分为控制柜检修开关、轿内检修开关和轿顶检修开关，三处检修开关互锁，防止误动作，保证维修人员的安全。

坑底缓冲器开关位于井道底部，设置在轿厢和对重的行程底部极限位置。在缓冲器动作后回复至其正常伸长位置电梯才能正常运行，为检查缓冲器的正常复位所采用的开关装置。

安全窗开关指轿厢安全窗设有手动上锁的安全装置，如果锁紧失效，该装置能使电梯停止。只有在重新锁紧后，电梯才有可能恢复运行。

（四）电梯防雷

高层建筑被雷击概率较高，同时电梯设备中使用的集成电路、敏感器件承受瞬间过电压能力极低，因此电梯防雷已成为高层建筑安全防护的重要环节，对电梯的防雷措施和检测的要求也提升到一定的高度。

电梯专用机房一般设在建筑物最高处，而现代建筑物多为钢筋水泥框架结构，屋面防直击雷措施较为完善。但难以有效防止感应雷、雷电波侵入电梯弱电部分。特别是高层电梯，通信线路较长，受感应的线路较长，这也是出现雷击停梯故障甚至烧毁电子板的主要原因，且通常烧毁的大部分是主微机板或信号处理板，此类故障会造成电梯的紧急制动停止，并有可能对电梯乘客造成伤害。因此电梯防雷主要集中到防感应雷方面。

1.电源及信号线路的布线系统屏蔽及其良好接地

有效地预防雷击灾害首先要从系统屏蔽及其良好接地来考虑。屏蔽分为建筑物屏蔽、设备屏蔽和各种线缆（包括管道）屏蔽。建筑物屏蔽将建筑物钢筋、金属构架、金属门属、地板等均相互连接在一起，形成一个法拉第笼，并与地网有可靠的电气连接，形成初级屏蔽网。设备屏蔽是根据各电子设备耐过电压水平按雷电防护区(LPZ)施行多级屏蔽。对电梯的电源、控制、通信等线缆在入户前使用屏蔽线缆或穿金属管进行屏蔽接地处理,以减少雷击电磁脉冲对电梯控制系统的干扰。电梯系统中机房控制柜、主机、轿厢、层门、导轨等重要部件与接地装置相连接,且连接可靠。例如,用电设备的固定连接螺栓不能认为是可靠接地连接,而应采用跨接形式。

2.等电位连接

将建筑物内的电梯滑道、电梯机房金属门窗、金属构架等连接形成等电位,在电梯机房内使用40 mm×4 mm×300 mm铜排设置等电位接地端子板,室内所有的机架(壳)、配线线槽,设备保护接地、安全保护接地、浪涌保护器接地端均就近接至等电位接地端子板。区域报警控制器的金属机架(壳)、金属线槽(或钢管)、电气竖井内的接地干线、接线箱的保护接地端等,均就近接至等电位接地端子板。在电梯竖井内下端、中部、顶部分别设局部等电位端子箱或预埋端子板,通过暗敷镀锌扁钢、圆钢或结构钢筋与总等电位端子箱相连。然后使用金属编织软铜线将局部等电位端子箱或预埋端子板与电梯导轨连接起来,此线两头应压接开口接线端子挂锡后用螺栓紧固。

3.SPD选择

在电梯控制系统使用电涌保护器能对防止雷击灾害起到更有效的作用,一般有3个保护等级。

第1级SPD并联设置在建筑总配电箱及电表处,将雷击电涌在该段线路的残压控制在4 000 V内,避免瞬间击毁设备。第一级型号可选AT-PORT/4P-B100三相B级电源避雷器。

第2级SPD将雷击电涌残压控制在2 500 V内,第二级保护在顶层电梯机房三相电源配电箱或配电柜处并联安装三相电源避雷器,第二级型号可选ATT385/4P-C40三相C级电源避雷器。

第3级SPD用于低压电气设备回路保护,采用并联或串联的方式,将雷击电涌的残压控制在各电子板或重要电气器件可以承受的范围之内。电梯控制系统、PLC、电子板线路的SPD选择要适当,SPD的额定电压必须与保护的回路电压等级相匹配。

因SPD具有一定的保护距离,一般为3~5 m,在此距离内才能发挥作用,有效地降低雷击带来电涌,将残压限制在电路板可承受范围内,所以各电子板的保护位置应选在SPD安装位置的附近。按照保护的重要性和精细程度甚至可以进行4级、5级的保护,它们的原理是相同的,其最终目的都是将设备或元件的雷击电涌残压控制在可以承受的范围内。

要使雷电危害降到最低，每年雷击季节前应对接地系统进行检查和维护，主要检查连接处是否紧固，接触是否良好，接地引下线有无锈蚀，接地体所在地面有无异常，电涌保护器是否有效等，消除高层电梯的雷击隐患，确保电梯的安全运行。

第四节 建筑施工电气安全

施工现场复杂多变的环境和用电的临时性，使得用电电气设备的工作条件变坏，绝缘极易遭受损伤或老化，容易因漏电导致人身触电事故以及电气短路火灾事故。为了有效地防止各种意外的电气事故，规定了施工现场临时用电要求。《施工现场临时用电安全技术规范》(JGJ46—2005)主要内容包括：用电管理，提出了临时用电必须编制施工组织设计方案；施工现场与周围环境，规定了电气设备的安全距离；接地与防雷；配电室与自备电源；配电线路，规定了架空线路、电缆线路、室内配线的规则；电动建筑机械及手持电动工具，规定了使用要求及漏电保护器的使用方法；各种场所照明的使用原则等。以下主要涉及日常安全检查的电气安全技术知识及要求。

一、临时用电的供配电安全

(一)总体安全要求

建筑施工现场临时用电工程专用的电源中性点直接接地的220/380 V三相五线制低压电力系统，必须符合下列规定：采用三级配电系统；采用TN-S接零保护系统；采用PE接地保护系统；采用二级漏电保护系统。

1.采用三级配电

三级配电系统是指施工现场从电源进线开始至用电设备中间应经过三级配电装置配送电力，即施工现场的临时用电，应设置配电柜或总配电箱、分配电箱、开关箱，实行从总配电箱(配电柜)→分配电箱→开关箱的三级控制。根据施工现场的情况，在总配电箱下设多个分配电箱，分配电箱下设多个开关箱，每台设备均由它的开关箱来控制。由于开关箱一般都靠近用电设备，一旦设备出现故障，可立即断电，避免造成和扩大危害。[①]

为保证三级配电系统能够安全、可靠、有效地运行，在实际设置系统时应遵守四项规则：分级分路规则；动力、照明分设规则；压缩配电间距规则；环境安全规则。

分三级配电，一级总配电箱（配电柜）向二级分配电箱配电可以分路；二级分配电箱向三级开关箱配电同样也可以分路；三级开关箱向用电设备配电必须实行“一机一闸”制，不存在分路问题。

总配电箱和分配电箱中动力配电箱与照明配电箱宜分别设置，若动力与照明合置于同一配电箱内共箱配电，则动力与照明应分路配电。但动力开关箱与照明开关箱必须分箱设置，不存在共箱分路设置问题。

压缩配电间距规则是指除总配电箱、配电室（配电柜）外，分配电箱与开关箱之间，开关箱与用电设备之间的空间间距应尽量缩短。分配电箱应设在用电设备或负荷相对集中的场所；分配电箱与开关箱的距离不得超过30 m；开关箱与其供电的固定式用电设备的水平距离不宜超过3 m。

环境安全规则是指配电系统对其设置和运行环境安全因素的要求。环境保持干燥、通风、常温；周围无易燃易爆物及腐蚀介质；能避开外物撞击、强烈振动、液体浸溅和热源烘烤；周围无灌木、杂草丛生；周围不堆放器材、杂物。

2.采用TN-S接零保护

TN-S系统中PE线需保持独立性，由工作接地线或配电室的工作零线处引出，在配电室或总配电箱处做重复接地，在供电回路上重复接地数量不少于三处。PE线在电箱内必须通过独立的（专用）接线端子板连接，并且保证连接牢固可靠，不得装设开关和熔断器。必须采用黄绿双色铜芯塑料绝缘电线，同时满足导电性和机械强度要求，必须具有足够的截面积，一般不小于相线的1/2。各用电设备正常工作时不带电的金属部分，必须与供电线路的PE线相连，严禁与通过剩余电流保护器的保护零线或工作零线相连接。

TN-C-S系统是为了适应施工现场场地的复杂性而对TN-S系统所采用的一种变通方式，使用这种系统必须注意，工作零线必须通过总漏电保护器，PE线必须由电源进线工作零线重复接地处或总漏电保护器电源侧工作零线重复接地处引出，不得独立做一组接地体，然后引出一根线当作保护零线。

①许福鹿，蔡长春．基于六大协同安全管理的变电设备运维提升策略研究[J]．农电管理，2021(12)：58-59．

3. 采用二级漏电保护

二级漏电保护系统是指用电系统至少应设置总配电箱漏电保护或分配电箱漏电保护和开关箱漏电保护二级保护。采用二级漏电保护系统，一旦开关箱内漏电断路器失灵，总配电箱(分配电箱)内的漏电断路器就起到补救作用;若只在总配电箱(或分配电箱)内安装，一旦某用电设备漏电跳闸，将造成一大片系统停电，既影响无故障设备的正常运行，又不便查找故障点。因此应根据线路和负载等不同要求分级保护。设置两级漏电保护系统，再与专用保护零线结合形成施工现场防触电的两道防线。

(二)临时供电线路的安全要求

1. 供电线路选型

临时施工用电线路选择绝缘导线或电缆。

架空线必须采用绝缘导线，其截面选择满足机械强度、允许载流量、电压损失要求。

电缆线必须包含全部工作芯线和用作保护零线或保护线的芯线，需要三相五线制配电的电缆线路必须采用五芯电缆。五芯电缆必须包含淡蓝N线、绿/黄双色芯线必须用作PE线，严禁混用。电缆截面的选择应根据其长期连续负荷允许载流量和允许电压偏移确定。

室内配线必须采用绝缘导线或电缆，室内配线所用导线或电缆的截面应根据用电设备或线路的计算负荷确定，但铜线截面不应小于1.5 mm^2，铝线截面不应小于2.5 mm^2。

2. 敷设方式及要求

施工现场临时用电线路的敷设方式主要有架空线敷设、电缆敷设两种。

架空线相序排列顺序为动力、照明线在同一横担上架设时，导线相序排列顺序是面向负荷从左侧起依次为L_1、N、L_2、L_3、PE;动力线、照明线同杆架设在上下两层横担上时，上层横担面向负荷从左至右为L_1、L_2、L_3;下层横担面向负荷从左至右依次为L(L_1、L_2、L_3)、N、PE。架空线路与邻近线路或固定物满足安全距离。

电缆线路应采用埋地或架空敷设。架空敷设时，固定处要可靠，固定点间距需保证能够承受电缆本身的重量。应沿电杆、支架或沿墙敷设，不得沿树木、屋面敷设。严禁沿脚手架敷设，防止风吹线摆，损伤绝缘保护层;严禁沿地面明敷设，避免机械损伤和介质腐蚀。电缆埋设时，埋地深度不应小于0.7 m，并在电缆紧邻上下、左右侧均匀敷设不小于50 mm厚的细砂，然后覆盖砖或混凝土板等硬质保护层。电缆接头设在地面的接线盒内，接线盒能防水、防尘、防机械损伤，并远离易燃、易爆、易腐蚀场所。

室内配线根据配线类型采用瓷瓶、瓷（塑料）夹、嵌绝缘槽、穿管或钢索敷设。潮湿场所或埋地非电缆配线必须穿管敷设，管口和管接头应密封；当采用金属管敷设时，金属管必须做等电位连接，且必须与PE线相连接。室内非埋地明敷主干线距地面高度不得小于2.5 m，架空进户线的室外端应采用绝缘子固定，过墙处应穿管保护，距地面高度不得小于2.5 m，并应采取防雨措施。

（三）配电装置

它是指施工现场用电工程配电系统中设置的总配电箱（配电柜）、分配电箱和开关箱，通过这些装置实现电源隔离，正常接通与分断电路。配电装置具有过载、短路与漏电保护功能。

1.总配电箱

总配电箱应装设3类电器，即电源隔离电器、短路与过载保护电器及漏电保护电器。其配置次序，从电源端开始依次是隔离电器、短路与过载保护电器、漏电保护器，不可颠倒。隔离开关应设置于电源进线端，分断时应具有可见分断点并能同时断开电源所有极。石板闸刀开关、HK型闸刀开关、瓷插式熔断器不得作为隔离开关使用，推广采用透明外壳，具有隔离、过载、短路及漏电保护功能，并具有辅助电路故障情况下自动断电保护功能的组合电器，如透明壳式漏电断路器（DZ15/20LE40T/100T型）。在实际应用中，有些直接用有透明盖和隔离功能的断路器。

由于施工工地的电气设备和临时线路易受损伤而发生接地故障，有些需要2～3级的RCD。

2.分配电箱

分配电箱的电器配置依次是隔离电器、短路与过载保护电器，不可颠倒。隔离开关设置于电源进线端。二级漏电保护的配电系统中，分配电箱中不要求设置漏电保护器。

3.开关箱

开关箱的电器配置电源隔离、过载、短路和漏电保护电器。开关箱的电器配置与接线要与用电设备负荷类别相适应。每台用电设备必须有各自专用的开关箱，严禁用同一个开关箱直接控制2台及2台以上的用电设备（含插座）。

配电箱的电器安装板上必须分设N线端子板和PE线端子板,并作符号标记,严禁合设在一起,避免混接、混用。N、PE端子板的接线端子数应与箱的进线和出线的总路数保持一致。N线端子板必须与金属电器安装板绝缘;PE线端子板必须与金属电器安装板做电气连接。进出线中的N线必须通过N线端子板连接;PE线必须通过PE线端子板连接。金属箱门与金属箱体必须通过采用编织软铜线作为电气连接。配电箱、开关箱内的连接线采用铜芯绝缘导线。

二、施工用电设备安全

由于施工现场的用电设备与施工作业人员接触密切、频繁,再由于施工现场露天作业生产条件,使得用电设备工作环境繁杂、多变,易发生电击事故,因此安全使用用电设备是防止电气事故发生的至关重要的因素。施工现场的用电设备基本上可分为三大类:电动机械、电动工具、照明器。

电动机械根据功能分为:起重机械(如塔式起重机、外用电梯、物料提升机等用于起重运输的机械)、桩工机械(如潜水式钻孔机、潜水电机等进行桩工作业的机械)、混凝土机械(进行混凝土搅拌加工作业的混凝土搅拌机、振动器等)、钢筋加工机械(进行钢筋加工作业的切断机、调直机等)、木工机械(进行木料加工作业的电锯、电刨等)、焊接机械(进行钢筋电焊作业的弧焊机、对焊机等)以及其他电动建筑机械(如抹光机、切割机、水磨石机、水泵等)。电动工具如电钻、冲击钻、电锤、切割机、砂轮等。

对于大多数电动机械受施工现场及环境影响较大,作业环境的潮湿、现场杂乱、作业变化大等原因易导致电气设备的绝缘老化、损坏,从而出现漏电、短路、过载等现象。其电气安全技术措施主要有PE保护、漏电保护和短路与过载保护等措施,同时加强日常的检测与维护。要保证这些技术措施可行、实施可靠、有效,需要按照相关标准和要求,从安全装置选型、动作参数的确定,到安全装置的安装、使用、检查,一直到维修,整个过程配合完成。

多层与高层建筑施工其四周的起重机、井字架、龙门架、钢脚手架外用电梯等机械设备突出建筑很高,易遭受直击雷的危害,所以这些设备设施都需进行防雷接地。为防雷电感应装设SPD,当采用架空电缆进线时,SPD一般装设在电缆头附近,且将其接地端与电缆金属外皮相连。在配电箱(屏柜)内,应在开关的电源侧与外壳之间装设SPD。

桩工机械潜水式钻孔机选择IP68级的电机,以适应钻孔机浸水的工作条件,使电机不因漫水而漏电。开关箱中的漏电保护器要符合潮湿场所额定漏电动作电流不大于15 mA的要求，在使用前后均应检查其绝缘电阻(应大于0.5 MΩ)，潜水电机的负荷线应采用防水橡皮护套铜芯软电缆内含PE线，长度不应小于1.5 m，不得有接头，电缆护套不得有裂纹和破损。潜水电机入水、出水、移动时不得拽拉负荷线电缆，任何情况下不得使其承受外力。

夯土机械、混凝土机械因其振动性强应注意的主要安全问题是防振、防潮、防高温、防漏电。夯土、混凝土机械的金属外壳与PE线的连接点必须可靠，连接点不得小于二处，漏电保护必须适应潮湿场所的要求。电动工具一般都是手持式，使用场所要与所选用的工具类别相适应。潮湿场所或金属构架上操作时，必须选用Ⅰ类或由安全隔离变压器供电的Ⅱ类手持式电动工具，严禁使用Ⅰ类手持式电动工具。狭窄场所(锅炉、金属容器、地沟、管道内等)作业时，必须选用由安全隔离变压器供电的Ⅰ类手持式电动工具。现场检查这些设备自身的安全保护及联锁装置的有效性，PE接线的完好性，漏电断路器的可靠性，设备及线路绝缘状况的符合性，设备操作者的安全程序正确性，以杜绝设备运行本身的隐患和操作者的不安全行为两方面影响，达到控制触电事故发生的目的。

三、施工现场用电常见安全隐患及防范

(一)施工用电组织设计缺乏指导意义

临时用电施工组织设计往往为投标或为应付安全检查而草草编制，甚至生搬硬套其他工程的资料，对临时用电施工组织设计的编制与审核管理流于形式，走过场，导致施工现场线路与设备布置不合理，用电设备与器具选型不规范等，为施工现场临时用电埋下了安全隐患。编制“临电设计”缺乏指导意义，如没有根据其项目工程的特点编制有针对性的安全用电与电气防火措施，而是整段整节地引用《施工现场临时用电安全技术规范》或者是照搬其他工程的安全用电与电气防火措施。对外电线路的防护措施、配电箱的安装位置选择、固定方式、流动电箱的防雨防尘措施、接地装置的做法等却一字不提。施工现场总负荷需求量计算上存在问题，未考虑每台用电设备的工作性质，计算正确与否将直接影响供电运行的质量和安全。例如，RCD保护没有根据现场规模大小和设备情况进行配置，短路保护常常是用大容量断路器去保护小容量设备，形式上是按规范做，实则系统内隐患重重，施工安全难以保证。

因此对于临时用电设备在5台及以上或设备总容量在50 kW及以上的施工项目，最好是配备专业电气工程师，严格履行“编制、审核、批准”程

序，由电气工程技术人员组织编制临时用电施工组织设计，经相关部门审核及具有法人资格企业的技术负责人批准后实施。

（二）施工用电不规范

施工现场的配电箱经常出现一个开关下接多条电缆的现象，手持式电动工具、水泵、振捣器“多机”接“一闸”的现象，其主要弊病是“多机”中的设备有的运行、有的停机，对于运行的设备，“一闸”无法对它们起到短路、过电流等保护作用，用电设备前端的开关是根据这台设备的额定容量来选择的。同时一台设备由于故障引起开关动作，影响到其他设备的正常运行；另外，对于停机的设备，“一闸”处于开电状态，容易引起停机设备误动作，或者维修人员无法对停机设备及其线路进行检修。常见现象有把配电箱当作开关箱使用，控制多台设备；一只开关箱控制两台设备。

线路架设不符合要求，如电线电缆拖地敷设，沿地面明敷设，尤其是临时照明电缆拖地、切割机电缆拖地、焊接电缆拖地等。对穿过施工现场的外电线路未进行必要的加高防护，施工机械穿越时，时有事故发生。

配电箱不规范，未使用标准配电箱，或配电箱安装位置不当，引入引出线路不符合要求或混乱。例如，箱体引出线随意，有的从侧面进入箱体，有的直接从箱门口上进入；部分箱内无隔离开关；违规使用木质开关箱；开关箱就地放置，开关箱无盖或为检修方便而卸下盖不装，日晒雨淋。

施工现场电源线隐患多，主要表现在：电源线破损、绝缘老化、接头多，私拉乱接电源线超长，极可能形成漏电、短路等电气事故。

（三）安全保护装置及措施不规范

漏电保护器参数不匹配、接线错误导致误动作或拒动作，失去其保护作用。例如，桩基控制箱、塔吊专用开关箱、人货两用电梯专用开关箱中的漏电保护器额定动作电流过大，为75 mA至200 mA不等或不装漏电保护器。

相线、工作零线、保护零线混用，存在导致人员触电或烧坏设备的隐患。一些施工现场由非持证电工人员或由不负责任的电工人员将相线、工作零线、保护零线错接、乱接，一旦使用不当将会导致人员触电或烧坏设备。N线（工作零线）的绝缘颜色为淡蓝色；PE线（保护零线）的绝缘颜色为绿/黄双色。任何情况下上述颜色标记不能混用和互相代用。

接地保护常常被忽视，施工现场的专用变压器基本都是TN-S系统，多数工地的设备金属外壳往往未做接零保护；配电箱和设备外壳的重复接地要么是没有做，要么就是做了，但不合格，如导线截面积不够或者接地极使用工地现场容易取到的螺纹钢，或者接地极打入地下深度不够，仅仅是为了应付检查。

（四）电焊施工隐患

未按规定进行保护接地；一次线或二次线超长；电源线破损；交流电焊机不装二次空载降压保护装置，或装了保护器但线路短接，未起到保护作用；焊机的电缆线使用中间有接头的导线；焊接电缆线横过马路或通道时，未采取保护措施。

（五）手持式电动工具使用存在的隐患

手持式电动工具因其应用广泛，移动较多、振动较大，容易发生漏电及其他故障。使用过程中常见隐患有：使用Ⅰ类工具未采取安全措施；使用Ⅰ类工具人为拆除接地保护；电源线破损、超长等；未定期对振动设备或在潮湿场地工作的设备作绝缘电阻测试，对保护零线连续性的检查。施工现场中使用的振动机、磨石子机、打夯机、手电钻、砂轮机、切割机等工具，应在管理、使用、检查、维护上给予特别重视。

如果使用Ⅰ类工具，必须采用其他安全保护措施，如漏电保护电器、安全隔离变压器等。否则，使用者必须戴绝缘手套，穿绝缘鞋或站在绝缘垫上。Ⅰ类工具的电源线必须采用三芯（单相工具）或四芯（三相工具），多股铜芯橡皮护套软电缆或护套软线。其中，绿/黄双色线在任何情况下只能用作保护接地或接零线。

（六）行灯未使用用安全电压

行灯也是施工常的手提式电器之一，其电源线经常移动，容易受到磨损、压伤，也易受高温、潮湿和腐蚀性介质的损害。在施工现场检查中发现施工人员使用220 V普通照明灯，一旦电源线磨损电线裸露或灯泡破碎就有可能造成触电事故。因此规定使用行灯电源电压不大于36 V、灯体与手柄应坚固，绝缘良好并耐热耐潮湿；灯头与灯体结合牢固，灯头无开关；灯泡外部有金属保护网，电源线应使用有护套的双芯线。

（七）电气线路施工不规范

电气管路敷设时没有与土建进度配合施工，不能保证正确的预埋管路和漏洞，导致穿线有困难，勉强穿过去容易破坏导线的绝缘层，有裂缝的管子潮气易浸入，降低绝缘强度。敷设的管路不符合施工工艺要求，导致穿线时导线绝缘易损伤，或敷设线路被腐蚀，甚至造成线路短路。导线色标的不规范使相序混乱给施工和维修带来麻烦，易造成电气事故。保护地线(PE线)应采用黄绿颜色相间的绝缘导线,零线(N线)宜采用淡蓝色绝缘导线。为了保证安全和施工方便,穿入管内的干线可以不分色,但线管口至配电箱、盘总开关的一段干线回路及各用电支路应按色标要求分色。

插座的接线应符合:单相两孔插座,面对插座的右孔或上孔与相线相接,左孔或下孔与零线相接,单相三孔插座,面对插座的右孔与相线相接,左孔与零线相接。单相三孔,三相四孔插座的接地线或接零线均应接在上孔。插座的接地端子不应与零线端子直接连接。

接线时开关应控制相线,否则即使开关断电,也是断零线,不断相线,容易引发触电事故。照明配电箱内闸具未标明回路名称,给使用和维修带来不便,若是误合不该合的闸,容易引发安全事故。配电箱(板)内的导线不按色标穿线,使用单相电路时,由于不容易辨认三相电源,就很难将负载均衡,造成三相不平衡,而在使用三相设备时,由于没有色标,接线时容易将相序混接,在有的设备运行需要固定转向时,又不好把握其旋转的方向。照明配电箱(板)内应分别设置零线(N线)和保护地线(PE线)汇流排,零线和保护地线应在汇流排上连接,不得铰接,并应有编号。

第九章 电气线路安全运行管理

电气线路的功能是完成电能的输送与分配，除了满足其传输电能所需基本条件外，还需要保证在传输过程中避免电气线路故障危害人或导致漏电、火灾等事故的发生。因此，确保电气线路的安全运行首先应对其进行安全设计，合理选择导线；其次，在运行过程中应加强检查、检测，及时发现并排除电气线路隐患。

第一节 电气线路的种类

电气线路分类很多：按电压等级分，可分为超高压线路、高压线路和低压线路；按其敷设方式来分，可分为架空线路、电缆线路、穿管线路等；按其性质来分，可分为母线、干线和支线；按其敷设地点来分，可分为户外线路和室内线路。

一、户外线路

户外线路主要包括架空线路和电缆线路。

（一）架空线路

凡是档距超过25 m，利用杆塔敷设的高低压电力线路，都属于架空线路。其具有成本低、投资少、安装容易、维护和检修方便、易于发现和排除故障等特点，所以架空线路应用广泛。

1.组成

主要是由导线、杆塔、横担、拉线、线路绝缘子、金具等组成。

导线是架空线路中的主体部分，其主要作用是担负着传输电能的任务。因其架设在杆塔上，故要承受自身重力和各种外力（如风力）的作用，同时还要承受大气中各种有害物质的侵蚀。因此导线首先必须具有良好的导电性，其次还要有一定的机械强度和耐腐蚀性。所以在施工的过程中多采用钢芯铝绞线、硬铜绞线、硬铝绞线和铝合金绞线。因为铝导线容易受碱性物质的侵蚀，所以腐蚀性强烈的场所应采用铜导线。

杆塔:是支持导线的支柱,也是架空线路的重要组成部分。对杆塔的要求主要是要有足够的机械强度,同时尽可能经久耐用、价廉、便于搬运和安装。杆塔按其采用的材料分,有木杆、水泥杆和铁塔等。其中,由于木材资源稀缺和承载力小等方面原因,现在木杆已逐步被水泥杆和铁塔替代。水泥杆经久耐用、不受气候影响,不易腐蚀、维护简单,应用最为广泛,按其在架空线路中的功能和地位可分为直线杆、分段杆、跨越杆、转角杆、分支杆、终端杆等几种。①

直线杆(塔):又称为中间杆或过线杆。用在线路的直线部分,主要承受导线重量和侧面风力,但不能承受线路方向的拉力。故杆顶结构较简单,一般不装拉线,直线杆占全部杆塔数的80%以上。

分段杆:也称为耐张杆,位于线路直线段上的几个直线杆之间,为限制倒杆或断线的事故范围,需要把线路的直线部分划分为若干段,在其两侧安装分段杆。分段杆除承受导线重量和侧面风力外,还要承受邻档导线拉力差所引起的沿线路方面的拉力。为了平衡拉力,通常在其前后方各装一根拉线。

跨越杆:位于线路跨越铁路、公路、河流等处,是高大、加强的耐张型杆。

转角杆:位于线路改变方向的地方,转角杆的结构随线路转角不同而不同。转角在15°以内时,可仍用原横担承担转角合力;转角在15°~30°时,可用两根横担,在转角合力的反方向装一根拉线;转角在30°~45°时,除用双横担外,两侧导线应用跳线连接,在导线拉力反方向各装一根拉线;转角在45°~90°时,用两对横担构成双层,两侧导线用跳线连接,同时在导线拉力反方向各装一根拉线。

分支杆:位于分支线路连接处,在分支杆上应装设拉线,用来平衡分支线拉力。分支杆结构可分为丁字分支和十字分支两种:丁字分支是在横担下方增设一层双横担,以耐张方式引出分支线;十字分支是在原横担下方设两根互成90°的横担,然后引出分支线。

终端杆:位于导线的首端和终端,承受导线的单方向拉力,为了平衡拉力,需要在导线的反方向装设拉线。

横担:是杆塔中重要的组成部分,是电线杆顶部横向固定的角铁,上面有瓷瓶,用来支撑架空电线。横担的作用是用来安装绝缘子及金具,以支承导线、避雷线,并使之按规定保持一定的安全距离。按用途可分为:

①李磊,胡勇.石油化工电气工程的安全管理策略[J].中国石油和化工标准与质量,2021,41(20):67-68.

直线横担、转角横担和耐张横担。按材料可分为:木横担、铁横担、瓷横担和合成绝缘横担。木横担具有良好的防雷性能,但易腐朽,使用时应做防腐处理。铁横担坚固耐用,但防雷性能不好,应进行防锈处理。瓷横担是绝缘子与普通横担的组合体,结构简单,安装方便,电气绝缘性能也比较好,但瓷质较脆,机械强度较差。

拉线:是为了平衡杆塔各方面的作用力,并抵抗外力,防止杆塔倾倒,如终端杆、转角杆、分段杆等往往都装有拉线。

线路绝缘子:又称为瓷瓶,用来将导线固定在杆塔上,并使导线与杆塔绝缘。因此,对绝缘子既要求具有一定的电气绝缘强度,又要求具有足够的机械强度。其主要分为针式绝缘子、蝶式绝缘子、悬式绝缘子、陶瓷横担绝缘子和拉紧绝缘子等、为确保线路安全运行,不应采用有裂纹、破损或表面有斑痕的绝缘子。

金具:是用来连接导线、安装横担和绝缘子等的金属附件。金具种类繁多,用途各异。例如,安装导线用的各种线夹,组成绝缘子串的各种挂环,还有杆塔用的各类拉线金具、抱箍、垫铁、连接金具等金属器件。此外,架空线路还包括架空地线、接地装置及基础等装置。

2.敷设

架空线路的敷设,要严格遵守有关技术规程的规定。选择架空线路的路径时,应考虑以下原则:①路径短,转角少。②交通运输方便,便于施工架设和维护。③尽量避开河洼和雨水冲刷地带及易撞、易燃、易爆和危险的场所。④不应引起机耕、交通和行人困难。⑤应与建筑物保持一定的安全距离。⑥应与工厂和城镇的建设规划协调配合,并适当考虑今后的发展。

(二)电力电缆线路

电力电缆是由导线、绝缘层、保护层等构成的。其中:导线是传输电能的介质,用铜或铝的单股或多股线,通常用多股;绝缘层使导线与导线、导线与保护层互相绝缘,绝缘材料有橡胶、沥青、聚乙烯、聚氯乙烯、棉、麻、绸、油浸纸和矿物油、植物油等;保护层保护绝缘层,并有防止绝缘油外溢的作用,分为内护层和外护层。电缆线路与架空线路相比,具有成本高、投资大、维修不便等缺点,但是它具有不易受外界影响、不需架设杆塔,占地少,供电可靠,极少受外力破坏,对人身安全等优点。在现代化企业中,电缆线路得到了广泛的应用,特别是在有腐蚀性气体或蒸汽或易燃、易爆的场所应用最为广泛。

1.电力电缆线路的组成

电力电缆线路主要由电力电缆和电缆头组成。

电力电缆:分为油浸纸质绝缘电缆、交联聚氯乙烯绝缘电缆和聚氯乙烯绝缘电缆等。它主要由导线芯线、绝缘层和保护层组成。芯线分铜芯和铝芯两种,绝缘层分浸渍纸绝缘、塑料绝缘、橡皮绝缘等几种。保护层分内护层和外护层。内护层分铅包、铝包、聚氯乙烯护套、交联聚氯乙烯护套、橡套等多种;外护层包括黄麻衬垫、钢铠、防腐层等。此外,在考虑电缆线芯材质时,一般情况下应按“节约用铜”的原则,尽量选择铝芯电缆。但是,下列情况的电力电缆应采用铜芯:①振动剧烈,有爆炸危险或对铝有腐蚀等严酷的工作环境。②安全性、可靠性要求高的重要回路。③耐火电缆及紧靠高温设备的电缆。

电缆头:主要分为电缆终端头和电缆中间接头。

电缆终端头:电力电缆线路两端与其他电气设备连接的装置称为电缆终端头。按其使用条件,可分为户内电缆终端头和户外电缆终端头;按其工作电压,可分为1 kV电缆头、10 kV电缆头、35 kV电缆头;按其安装材料,可分为热缩电缆终端头和冷缩电缆终端头。电缆终端头应根据现场运行情况,每隔1~3年停电检查一次;户外电缆终端头每月巡视一次,每年二月及十一月进行停电清扫检查。检查的内容包括:绝缘套管应完整、清洁、无闪络放电痕迹,附近无鸟巢;连接点接触良好,无发热现象;绝缘胶有无塌陷、软化和积水;终端头是否漏油,铅包及封铅有无电裂;芯线、引线的相间及对地距离是否符合规定,接地线是否完好;相位颜色是否明显,是否与电力系统的相位相符。

电缆中间接头:连接电缆与电缆的导体、绝缘屏蔽层和保护层,以使电缆线路连接的装置,称为电缆中间接头。电缆中间接头主要有铅套中间接头、铸铁中间接头和环氧树脂中间接头。

运行经验表明,电缆头是整个电缆线路的薄弱环节,电缆线路的大部分故障都发生在电缆头上,其主要表现在电缆头本身的缺陷和安装不当造成短路,并引发电缆头爆炸等事故。因此,对于电缆头的要求非常高,如密封好、耐压强度不应低于电缆本身的耐压强度,要有足够的机械强度等要求。

2.电力电缆的敷设

电缆敷设的方式:常见的电缆敷设方式有直接埋地敷设、电缆沟敷设、电缆桥架敷设、电缆隧道敷设等。电缆可敷设在电缆沟或电缆隧道中,也可按规定的要求直接埋入地下。直接埋在地下的方式容易施工,散热良好，但检修、更换不方便，不能可靠地防止外力损伤，而且容易受到土壤中酸、碱物质的腐蚀。

电缆敷设路径和选择。选择电缆路径时，应考虑以下原则：①避免电缆遭受机械性外力、过热、腐蚀的危害。②在满足安全要求的前提下应使得电缆较短。③便于施工维护。④应避开将要挖掘施工的地方。

电缆敷设的一般要求：敷设电缆一定要严格遵守相关技术规程和法律法规的规定要求，竣工后要进行检查和验收，确保线路的质量。

电缆在敷设以前，根据设计要求检查电缆的型号、绝缘情况和外观是否正确、完好。采用直埋和水下敷设方式时，则应在直流耐压试验合格后方可敷设。

三相系统中使用的单芯电缆，应组成紧贴的正三角形排列（充油电缆和水下电缆除外），以减少损耗。每隔 1 ~ 1.5 m 应用绑带扎紧，避免松散。

在三相五线制系统中，不允许采用三芯电缆另外再加一根单芯电缆或电线，甚至直接利用三芯电缆的金属护套等作中性线的方式。否则，当三相电流不平衡时，相当于单芯电缆的运行状况，容易引起工频干扰；对铠装电缆来说，则使铠装发热，甚至导致绝缘的热击穿。

并列运行的电力电缆，其型号和长度应相同，以免因导电线芯的直流电阻不同，造成载流量分配不均。

在运输、安装或运行中，应严格防止电缆扭伤和过度弯曲，电缆的最小允许弯曲半径应满足相关技术要求。

在有比较严重的化学或电化学腐蚀区域里，直埋电缆除应采用具有黄麻外被层的铠装电缆或塑料电缆外，还应增加防腐措施。

油浸纸绝缘电力电缆线路的高度差不应超过 20 m，否则，应选用不滴流电缆或塑料电缆。

敷设电缆时，应留出足够的备用长度（一般为 1% ~ 1.5%）。以备补偿因温度因素所引起的变形。在易于发生位移的地方（如沼泽地等），直埋备用段应不少于 1.5% ~ 2%。保护管的出（入）口处也应留有 3 ~ 5 m 的备用段，以备检修时使用。

在敷设电缆前的 24 h 内，如果电缆的存放处及敷设现场的平均温度低于允许数值时，不宜施工。如因特殊情况必须施工时，应将电缆预先加热，使电缆从开始施工至敷设完毕，电缆线芯和外皮温度均保持在 5 ℃以上，否则应二次加热。

沿电气化铁路或有电气化铁路通过的桥梁上明敷电缆的金属护套，应沿全长与金属支架或桥梁的金属构件绝缘，以防止电气铁路的回流烧坏电缆。水平敷设的电力电缆支架间的距离不得大于1 m,操作电缆不得大于0.8 m,垂直敷设的电缆两固定点间不得大于2 m。

油浸纸绝缘电缆在切断后,应将两头立即铅封;橡皮绝缘和塑料绝缘电缆在切断后,则应用热缩封帽或塑料绝缘自粘带严密封好,以防潮气侵入。

电缆接头的布置应符合下列要求:并列敷设时,接头应前后错开。明敷电缆的接头,应用托板托起,并用防弧隔板与其他电缆隔开,以缩小由接头故障引起的事故范围。托板及隔板应伸出电缆接头两侧各0.6 m以上。直埋电缆接头应加装保护壳。

电缆敷设时,不宜交叉;电缆应排列整齐,并加以固定;及时装设标志牌。标志牌应装设在电缆接头、隧道和竖井的两端及入井内,标志牌上应标注电缆线路的编号或电缆型号、电压、起讫地点及接头制作日期等内容。

电缆进入电缆隧道、沟、井、建筑物、盘(柜)以及穿入管子时,出入口应封闭,管口应密封。这对防火、防水以及防止小动物进入而引起电气短路事故是极为重要的。从地下引至地上的明敷电缆,应在地面以上2 m内加装保护管。

电缆敷设时,应从盘的上端引出,并严格避免电缆在支架上摩擦拖拉。电缆上不应有未消除的机械损伤,如铠装压扁、电缆绞拧、护层折裂等。

在电缆隧道、沟内敷设电缆时,不应破坏其防水层。采用机械敷设电缆时,其牵引强度不应超过相关规定的数值。

二、室内线路

室内配线一般指建筑物内部(包括与建筑物相关联的外部位)的电气敷设,主要可分为绝缘导线、母线及室内电缆线等。绝缘导线有时也沿着外墙或屋檐敷设,也包括建筑物之间用绝缘导线敷设的短距离的低压架空导线路。

(一)绝缘导线

绝缘导线按芯线材料分,有铜芯和铝芯两种;按绝缘材料分,有橡皮绝缘和塑料绝缘两种。塑料绝缘导线的绝缘性能好,耐油和抗酸碱腐蚀,价格较低,且可节约大量橡胶和棉纱,因而在室内明敷和穿管敷设中应优先选用塑料绝缘导线。由于塑料绝缘在低温时要变硬发脆,高温时又易软化,因此室外敷设宜优先选用橡皮绝缘导线。

绝缘导线的敷设方式，分明敷设和暗敷设两种。明敷是导线在线管、线槽等保护体内，敷设于墙壁、顶棚表面及桁架、支架等处；暗敷是导线在线管、线槽等保护体内，敷设于墙壁、顶棚、地坪及楼板等内部，或者在混凝土板孔内敷线等。

绝缘导线的敷设，应符合有关规程的规定：①线槽布线及穿管布线的导线中间不许直接接头，接头必须经专门的接线盒。②穿金属管或金属线槽的交流线路，应将同一回路的所有相线和中性线（如有中性线时）穿于同一管、槽内。如果只穿部分导线，则由于线路电流不平衡而产生交流磁场作用于金属管、槽，在金属管、槽内产生涡流损耗，钢筋还将产生磁滞损耗，使管、槽发热，导致其中导线过热，甚至可能烧毁。③电线管路与热水管、蒸汽管同侧敷设时，应敷设在这些管道的下方；施工有困难时，可敷设在其上方，但相互间距应适当增大或采取隔热措施。

（二）母线

车间内的配电导线大多采取硬母线的结构，其截面有圆形、管型和矩形等；其材质有铜、铝和钢。其中，以采用LMY型硬铝母线最为普遍。现代化的生产车间，大多采用封闭式母线，又称封闭式母线槽（或插接式母线）。封闭式母线安全、灵活、美观，但耗用钢材较多，投资较大。

（三）室内电缆线

室内电缆布线，包括电缆在室内沿墙及建筑构件明敷设、电缆穿金属管埋地暗敷设。

电缆在室内宜采用明敷，电缆不应有黄麻或其他易延燃的外护层。

相同电压的电缆并列明敷时，电缆的净距不应小于35 mm，且不应小于电缆外径；当在桥架、托盘和线槽内敷设时，不受此限制。

1 kV及其以下电力电缆及控制电缆与1 kV以上电力电缆宜分开敷设。当并列明敷时，其净距不应小于150 mm。

无铠装的电缆在室内明敷，当水平敷设时，其至地的距离不应小于2.5 m；当垂直敷设时，其至地的距离不应小于1.8 m。当不能满足上述要求时，应有防止电缆机械损伤的措施；当明敷在配电室、电机室、设备层等专用房间内时，不受此限制。

预分支电缆是工厂在生产主干电缆时按用户设计图纸预制分支线的电缆。它是适用于现代高层建筑和现代化工厂的一种新型垂直主电缆，是近年来的一项新技术产品。分支线工厂预制在主干电缆上，分支线截面大小和分支线长度等根据设计要求决定，极大缩短了施工周期，大幅度减少材料费用和施工费用，极大地保证了配电的可靠性。

预分支电缆由3部分组成：主干电缆、分支线、起吊装置。它具有3种类型：普通型、阻燃型、耐火型。预分支电缆是高层建筑中母线槽供电的替代产品，它具有供电可靠、安装方便、施工周期短、占建筑面积小、故障率低、价格低、免维修维护等优点，适用于交流额定电压为0.6/1 kV配电线路中。同时，它也有其不足，如引出的容量一旦确定后就难以更改，各支点的尺寸一定要比较准确，电缆载流量只能做到1 000 A左右等。但总体来看，预分支电缆仍是一种省钱（工程造价约为母线槽的50%～70%）、省力、安全可靠的供电干线形式。预分支电缆已在世界上多数国家和地区的建筑行业中被广泛采用，广泛应用于高层建筑、住宅楼、商厦、宾馆、医院电气竖井内垂直供电，也适用于隧道、机场、桥梁、公路等建（构）筑的供电系统。

第二节 电气线路安全运行条件

电气线路安全基本要求、常见故障检查和巡视检查是电气线路满足供电可靠性的重要保证，也是电力系统安全运行的重要组成部分，同时还应该满足经济指标的要求和相关的维护管理方便的要求。本节主要介绍电气线路安全运行的基本要求、线路防护及其管理等方面的内容。

一、导电能力

导线的导电能力应符合发热、电压损失和短路电流3个方面的要求。

（一）发热

各种导线在某一特定环境温度下，其发热量都有限制，目的是防止线路过热、绝缘老化，保证线路正常工作。一般来说，导线运行最高温度不得超过下列限值：橡皮绝缘线为65 ℃；塑料绝缘线为70 ℃；裸线为70 ℃；铅包或铝包电缆为80 ℃（除了防止绝缘老化外，还要防止热胀冷缩形成的气泡）；塑料电缆为65 ℃。

（二）电压损失

由于线路存在着阻抗，所以电能在线路传输的过程中会产生电压损失。电压损失用线路的端电压U_1和末端电压U_2的代数差与额定电压比值的百分数来表示。有些手册,上把其定义为电压变化率,符号为ΔU。

$$\Delta U=\frac{U_1-U_2}{U_r}\times 100\%$$

式中,U_1为线路的端始电压,V;U_2为线路的某端电压,V;U_r为线路的额定电压,V。

线路上的电压损失会导致设备所使用的实际电压与额定电压有偏移,若偏移值超过了规定范围,将会使电气设备无法正常工作。电压太高将导致电气设备的铁芯磁通量增大和照明线路电流增大;电压太低可能导致接触器等吸合不牢,吸引线圈电流增大;对于恒功率输出的电动机,电压太低也将导致电流增大;过分低的电压还可能导致电动机堵转。以上这些情况都将导致电气设备损坏和电气线路发热。①

我国有关标准规定,高压配电线路的电压损耗,一般不超过线路额定电压的±5%;从变压器低压侧母线到用电设备受电端的低压线路的损耗,一般不超过用电设备额定电压的±5%;对视觉要求较高的照明线路,则为-2.5%~+5%。如果线路的电压损失值超过了允许的范围,则应适当加大导线的截面积。对于纯电阻性负载(如照明、电热设备等)的电压损失计算公式,可用下式来计算:

$$\Delta U=\frac{\sum_{i=1}^{n}P_{ci}L_i}{CS}$$

导线截面积计算公式如下:

$$S=\frac{\sum_{i=1}^{n}P_{ci}L_i}{C\Delta U\%}=\frac{\sum_{i=1}^{n}M_i}{C\Delta U\%}$$

式中,S为导线截面积,mm^2;$\sum_{i=1}^{n}P_{ci}$—待选导线上的负载总计算负荷(单相或三相),kW;L_i—导线长度(指单程距离),m;$\Delta U\%$—电压变化率允许的电压损失;M—负荷矩,kW·m;C—由电路的相数、额定电压及导线材料的电阻率等决定的常数,称为电压损失计算常数。

对于感性负载(如电动机等)选择截面积的计算公式:

$$S=B\frac{\sum_{i=1}^{n}P_eL}{C\Delta U\%}=B\frac{\sum M}{C\Delta U\%}$$

式中,B为校正系数。

①张银.电气工程安全风险的排除案例分析[J].电子技术,2022,51(2):238-239.

(三)短路电流

导体通过正常的负荷电流时，由于导体具有电阻，因此会在线路上产生电能损耗，并产生热能，一方面导体的温度上升，另一方面导体向周围介质进行散热，最终导体产生的热与其向周围散失的热相等，达到一个稳定状态，称此时的状态为热平衡或热稳定状态，此时导体温度也维持在一恒定的值。但是当线路发生短路时，极大的短路电流会使导体的温度迅速上升。而在速断保护装置的保护下，在2～3 s内可以迅速切断短路故障。在这2～3 s内，导体对外的散热可以不考虑，即近似地认为导体在短路时间内是与周围介质绝热的，短路电流在导体中产生的热量。

导体在正常负荷时的温度稳定在θ_L，假设在t_1时刻发生短路，导体温度会迅速升高，而由于保护装置的动作，在t_2时刻线路被切断，短路故障被切除，这时导体的温度已达到θ_K。

短路被切除后，线路断电，导体不再产生热量，并迅速向周围介质散热，直到导体温度等于周围介质温度θ_0为止。所以，在按允许发热条件选择导体时，必须保证导体和电器在短路时的发热温度不超过允许温度，即满足短路热稳定度。

二、机械强度

运行中的导线将受到自重、风力、温度变化的热应力、电磁力和覆冰重力的作用。因此，必须保证足够的机械强度。

应当注意，移动式设备的电源线和吊灯引线必须使用铜芯软线，而除穿管线之外，其他形式的配线不得使用软线。

三、线路防护

传输电能的各种线路处于各种恶劣环境下，所以应对它们有足够的防护能力。在敷设线路时，防护措施应根据不同环境和敷设方式而定。

四、导线连接

(一)原则

导线有焊接、压接等多种连接方式。导线连接必须紧密。原则上导线连接处的机械强度不得低于原导线机械强度的80%；绝缘强度不得低于原导线的绝缘强度；接头部位电阻不得大于原导线电阻的1.2倍。

(二)导线连接方法

用电工刀剖削塑料硬线绝缘层：①在需剖削线头处，用电工刀以45°角倾斜切入塑料绝缘层，注意刀口不能伤着线芯。②刀面与导线保持25°角左右，用刀向线端推削，只削去上面一层塑料绝缘，不可切入线芯。③将余下的线头绝缘层向后扳翻，把该绝缘层剥离线芯，然后再用电工刀切齐。

塑料护套线绝缘层的剖削：①在线头所需长度处，用电工刀刀尖对准护套线中间缝隙处划开护套线。如偏离缝隙处，电工刀可能会划伤线芯。②向后扳翻护套层，用电工刀把它齐根切去。

单股铜芯导线的直线连接：①把去除绝缘层及氧化层的两根导线的线头成X形相交，互相绞绕2～3圈。②扳直两线头。③将每根线头在芯线上紧贴并绕6圈，多余的线头用钢丝钳剪去，并钳平芯线的末端及切口毛刺。

单股铜芯导线的T形分支连接：①把去除绝缘层及氧化层的支路线芯的线头与干线线芯十字相交，使支路线芯根部留出3～5 mm裸线。②将支路线芯按顺时针方向紧贴干线线芯密绕6～8圈，用钢丝钳切去余下线芯，并钳平线芯末端及切口毛刺。

还要特别注意的是，铜导体与铝导体的连接，如没有采用铜铝过渡段，经过一段时间使用之后，很容易松动。所以，在潮湿场所、户外及安全要求高的场所，铝导体与铜导体不能直接连接，必须采用铜铝过渡段。对运行中的铜、铝接头，应主要检查和紧固。

五、线路管理

无论是室内电力线路，还是室外电力线路，常年运行都会遇到各种问题，如线路绝缘老化、小动物啃咬、受自然界的风吹日晒、人为直接或间接破坏等。所以，对于电力线路应该建立巡视、检查、清扫、维修等制度；此外，还应建立必要的资料和文件，如施工图、试验记录等。对临时线应建立相应的管理制度。例如，安装临时线应有申请、审批手续，临时线应有专人负责管理，应有明确的使用地点和使用期限等。装设临时线必须首先考虑安全问题，应满足基本安全要求。例如，移动式三相临时线必须采用四芯橡套软线，单相临时线必须采用三芯橡套软线，长度一般不超过10 m。临时架空线离地面高度不得低于4～5 m，离建筑和树木距离不得小于2 m，长度一般不超过500 m，必要的部位应采取屏护措施等。

第三节 电气线路的安全设计

一、负荷计算

(一)计算负荷的意义与目的

计算负荷是供配电设计过程中一个非常重要的概念,它是一个假想负荷,其目的就是按照允许发热条件选择供配电系统的导线截面积,确定变压器容量,制定提高功率因数的措施,为选择及整定保护设备提供依据。

负荷计算的方法主要有需要系数法、二项式法、利用系数法、单位面积功率法等,这里主要介绍需要系数法。

(二)几个相关概念

负荷曲线及相关物理量。负荷曲线是表征用电设备的用电负荷(P,Q,S,I)随时间变化的曲线,它反映出用户用电的特点和规律。负荷曲线根据负荷性质不同,可分为有功功率负荷曲线、无功功率负荷曲线、视在功率负荷曲线;根据持续时间不同可分为日负荷曲线和年负荷曲线。图9-1所示为日有功功率负荷曲线和年有功功率负荷曲线。

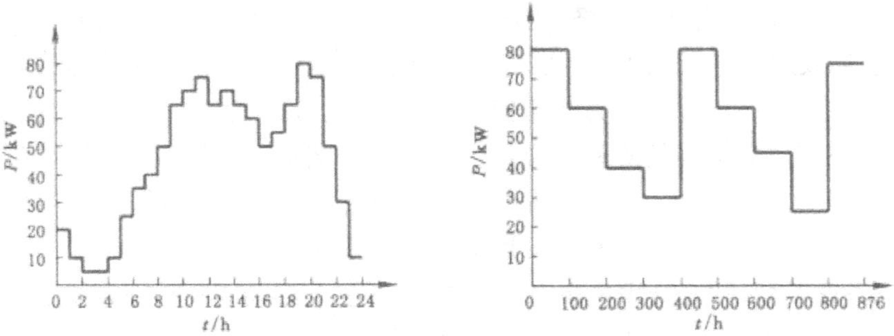

图9-1 日有功功率负荷曲线图和年有功功率负荷曲线图

年最大负荷是指全年中最大工作班(这一工作班的最大负荷不是偶然出现的,而是全年至少出现2~3次)内半小时平均功率的最大值,并用P_{max},Q_{max},S_{max},I_{max}分别表示年有功、无功、视在最大负荷和电流最大负荷,即

$$P_{max}=P_{30},Q_{max}=Q_{30},S_{max}=S_{30},I_{max}=I_{30}$$

用电设备的工作制：用电设备工作制按其工作性质可分为长时工作制、短时工作制、反复短时工作制。①长时工作制：工作时间较长，负荷输出稳定，连续工作的用电设备，如多种泵类、通风机、压缩机、输运带、机床、电弧炉、电阻炉、电解设备和某些照明装置等。②短时工作制：工作时间短而停歇时间相对较长的用电设备，如切削机床辅助机械的驱动电动机、启闭水闸的电动机等。在用电设备中，这类设备的数量很少而且容量也小。③反复短时工作制：周期性地时而工作，时而停歇，反复运行的用电设备，如吊车用电动机、电焊用变压器等。[①]

反复短时工作制的设备：可用“负荷持续率”（又称暂载率）来表征该种设备在1个工作周期内工作时间的长短。负荷持续率为1个工作周期内工作时间与工作周期的百分比值，用ε表示，即

$$\varepsilon=\frac{t}{T}\times 100\%=\frac{t}{t+t_0}\times 100\%$$

式中，T为工作周期；t为1个工作周期内的工作时间；t_0为1个工作周期内的停歇时间。

设备容量的确定：由于用电设备具有不同的工作制，对于不同工作制下的设备不能仅对其铭牌上的额定功率进行简单求和，而应该将不同工作制下的用电设备的额定容量换算到统一规定的工作制下的额定容量，这个经过换算过的额定容量就称为设备容量，用P_e表示。值得注意的是，设备容量不包括备用设备的额定容量。

长时工作制的用电设备：其设备容量一般是所有设备铭牌额定容量P_N之和，即$P_e=\sum P_N$。对于采用电感镇流器的电光源，要考虑镇流器消耗的功率，即考虑设备容量为额定容量的1.2倍：

$$P_e=1.2\sum P_N$$

短时工作制用电设备：对短时工作制的用电设备来说，可以不考虑其设备容量。

反复短时工作制的用电设备：将所有在同负荷持续率下的铭牌额定容量换算到一个规定的负荷持续率下的功率之和，即

$$P_e=\sqrt{\frac{\varepsilon_N}{\varepsilon_{规}}}P_N=\sqrt{\frac{\varepsilon_N}{\varepsilon_{规}}}S_N\cos\varphi$$

式中，P_N,S_N为铭牌额定容量；$\cos\varphi$为铭牌规定的功率因数；ε_N为铭牌额定

①舒冬梅．化工厂电力线路和电气设备及其消防安全检查控制[J]．化工管理，2021(2)：129-130.

容量所对应的额定负荷持续率；$\varepsilon_{规}$为换算到的规定的负荷持续率，对电焊设备$\varepsilon_{规}$=100%，起重设备$\varepsilon_{规}$=25%。

（三）用需要系数法确定计算负荷

需要系数：是一个综合系数，其物理意义为用电设备组投入运行时从供电网络实际取用的功率与用电设备组容量之比，即

$$K_d = \frac{K_\Sigma \times K_L}{\eta_S \eta_{nd}}$$

式中，K_Σ为同期系数，用电设备组（用电设备组指的是将工艺性质相同，需要系数、功率因数相同的多台用电设备）的设备有可能不同时运行，该设备组最大负荷时工作着的用电设备与该组用电设备总容量之比即为同期系数，$K_\Sigma<1$，但对于一两台而言，$K_\Sigma=1$；K_L——负荷系数，工作着的用电设备有可能不同时运行在最大负荷下，该设备组最大负荷时，工作着的用电设备实际所需功率与工作着的用电设备总功率之比称为负荷系数，$K_L<1$；η_S——用电设备在实际运行时的效率，$\eta_S<1$。η_{nd}——用电设备在实际运行时的线路损耗。

由此可见，需要系数K_d与用电设备组的工作性质、设备台数、设备效率和线路损耗等因素有关，实际确定需要系数的过程非常复杂，需要统计测量来确定。

需要系数的计算：根据需要系数的物理意义可知，需要系数K_d。可表示为

$$K_d = \frac{P_{\max}}{P_e} = \frac{P_{30}}{P_e}$$

式中，P_{30}为用电设备组负荷曲线上半小时最大有功负荷；P_e为用电设备组的设备容量；K_d为需要系数。

所谓需要系数法，就是将用电设备组的设备容量P_e乘以需要系数K_d，求出计算负荷的一种简单实用的计算方法。

有功计算负荷：

$$P_{30} = K_d P_e$$

无功计算负荷：

$$Q_{30} = P_{30} \cdot \tan\varphi$$

视在计算负荷：

$$S_{30} = \sqrt{P_{30}^2 + Q_{30}^2}$$

计算电流：

$$I_e = \frac{S_{30}}{\sqrt{3}\,U_N} = \frac{P_{30}}{\sqrt{3}\,U_N\cos\varphi}$$

式中，K_d为设备组的需要系数；P_e为设备组设备容量，kW；φ为用电设备功率因数角；U_N为线电压，V；I_e为计算电流，A。

二、导线选择

为了保证供电系统能够正常、优质、安全、可靠地运行，导线必须满足以下条件。

（一）发热条件

三相系统相线截面的选择：导线在通过正常最大负荷电流时（线路的计算电流）所产生的发热温度，不应该超过正常运行时的最高允许温度。按照发热条件来选择三相系统中的相线截面时，应使其允许载流量I_d不小于通过相线的计算电流I_{30}，即

$$I_d \geqslant I_{30}$$

由于允许载流量I_d与环境温度有关，所以选择导线截面积时要注意导线安装地点的环境温度，此外还需注意不同的敷设条件。

中性线和保护线截面的选择：上面选择的是相线的截面积，低压配电系统当三相电流基本平衡，无谐波电流成分时的中性线（N线）、保护线（PE）及保护中性线（PEN）宜按表9-1选择，否则中性线及保护中性线的截面积应与相线截面积相等。

表9-1　中性线、保护线选择

相线截面积A_φ/mm^2	$A_\varphi < 16$	$16 \leqslant A_\varphi \leqslant 35$	$A_\varphi > 35$
N，PE，PEN线截面积/mm^2	A_φ	16	$A_\varphi/2$

（二）机械强度

导线在正常运行时，会受到自身重力及雨水、冰雹等外力作用。为了保证导线不被折断而中断正常供电和发生其他事故，规定了在各种不同的敷设条件下，导线按机械强度要求的最小截面积。

按照发热条件、允许电压损失、机械强度来选择和校验导线截面积，其一般步骤如下。

对于距离≤200 m的低压电力线路，一般先按发热条件来选择导线，然后用电压损失条件和机械强度条件来进行校验。

对于距离≥200 m的较长线路，一般按允许电压损失来选择导线，然后按发热条件和机械强度来校验。

对于高压线路，一般先按经济电流密度选择法来选择导线，然后按发热条件和电压损失条件进行校验，所谓经济电流密度法，是指从经济角度出发，综合考虑输电线路的电能损耗和投资效益等指标，来确定导线截面积。

在实际工程中总结出了一些经验，如一般铜导线的安全载流量是根据所允许的线芯最高温度、冷却条件、敷设条件来确定的。一般铜导线的安全载流量为5～8 A/mm^2，铝导线的安全载流量为3～5 A/mm^2。在此基础上形成了一些估算口诀。

二点五下乘以九，往上减一顺号走。

三十五乘三点五，双双成组减点五。

条件有变加折算，高温九折铜升级。

穿管根数二三四，八七六折满载流。

本口诀对各种绝缘线（橡皮和塑料绝缘线）的载流量（安全电流）不是直接指出，而是“截面乘上一定的倍数”来表示，通过心算而得。“二点五下乘以九，往上减一顺号走”说的是2.5 mm^{2}及以下的各种截面铝芯绝缘线，其载流量约为截面积的9倍。如2.5 mm^{2}导线，载流量为2.5×9=22.5 A。4 mm^{2}及以上导线的载流量和截面积的倍数关系是顺着线号往上排，倍数逐次减1，即4×8，6×7，10×6，16×5，25×4。

“三十五乘三点五，双双成组减点五”，说的是35 mm^{2}的导线载流量为截面积的3.5倍，即35×3.5=122.5 A。50 mm^{2}及以上的导线，其载流量与截面积之间的倍数关系变为两个线号成一组，倍数依次减0.5。即50，70 mm^{2}导线的载流量为截面积的3倍；95，120 mm^{2}导线载流量是其截面积的2.5倍，以此类推。

“条件有变加折算，高温九折铜升级”，上述口诀是铝芯绝缘线、明敷在环境温度25 ℃的条件下而定的。若铝芯绝缘线明敷在环境温度长期高于25 ℃的地区，导线载流量可按上述口诀计算方法算出，然后再打九折即可；当使用的不是铝线而是铜芯绝缘线，它的载流量要比同规格铝线略大一些，可按上述口诀方法算出比铝线加大一个线号的载流量，如16 mm^{2}铜线的载流量，可按25 mm^{2}铝线计算。

第四节 电气线路的运行检查

电气线路的运行检查是运行维护的基本内容之一。通过检查可及时发现缺陷,以便采取防范措施,保障线路的安全运行。检查人员应将发现的缺陷记入记录本内,并及时报告上级。

一、架空线路

架空线路裸露在户外,会受到各种气候条件和环境因素的影响,如雷击、大雾、大风、雨雪、高温、严寒、洪水、烟尘和灰尘、纤维等都会对架空线路的正常运行构成威胁,故架空线路需要进行必要的巡视。

架空线路巡视分为定期巡视、特殊巡视和故障巡视。定期巡视是日常工作内容之一。10 kV 及以下的线路,至少每季度巡视一次。特殊巡视是运行条件突然变化后的巡视,如雷雨、大雪、重雾天气后的巡视,地震后的巡视等。故障巡视是发生故障后的巡视,巡视中一般不得单独排除故障。

架空线路巡视检查主要包括以下内容:①沿线路的地面是否堆放有易燃、易爆或强烈腐蚀性物质;沿线路附近有无危险建筑物,有无在雷雨或大风天气可能对线路造成危害的建筑物及其他设施:线路上有无树枝、风筝、鸟巢等杂物,如有应设法清除。②在树木生长季节,应加强对架空线路巡视检查,修剪树枝,保证线路与树木之间的安全净距符合规程规定。③电杆有无倾斜、变形、腐朽、损坏及基础下沉等现象;横担和金具是否移位、固定是否牢固、焊缝是否开裂、是否缺少螺母等。④导线和避雷线有无断股、腐蚀、外力破坏造成的伤痕;导线接头是否良好、有无过热、氧化、腐蚀痕迹;导线对地、邻近建筑物或邻近树木的距离是否符合要求。⑤绝缘子有无破裂、脏污、烧伤及闪络痕迹;绝缘子串偏斜程度、绝缘子铁件损坏情况如何。⑥高温季节和严冬季节,导线弧度受热胀冷缩的影响是否超过限度。⑦拉线及其他金具是否完好、是否松弛、绑扎线是否紧固、螺丝是否锈蚀等。⑧保护间隙(放电间隙)的大小是否合格;避雷器瓷套有无破裂、脏污、烧伤及闪络痕迹,密封是否良好,固定有无松动;避雷器上引线有无断股、连接是否良好;避雷器引下线是否完好、固定有无变化、接地体是否外露、连接是否良好。[①]

二、电缆线路

电缆线路一般是敷设在地下的，要做好电缆的安全运行与检查工作，就必须全面了解电缆的敷设方式、结构布置、走线方向及电缆头位置等。电缆线路的定期巡视一般每季度一次；户外电缆终端头每月巡视一次，并应经常监视其负荷大小和发热情况。如果遇大雨、洪水等特殊情况及发生故障时，还须临时增加安全检查次数。电缆线路的安全检查应重点检查以下项目。

直埋电缆：线路标桩是否完好；沿线路地面上是否堆放矿渣、建筑材料、瓦砾、垃圾及其他重物，有无临时建筑；线路附近地面是否开挖；线路附近有无酸、碱等腐蚀性排放物，地面上是否堆放石灰等可构成腐蚀的物质；露出地面的电缆有无穿管保护，保护管有无损坏或锈蚀，固定是否牢固；电缆引入室内处的封堵是否严密；洪水期间或暴雨过后，巡视附近有无冲刷或塌陷现象等。

沟道内的电缆线路：沟道的盖板是否完整无缺；沟道是否渗水、沟内有无积水、沟道内是否堆放有易燃、易爆物品；电缆铠装或铅包有无腐蚀，全塑电缆有无被老鼠、白蚁啃咬的痕迹；洪水期间或暴雨过后，巡视室内沟道是否进水，室外沟道泄水是否畅通等。

电缆终端头和中间接头：终端头的瓷套管有无裂纹、脏污及闪络痕迹，充有电缆胶（油）的终端头有无溢胶（漏油）现象；接线端子连接是否良好，有无过热迹象；接地线是否完好、有无松动；中间接头有无变形、温度是否过高等。

明敷的电缆：沿线的挂钩或支架是否牢固；电缆外皮有无腐蚀或损伤；线路附近是否堆放有易燃、易爆或强烈腐蚀性物质等。

三、室内配电线路

1 kV 以下的室内配线，建议每月应进行一次巡视检查，对重要负荷的配线应增加夜间巡视。1 kV 以下车间配线的裸导线（母线），以及分配电盘和闸箱，每季度应进行一次停电检查和清扫。500 V 以下可进入吊顶内的配线及铁管配线，每年应停电检查一次。如遇暴风雨雪，或系统发生单相接地故障等情况，需要对室外安装的线路及闸箱等进行特殊巡视。

①吴铭莉．架空输电线路电气施工安全管理思考[J]．科技创新与应用，2020(30)：183-184.

室内线路的巡视检查一般包括下列内容：①检查导线的发热情况，检查线路的负荷情况。②车间裸导线各相的驰度和线间距离是否保持一致，车间裸导线的防护网、板与裸导线的距离有无变动。③导线与建筑物等是否摩擦、相蹭；绝缘、支持物是否损坏和脱落；铁管或塑料管的防水弯头有无脱落现象。④明敷导线管和木槽板等有无砸伤现象，铁管的接地是否完好。⑤敷设在车间地下的塑料管线路，其上方是否堆放重物。⑥三相四线制照明线路，其零线回路各连接点的接触是否良好，有无腐蚀或脱开现象。⑦检查线路上及线路周围有无影响线路安全运行的异常情况。绝对禁止在绝缘导线上悬挂物体，禁止在线路旁堆放易燃、易爆物品。⑧对敷设在潮湿、有腐蚀性物体的场所的线路，要定期对绝缘进行检查，绝缘电阻一般不得低于0.5 MΩ。⑨是否有未经电气负责人的许可，私自在线路上接电气设备以及乱拉、乱扯的线路。

四、电气线路的安全检测

（一）架空线检测方法

目前，对输电导线进行巡检的方法主要有以下几种方法。

地面目测法：采用肉眼或望远镜对辖区内的电力线进行观测，由于输电线路分布点多面广、地理条件复杂，巡线工人需要翻山越岭。涉水过河、徒步或驱车巡检。这种方法劳动强度大，工作效率和探测精度低，可靠性差。

航测法：直升机沿输电线路飞行，工作人员用肉眼或机载摄像设备观测和记录沿线异常点的情况，这种方法尽管距离接近，提高了探测效率和精度，但电力线从观察者或摄录设备的视野中快速通过，增加了技术难度，运行费用较高。

架空电力线路巡线机器人检测：移动机器人技术的发展，为架空电力线路巡检提供了新的移动平台。巡线机器人能够带电工作，以一定的速度沿输电线爬行，并能跨越防震锤、耐张线夹、悬垂线夹、杆塔等障碍，利用携带的传感仪器对杆塔、导线及避雷线、绝缘子、线路金具、线路通道等实施接近检测，代替工人进行电力线路的巡检工作，可以进一步提高巡线的工作效率和巡检精度。因此，巡线机器人成为巡线技术研究的热点。

（二）电缆检测方法

电缆线路发生故障后，首先应用兆欧表或万用表确定故障的性质，然后根据不同的故障情况，采用回路电桥平衡法、脉冲反射测距法或高压闪络测距法等方法确定故障范围，最后用声测定点或感应法在路面上定出具体故障点位置。如果运行部门因管理不善而无电缆线路走向图，则可先用感应法确定它的走向和深度。

1.回路电桥平衡法

一般的接地电阻小于10 kΩ的电缆故障，均可采用这种方法，但若采用电桥法必须事先知道电缆线路长度。为了确保故障的正确测量，还应注意以下几点：①跨接线越短越好，其截面积应接近电缆导体的截面积，并应连接紧固，使接触电阻接近零，必要时应将接触面用砂布磨平。②同一条线路上有不同导体材料或不同截面积的电缆连接在一起时，应按其电阻值将长度换算到同一导体材料、同一截面积的等值长度。③如果故障电缆线路较长，自一端测出的故障点接近另一端时，则应到另一端复测，并以后者测得的数据为准。

2.脉冲反射测距法

适用于电缆断线故障和低电阻（100 Ω以下）接地故障。测量原理是当在故障电缆芯上加一脉冲电压时，发射的脉冲在传输线上遇到故障点会产生反射。如果反射脉冲与发射脉冲的极性相同，表示故障性质为断线；如果极性相反，则表示接地故障。脉冲波往返的时间差通过仪器的指示器表示出来，这样便能迅速而又准确地确定故障点与测量端之间的距离。在实际测量中，采用的是对比法，即在同一电缆的故障缆芯与良好缆芯上分别测定反射所需时间之比，再乘上电缆总长度，即为故障点距测量端的距离。如果缆芯全部烧断，则可在电缆线路的两端分别用脉冲仪测定反射所需时间，由此可方便地算出故障点距各测试端的距离。

3.声测定点法

用上述电桥法或脉冲反射法测量电缆线路故障，只能确定故障点所在的大概区段，一般叫作初测。因为它包括仪器本身误差和测量误差，而且在丈量和绘制电缆线路图时也会有误差；在数段电缆连接起来的线路中，也可能因为每段的导体电阻系数不同而产生计算误差。所以，在初测之后还必须以声测定点法进行精测以确定故障点。对于长度仅为几十米的短电缆，一般可省略初测步骤而直接用声测定点法查找故障点。

声测定点试验时，应注意以下各点：①如果试验设备容量不够大，则需断续施加电压。当选用1 kV·A的试验设备时，一般可采用加压15 min停5 min再加压的方法，同时观察调压器、试验变压器及电源线等是否有过热现象。②直流冲击高电压的发生装置，最好放在近故障点的一端，因为这样可以减少在电缆线路中的能量损耗，从而使故障发出的声音较响。

③升压变压器和电容器的接地必须可靠,最好直接与电缆内护层(铅包)连接,以免因声测放电时接地点的电位升高而使低压电源系统的设备烧坏。④为了防止升压变压器在声测试验时过电压损坏,其外壳可以不接地,但需将其放在绝缘垫上。调整升压器的操作人员应戴绝缘手套。⑤埋设在管道内或大的水泥块下的电缆发生故障时,因传声的不均匀性,可能在管道两端或水泥块边缘声音较响,须仔细辨认故障点。⑥声测放电时,如果接地不够好,则可能在电缆线路的护层与接地部分之间有放电现象而易造成误判断。因此,特别在电缆裸出部分的金属夹子处要仔细地辨别是否属于真正的故障点。一般在故障点除了能听到声音外,还会有振动。用手触摸振动点时,应戴绝缘手套。在声测电缆端与故障点间的电缆线路上(包括穿入铁管中的过桥电缆),声测定点时在管上和电源护层上会出现感应电压而对地有轻微的放电声,应与真正的故障点加以区别。一般真正的故障点声音较响,而且有振动。⑦数条电缆敷设在同一沟内而资料不全时,应先找出需要测定的故障电缆。⑧声测定点时,一般在现场应有两人相互核对,以免误判。

(三)室内线路检测

电气线路正常运行时,由于电流效应会产生热量,电气线路发生故障时就会异常发热,线路在危险温度下运行,存在火灾隐患,类似这种危险温度和隐患通常是不易被发现的。红外测温技术的原理是自然界中一切温度高于绝对零度的物体,每时每刻都辐射出红外线,同时这种红外线辐射都载有物体的特征信息,这为利用红外技术判别各种被测目标的温度高低和热分布场提供了客观基础,物体表现热力学温度的变化,使物体发热功率发生相应变化。物体产生的热量在发出红外辐射的同时,还在物体周围形成一定的表面温度分布场。这种温度分布场取决于物理材料的热物理性,也就是物体内部的热扩散和物体表面温度与外界温度的热交换。利用这一特性通过红外探测器将电气线路发热部位辐射的功率信号转换成电信号后,成像装置就可以一一对应地模拟出物体表面温度的空间分布,经电子系统处理可以得到与物体表面热分布相对应的热像图,利用热像图就可以很方便地查出故障点。

第十章 电气设备安全运行管理

第一节 电气设备安全运行基本知识

一、电气设备运行危险及影响因素

(一)电气设备危险源识别

电气设备的安全运行就是避免由于使用电气设备而给人体造成伤害,甚至死亡,并将其潜在危险降低到可以接受的程度。因此,保证电气设备安全的首要工作就是确认危险的来源,并采取有效措施对其进行防护,避免危险施加于人、动物或环境而造成危害。

危险源识别根据GB/T 22696.3—2008推荐的方法进行。

电气设备共性危险源识别主要是帮助设计者分析危险的起因及危险可能造成的伤害,在设计和制造中采取有效防护措施予以控制,同时也可为设备运行中预防电气事故、进行安全检查及查找电气设备运行故障原因等提供依据。

(二)电气设备安全运行影响因素

电气设备运行安全一般取决于其绝缘性能,当设备的运行参数电流、电压、温度等与设计的额定值差别较大,或设备本身的运行工况与设计规定差别较大时都会影响设备的安全运行。

1.温度异常影响因素

设备运行温度主要与工作电流、电压有关,还与散热条件有关,设备运行时由于电流的热效应、铁磁材料损耗、介质损耗、局部放电、机械损耗及设备内部的功能性元件发热会使电气设备的温度升高,固体绝缘在热应力作用下会使绝缘材料或工程塑料软化、变形、脱层,然后在机械应力作用下断裂、破坏而丧失绝缘功能,导致设备或线路发生因短路、漏电、电火花、电弧等造成的设备损毁、电击、火灾等事故。[①]

过载:回路因所接电气负载过多或所供设备过载等原因而过载时,虽其电流值是回路额定载流量的不多倍,但后果则是工作温度超过允许值,使绝缘加速劣化,寿命缩短。电气设备发生过载故障(不包括短路事故)是允许有一定持续时间的,但如果过载状态长时间延续,会使绝缘受损,最后可能引发诸如短路之类的种种危险状况,因而电气设备应在安全载流量范围内运行。发生过载的主要原因有选型不正确,使电气设备的额定容量小于实际负载容量;设备或导线随意安装增加负荷,在线路中接入了过多的大功率设备,造成超载运行,超过了配电线路的负载能力;检修、维护不及时,使设备或导线长期处于带电运行状态。

短路:电气短路有两类:一类是金属性短路;另一类是电弧性短路。前者短路点因高温而熔融,短路电流大,短路时保护装置动作切断电源,这种短路起火危险较小;后者短路点会产生电弧或电火花。金属性短路和过载是两种不同后果的过电流,大于导体额定载流量的回路电流都是过电流,回路绝缘损坏前的过电流称为过载,绝缘损坏后的过电流称作短路。除特殊情况外,回路内都应装设断路器、熔断器之类的过电流防护电器来防范电气过载和短路引起的灾害。

电弧高温使触头表面的金属熔化和蒸发,引起电弧附近电气绝缘材料烧坏,造成短路,烧毁电气设备;电弧在电动力、热力作用下能移动,很容易造成飞弧短路和电弧闪络伤人,或引起事故的扩大。电弧的热效应比一般火焰还要严重,电弧除了温度高以外还有熔化的金属喷出物。若电弧闪络发生在封闭空间其威力比开放空间大3倍以上,因为一般开关箱结构设计无法耐受电弧事故的发生,箱体将会破坏变形可能伤及附近人、物。在美国、加拿大等国早已开始应用各类型耐电弧故障的开关设备(IEEC 37.20.7—2001,IEEEC 37.20.7—2007等)。美国防范电弧闪络危害措施是在有可能发生电弧闪络事故场所贴警示标志,并标示电弧闪络风险等级、安全距离以及建议穿用个体防护设备等措施。

引起电弧原因有:电线和电气设备的绝缘损坏;电器或电动机的接线端子不良打火;电气设备中潮湿或有导电尘埃或沉积物等。这类故障会引起不完全短路或接地故障并酿成火灾。接地电弧短路火灾的防范并不复杂,只需在电源进线总开关上增加防漏电保护功能即可,发生接地性电弧短路时及时切断电源。在发达国家,如果没有这一防火措施,当地的供

①朱晓斌.浅谈海洋石油平台钻修机防爆电气设备管理[J].电气防爆,2022(1):33-36.

电公司是不予接电的。

电接触不良：电气连接的连接件、装置、连接器、端子、导体等在使用中承受电、热、机械的应力，导致发热、松动、位移等现象，使电接触点处的接触电阻增大，出现过热、电弧、电火花等故障，因此电气连接部位是设备运行中最薄弱的环节。电接触不良与接触部位金属材料的性质、接触形式（点接触、线接触和面接触）、接触压力、接触表面的光洁度、接触点工作环境（温度、湿度、腐蚀性等）有关。

2. 电磁效应影响因素

由于电动力效应，短路电流在设备中产生很大的电动力，它与电流大小密切相关。电动力可能使导体变形，如果电动力过大或设备构架不够坚韧，则可能引起电气设备机械变形、扭曲、断裂。两根或三根平行导体（如母线）在短路电流作用下，导体受到吸引力或排斥力超过某一程度时，就会使导体变形、接头松脱、支撑固定件损坏等。

短路电流通过线路时，在周围产生交变的电磁场。特别是不对称短路电流的磁效应所产生的磁通足够大，在邻近的电路内能感应出很大的电动势，这对于附近的通信线路、铁路讯号系统及其他电子设备、自动控制系统可能产生强烈干扰。短路电流在线路中产生电抗压降，从而使电网电压降低，给用户带来影响。

无论是载流导体还是电器都必须经受短路电流的考验，在保护装置动作切除短路故障之前极短时间内载流部分应能承受比正常运行时大许多倍的短路电流所产生的热效应作用和电动力冲击。

3. 漏电影响因素

漏电一般发生在线路、用电设备及开关设备等处，如果漏电故障没有及时处理，就可能导致触电、电气火灾及设备损坏等事故。

电气线路绝缘或导线支架材料的绝缘能力不佳，会导致导线与导线、导线与大地间漏电。导线与导线之间的漏电，经常发生在成束布置的导线中，尤其是在导线中有接头，不同导线接头位置没有错开，或错开距离太小，在潮气侵蚀、绝缘破坏的情况下，则会在不同相线导线间发生漏电。久而久之，漏电电流逐渐增大，漏电点发热，由于漏电电流的热效应，使绝缘破坏，发展成为相间短路。

电气线路或设备绝缘损伤（老化、鼠咬、碰撞等）后在一定的环境下对靠近的各金属物体（穿线金属管、电气装置金属外壳等）会发生漏电，造成触电事故或产生电火花、高温过热等火灾事故。

低压配电系统中所采取的保护措施失效时，漏电故障持续存在。目前采用接零保护及过流保护装置防止漏电短路情况的发生，而这些措施有效是有条件的。如熔断器规格不符或被其他金属丝代替；故障点发生在末端，其故障回路阻抗较大，漏电短路电流不足以令过流保护装置动作；过流保护装置故障或开关失灵；保护接零线的接线端子连接不实，造成接触电阻过大，限制了故障电流：在这些情况下漏电现象将持续存在，最后可能导致事故发生，为此需要采用漏电保护措施防止漏电危害。

4.运行工况影响因素

电网电压、频率的变化，三相交流电运行的不对称度、三相负载不对称、中性点偏移以及电气设备运行环境等因素，都可能会影响电气设备的正常运行。

电压异常：对异步电动机来讲，若电压偏低时，转矩下降，而不能启动且电动机启动电流很大，持续时间长，电动机因发热而烧毁。对白炽灯、碘钨灯来讲，电压偏高可导致烧毁。对荧光灯、高压汞灯与钠灯、金属卤化物灯等气体放电灯，电压偏高易烧坏，电压偏低无法启动或启动困难、启动时间增长等。电气设备因电压偏移受影响程度取决于偏移量的大小和持续时间。电压异常原因有外部雷击或雷电感应，或者是系统运行中的操作过电压、故障（电弧接地）等。电压不平衡也会出现欠压和过压的现象。

电气设备运行环境：环境因素有温度、湿度、空气污染状况、大气压等，这些环境因素的影响致使电气设备或线路绝缘老化，易出现设备或线路由于绝缘性能下降而引起的后续危险。设备运行环境温度偏高或者空气流动性差，使得热量不能尽快散发，设备温升超过允许程度。湿度对电气设备的影响主要是绝缘强度、霉菌生长、金属腐蚀与磨损等。电气设备受潮使设备的绝缘性能下降。环境湿度增加使得电介质的电导率、相对介电系数、介质损失角正切值相应增大，击穿场强降低。绝缘的破坏过程往往是在热的作用下变脆，受震动后开裂，潮气进入裂缝后，很低的电压也会引起放电，造成绝缘材料击穿。对裸露的金属导体而言，随着湿度的增加，其氧化腐蚀会加快（特别是在其黏附粉尘的情况下），使导体连接处接触电阻增大，造成局部过热。因而长期处在潮湿环境中的电气设备，如不采用防潮措施，其使用寿命会大为降低，并引发电气事故。

气体的压力对气体的击穿电压有很大影响，空气的击穿电压近似与大气压成正比。大气压降低，空气密度下降，电弧散热慢，也不易熄灭，影响开关的灭弧能力和开断能力；大气压降低，空气密度小，空气的热传导能力和对流换热能力降低，电气设备的温升相应增加。因此，了解电气设备运行中的安全影响因素，可对预防电气设备事故、查找故障原因提供一定的帮助。

二、电气设备危险源控制

（一）电击危险控制

对于电气设备应采取一切必要措施避免人体接触到危险带电体，同时还必须至少采取双重防护措施（或者等效于双重防护的其他有效防护措施）。

绝缘材料是安全必备要素的重要组成部分之一。制造电气设备时，只允许使用能够承受在按设计用途使用时所出现的如老化、腐蚀、气体、辐射等物理或化学影响的材料。为保证设备正常运行和防止由于电流的直接作用造成的电击危险，电气设备必须有足够的绝缘强度、耐热能力、防潮湿、防污秽、阻燃性、耐漏电起痕现象等电气绝缘性能。在基本绝缘损坏时，有可能产生故障接触电压的危险，应有附加绝缘或加强绝缘。

为防止意外接触带电部分，可以采用电气设备结构与外壳，或将其装置于封闭的电气作业场所中等直接接触保护技术。外壳防护（防异物、水的进入）用于防止直接接触带电导体，保护的部件只允许用工具拆卸或打开。还可采用安全特低电压、电气隔离等。

电气设备必须保证基本绝缘发生故障或出现电弧时，故障接触电压不会产生危害，可采取接地保护、双重绝缘结构、安全特低电压供电等防护措施。双重绝缘结构和安全特低电压供电的防护措施中不允许有保护接地装置。所有由于工作电压、故障电流、泄漏电流或类似作用而会发生危害的部位，必须留有足够的电气间隙和爬电距离；出现故障电压、过电流时应有自动切断电源的技术措施。

（二）着火危险控制

电气设备导致的火灾事故通常可以分为两种，即产品自身作为火源引起的起火现象，以及由于产品出现过热而导致周围的易燃材料起火的现象。

对于设备自身导致的起火，通常有两种防护思路：一种是避免产品成为火源；另一种是使用适当的防护外壳或挡板，将火焰限制在产品的内部，不要向外部蔓延。因此，要防止产品成为火源，需要不用或限制使用易燃材料，结构部件的非金属材料具有耐热性；支撑带电零件的绝缘材料或工程塑料具有耐电痕化、耐燃性；采取有效措施避免在任何可能引起燃烧的材料附近出现高温。例如,不要出现短路、持续的过载、不可靠的连接等现象,使用适当的过热保护元件或过流保护元件,避免出现高温达到材料的燃点。至于限制火焰的蔓延,则需要采取不用或限制使用易燃材料,尽量减少可燃材料的用量,并使用适当的材料和适当的结构制作防护外壳或挡板,在起火时将火焰限制在内部,同时切断电源,避免火势向外部蔓延,让火焰在内部慢慢熄灭。

设备运行过热现象不仅会缩短零部件的使用寿命,破坏绝缘材料的特性,还有可能引燃周围和内部的易燃材料,对人体造成烫伤事故等。由于发热是不可避免的物理现象,且存在热惯性现象,因此对于过热的防护,需对热源采取适当的隔离措施和合适的散热措施,并且安装合适的安全保护元件。在产品某些部位的温度升高到一定程度时,应切断电源,使其逐渐冷却下来,避免温度进一步升高而产生危险,同时提供适当的警告标志,提醒使用者远离热源。

(三)机械危险控制

外壳防护:防异物进入、防水进入。

结构设计:结构强度、刚度,表面粗糙度,锐边、棱角,稳定性。

运动部件防护:机械防护罩、盖的材料、厚度和尺寸;运动件、作业工具的防甩出;气体、液体介质的飞逸;振动。

连接危险控制:机械连接与电气连接的可靠性。

(四)运行危险控制

运行过程、环境都可能发生变化,对加在电气设备上的外界影响所引起的危害应制定出相应的防护措施,使在预计的外界影响下保证电气设备能在一定程度上满足相应要求,能在一定程度上抵抗外界因素影响,在预计到的意外情况下而不危害于人。

设备在运行过程中需要防止电气设备自身或旁邻设备产生的高温、电弧、辐射、气体、噪声、振动等电能和非电能的作用所造成的危险,防止电气设备由于过载、冲击、压力、潮湿、异物等外界因素的间接作用而造成的危险。

电气设备运行环境(如温度、湿度、粉尘、蒸汽等)会引起设备的绝缘性能下降,导致电击事故。电源电压波动、中断、暂降等电源故障,误操作、意外启动与停止、无法启动等操作故障,静电积聚,外部的冲击、振动、电场、磁场干扰等,这些运行过程中常见现象在设计时都应有相应的控制措施,防止事故发生。

（五）辐射危险控制

辐射的种类千差万别，对人体的危害程度也各不相同。对辐射危险的防护主要有：尽可能避免辐射现象，屏蔽辐射源，或者使用安全联锁装置，在接触到辐射之前切断电源；当不可避免地需要暴露在辐射中时，限制辐射源的能量等级，并提供适当的警告标志，提醒相关人员注意采取额外防护措施或控制暴露的时间。

（六）人体工程学

电气设备的操纵装置、显示装置应符合人的生理心理特性，适应人体的动作特性、感觉特征，以利于提高舒适度、减少疲劳和心理压力，防止人为误操作，保障人身健康与安全。如紧急停止按钮的设计应考虑人在紧急状态下的心理特征，设计的大小、色彩、布置的位置等都应考虑人的因素。

（七）完善设备安全信息与提示

电气设备的类型、安全安装、维护、清洗、运行等操作信息，识别标志、风险和潜在风险的警告，安全使用的关键信息应易于用户理解。

三、电气设备一般安全要求

（一）电气设备设计一般安全要求

电气设备的安全设计应考虑运行或使用环境对电气设备绝缘的影响，运行过程中可能出现的电击、火灾、危险温度、电弧、辐射等危险应有相应的安全防护措施，同时应有防止人为操作错误而可能导致伤害的安全措施，如联锁、提示等措施。

电气设备设计制造应符合国家电气设备安全技术规范中的要求，在规定使用期限内保证安全，不应发生危险。电气设备采用的安全技术按直接安全技术、间接安全技术、提示性安全技术的顺序实现。①直接安全技术，即将电气设备制造得没有危险性。②间接安全技术，如果直接安全技术不可能或不完全能解决，则要寻找采用专门的安全技术手段。③提示性安全技术，即在上述安全技术不能达到目的或不能安全达到目的的情况，宜说明电气设备无危险应用的条件。例如，提供中文且通俗易懂的使用和操作说明；在电气设备的运输、贮存、安装、定位、接线或运行的方式方面给予足够的说明。

电气设备的设计制造应保证产品有最大可能的安全性，按电击防护的方法，可设计制造成：0类电气设备、Ⅰ类电气设备、Ⅱ类电气设备、Ⅲ类电气设备。

电气设备在使用时可采用专门的、与电气设备的特性和功能无关的安全技术措施。

电气设备在按设计用途使用时遇到特殊环境或运行条件，即在特殊条件下也必须符合本标准。电气设备必须承受预见会出现的诸如静态或动态负载、液体或气体作用、热或特殊气候等引起危险的物理和化学作用，而不造成危险。

电气设备上必须防止危险的静电积聚，或采取专门安全技术手段使其无危害或释放。

制造电气设备时，只允许使用能够承受按设计用途使用时所出现的诸如老化、腐蚀、气体、辐射等物理或化学影响的材料。

电气设备的设计应符合人类工效学的结构，减轻劳动强度和便于使用，使之能预防危险。

电气设备设计这部分内容在本书中未涉及，但此内容可用于设备选型、验收、安全检查之用。例如，验收设备时安全使用的关键信息、识别标志、风险的警告、安装与维护的安全等信息内容是否完善。

（二）电气设备选型安全要求

按照国家有关电气安全标准、规范，根据电气设备的负荷、使用场所、运行环境（如爆炸和火灾危险环境、粉尘、潮湿、高温等）选用、安装与之相适应的电气设备。

安全使用电气设备的重要原则之一就是既要考虑设备本身安全特性，还要考虑用电环境危险程度，根据使用环境选择适当的电气设备。

电气设备针对不同的使用环境应具有防电击以及防环境影响的功能，其结构应满足电气性能、防火功能、防尘防水等要求。例如，对电性能的规定：电器间隙、爬电距离、防电击结构等；对防火的结构规定：材料的选用、阻燃等级、耐温要求等；对防尘防水的结构规定。下面依次介绍电气设备的应用环境、外壳防护等级。

1.用电环境

电气设备总是工作在某一特定环境中，不同环境对电气设备的正常工作、可靠性、使用寿命等有不同影响。一般情况下，潮气、粉尘，高温、腐蚀性气体和蒸汽都会损伤电气设备的绝缘，增大触电的危险，所以应重视用电环境。在具有导电性地板的环境或电气设备附近有金属接地物体存在的环境下，无论是人体直接接触带电体，还是意外接触带电体，都容易构成电流回路，触电的危险性较大。根据不同的触电危险程度，对用电场所进行分类：无较大危险的场所、有较大危险的场所和特别危险的场所。

一般有绝缘地板（如木地板），没有接地导体或接地导体很少的干燥、无尘场所，属于无较大危险的场所。居民住宅、普通办公室、学校等都属于无较大危险的场所。

下列场所属有较大危险的场所：潮湿场所（空气的相对湿度超过75%）；高温炎热场所；含导电性粉尘（如煤尘、金属尘等）且沉积在导线上或落入机器、仪器的场所；有金属、泥土、钢筋混凝土、砖等导电性地板或地面的场所；作业人员可能同时接触接地的金属构架、金属结构或工艺装备，而且还可能接触电气设备的金属壳体的场所。

下列场所属特别危险的场所：特别潮湿的场所，如室内天花板、墙壁、地板等各种物体都潮湿，空气相对湿度接近100%；长期存在腐蚀性蒸汽、气体、液体等介质的场所；具有两种或两种以上的有较大危险场所特征的场所，如有导电性地板的潮湿场所、有导电性粉尘的高温、炎热场所。许多生产厂房，如铸造车间、酸洗车间、电镀车间、电解车间、漂染车间，化工厂的大多数车间等都属于特别危险场所。企业应根据空气介质的状态和用电设备周围的环境，选用适当的电气设备，要保证所选的电气设备结构能够承受所在场所的各种不安全因素的影响。在选择电气设备时，除应考虑触电危险性之外，还应考虑工作环境火灾和爆炸的危险性。

2.外壳防护等级（IP代码）

外壳防护等级是为防止人体接近壳内危险部件、防止固体异物进入壳内设备、防止由于水进入壳内对设备造成有害影响所提供的保护程度。

外壳防护等级标志：外壳提供的防护等级用IP代码表示。IP代码中第一位特征数字意指外壳通过防止人体的一部分或人手持物体接近危险部件对人提供防护，同时外壳通过防止固体异物进入设备对设备提供防护。第一位特征数字表示对人接近危险部件和固体异物进入设备两种防护功能的防护等级，该特征数字代表两种防护功能等级较低者。第二位特征数字代表了外壳对进水的防护等级。

其中字母IP及第一、第二位特征数字是必需的，当某种防护功能不做要求而无须指出时，第一位或第二位特征数字用字母“X”代替（如果两个字母都省略则用“XX”表示），而附加字母和补充字母根据需要可有可无，当使用一个以上的补充字母时，应按字母顺序排列。

外壳防护功能及分级方法。电气设备外壳具有3种基本防护功能：①对人接近外壳内危险部件的防护。②对固体异物（包括粉尘）进入的防护。③对进水的防护。

附加字母仅用于接近危险部件的实际防护高于第一位特征数字代表的防护等级;第一位特征数字用“X”代替,仅需表示对接近危险部件的防护等级。如“IP23C”,附加字母“C”所代表的对接近危险部件的防护等级高于其第一位特征数字“2”。第一位特征数字用“X”代替,仅需表示对接近危险部件的防护等级(无须表示对固体异物进入的防护等级),如“IPX3B”“IPXXC”。

补充字母用于对设备的特性或试验条件等作补充性说明,在IP代码中可有可无。补充字母可放在附加字母之后,也可放在第二位特征数字之后,如“IP23CS”“IP23S”。若无字母S和M,则表示防护等级与设备部件是否运行无关,需要在设备运行和静止时都做试验。

第二节 常用电气保护装置

电气保护装置用于保护设备和线路,防止过载、短路以及接地故障造成的损害;防止由于绝缘故障引起的间接接触的危险。

一、电气保护装置要求

电气保护装置应在被保护对象处于异常状态下切断控制回路,如过流、超压、超限位、超温、超速等异常状况应能切断电气设备电源或报警等。

通过装设相应的变换器来检测、比较并鉴别出被保护设备某一电气量“正常”与“不正常”两种运行状态时的差别,并以此特点构成的保护属于电气量保护与控制装置。例如,反映电流增大的过流保护,以及反映电压异常的欠压保护等。还有一类反映非电气量的保护器件或装置,如反映温度、流量(变压器的轻重瓦斯保护)、位移(限位、行程开关)、速度、压力等非电气量变化构成的保护与控制器件或装置。

电气保护装置一般要求具有选择性、速动性、可靠性、灵敏性。运行过程中应能可靠监测到异常信号、动作时间可靠,并且应与各级保护装置以及被保护设备或线路特性配合。

(一)过载防护应满足的条件

防护电器与被保护回路在一些参数上应互相配合,满足下列条件:

①防护电器的额定电流或整定电流不应小于回路的计算负载电流。②防护电器的额定电流或整定电流不应大于回路的允许持续载流量。③保证防护电器有效动作的电流即熔断电流或脱扣电流不应大于回路载流量的1.45倍。

(二)短路防护应满足的条件

短路能直接引起各种电气危险和火灾。保护装置应在短路电流对回路导体和其连接点因热效应及机械效应导致危险之前切断回路。为避免电气短路引起灾害,短路防护应满足下列条件:①短路防护电器的遮断容量不应小于它安装位置处的预期短路电流,但当上级防护电器切断该短路回路电流时,下级防护电器和它所保护的回路能承受所通过的短路电流而不致损坏时,可以装用较小遮断容量的防护电器。②被保护回路内任一点发生短路时,防护电器都能在被保护回路的导体温度上升到允许限值前的时间内切断电源。[①]

二、熔断器

(一)熔断器的工作原理及特性

1.工作原理

熔断器工作原理是利用金属导体作为熔体串联于电路中,当过载或短路电流通过熔体超过规定值足够长的时间,因其自身发热熔断熔体,使电路断开,从而起到保护作用。熔断器广泛用于供电线路和电气设备的短路保护。

2.结构

熔断器由熔体、安装熔体的熔管和熔座3部分组成。熔体是熔断器的核心,熔体的材料、尺寸和形状决定了熔断特性。

熔断器按熔体材料分为低熔点和高熔点两类。如铅、铅合金材料熔点低,由于其电阻率较大,故制成熔体的截面尺寸较大,熔断时产生的金属蒸气较多,只适用于低分断能力的熔断器。高熔点材料(如铜、银)的熔点高,但由于其电阻率较低,可制成截面尺寸较小的熔体,熔断时产生的金属热气少,适用于高分断能力的熔断器,但熔点高对小过载会失去保护。为此,常应用“冶金效应”,即在铜丝中焊接一个小锡球,当熔体温度上升到小锡球熔化温度时,促进熔丝熔断,这样可使较低的过载也能得到保护。

①朱三妹. 电子信息工程技术的应用和安全管理[J]. 电子元器件与信息技术, 2021, 5(9):169-170.

按照熔断器的分断范围国家标准把熔断器分为g类和a类两大类。g类为全范围分断，a类为部分范围分断。熔断器按使用类别分为一般用途的G类和电动机保护用的M类。上述两类可以有不同的组合，如"gG"为一般用途全范围分断能力的熔断体；"gM"为保护电动机电路全范围分断能力的熔断体；"aM"为保护电动机电路的部分范围分断能力的熔断体。

3.保护特性

熔断器熔体的熔断时间与电流的大小关系，称为熔断器的安秒特性，也称为熔断器的保护特性。熔断器的保护特性为反时限的，其规律是熔体熔断时间与流过熔体电流的平方成反比，各类熔断器的保护特性曲线均不相同，与熔断器的结构形式有关。

熔体的最小熔化电流I_{rmin}是指熔体在额定电流下绝对不应熔断，所以最小熔化电流必须大于额定电流，往往以在1～2 h内能熔断的最小电流值作为最小熔化电流。熔体额定电流I_{FN}是熔体长期工作而不至于熔断的电流。为了描述熔体的保护特性，前者与后者之比称为最小熔化系数，用符号β表示，该系数反映熔断器在过载时的不同保护特性。β必须大于1，一般取$\beta \geqslant 1.25$，也就是说额定电流为10 A的熔体在电流12.5 A以下时不会熔断。β值小对小倍数过载保护有利。

（二）熔断器类别

熔断器根据使用电压可分为高压熔断器和低压熔断器。

常用的熔断器有管式熔断器RC1系列、螺旋式熔断器RLI系列、填料封闭式熔断器RT0系列及快速熔断器RSO与RS3系列等。

1.插入式熔断器

主要应用于额定电压380 V以下的电路末端，作为供配电系统中对导线及电气设备（如电动机、负荷电器）以及220 V单相电路（如民用照明电路及电气设备）的短路保护电器。在照明线路中，还可起过载保护作用。

2.螺旋式熔断器

熔体上的上端盖有一熔断指示器，一旦熔体熔断，指示器马上弹出，可透过瓷帽上的玻璃孔观察到。主要应用于交流电压380 V、电流强度200 A以内的电力线路和用电设备中作短路保护，特别是在机床电路中应用比较广泛。

3.封闭式熔断器

封闭式熔断器分无填料熔断器和有填料熔断器两种。有填料熔断器一般用方形瓷管,内装石英砂及熔体,分断能力强,用于电压等级500 V以下、电流等级1 kA以下的电路中。无填料密闭式熔断器将熔体装入密闭式圆筒中,分断能力稍小,用于500 V以下、600 A以下电力网或配电设备中。封闭式熔断器主要应用于经常发生过载和断路故障的电路中,作为低压电力线路或者成套配电装置的连续过载及短路保护。

4.快速熔断器

又称为半导体器件保护用熔断器,它主要用于半导体整流元件或整流装置的短路保护。由于半导体元件的过载能力很低,只能在极短时间内承受较大的过载电流,因此要求短路保护具有快速熔断的能力。快速熔断器的结构和有填料封闭式熔断器基本相同,但熔体材料和形状不同,它是以银片冲制的有V形深槽的变截面熔体。

5.自复熔断器

采用金属钠做熔体,在常温下具有高电导率。当电路发生短路故障时,短路电流产生高温使钠迅速汽化,气态钠呈现高阻态,从而限制了短路电流。当短路电流消失后,温度下降,金属钠恢复原来的良好导电性能。自复熔断器只能限制短路电流,不能真正分断电路。其优点是不必更换熔体,能重复使用,主要在交流380 V的电路中与断路器配合使用。熔断器的电流有100,200,400,630 A四个等级。

(三)常用熔断器的技术数据

额定电压。熔断器长期能够承受的正常工作电压,即安装处电网的额定电压。

额定电流。熔断器壳体部分和截流部分允许通过的长期最大工作电流。

熔体的额定电流。熔体允许长期通过而不会熔断的最大电流,电流值规定有:2.4,6,8,10,12,16,20,25,32,40,50,63,80,100,125,160,200,250,315,400,500,630,800,1 000,1 250 A等系列。

熔断器所能断开的最大短路电流,即熔断器极限断路电流。

熔断器的技术参数还包括:熔断器的分断能力、电流种类、额定频率、分断范围、使用类别和外壳防护等级等。

熔断器的技术参数应区分为熔断器(底座)的技术参数和熔体的技术参数。熔体额定电流不等于熔断器额定电流,熔体额定电流按被保护设备的负荷电流选择,同一规格的熔断器底座可以装设不同规格的熔体,熔体的额定电流可以和熔断器的额定电流不同,但熔体的额定电流不得大于熔断器的额定电流。额定电流的表示形式为:熔断器底座的额定电流/熔体的额定电流。

(四)熔断器的选择

对熔断器的选用主要包括类型选择和熔体额定电流的确定。根据使用环境、负载性质和短路电流的大小选用熔断器。

1.类型选择

用于保护照明线路和电动机的熔断器一般是考虑它们的过载保护,此时熔断器的熔化系数适当小些。容量较小的照明线路和电动机宜采用熔体为铅锌合金的RC1A系列熔断器。

大容量的照明线路和电动机除过载保护外,还应考虑短路时分断短路电流的能力。若短路电流较小时,可采用熔体为锡质的RC1A系列或熔体为锌质的RM10系列熔断器。用于车间低压供电线路的保护熔断器,一般是考虑短路时的分断能力:当短路电流较大时,宜采用具有高分断能力的RL1系列熔断器;当短路电流相当大时,宜采用有限流作用的RTO系列熔断器。

对于较大容量的电动机和照明干线,则应着重考虑短路保护和分断能力,熔断器难以起到过载保护作用,而只能用作短路保护,过载保护应用热继电器才行。通常,选用具有较高分断能力的RM10和RL1系列的熔断器;当短路电流很大时,宜采用具有限流作用的RTO和RTI2系列的熔断器。

2.技术参数选择

熔断器的额定电压和额定电流应不小于线路的额定电压和所装熔体的额定电流。熔断器的分断能力必须大于电路中可能出现的最大故障电流。熔体额定电流的选用如下:保护无启动过程的平稳负载,如照明线路、电阻、电炉等时,熔断器可用作过载保护和短路保护,熔体的额定电流应等于或稍大于负载的额定电流;容量较大的电动机因启动电流很大,熔体的额定电流应考虑启动时熔体不能熔断而选得较大些,故熔断器对电动机只宜做短路保护而不能做过载保护。

单台不经常启动且启动时间不长的电动机的短路保护,应满足$I_{RN} \geqslant (1.5\sim2.5)I_N$。轻载启动或启动时间较短时,系数可取1.5;带负载启动、启动时间较长或启动较频繁时,系数可取2.5。

对于多台电动机的短路保护，应满足$I_{RN} \geqslant (1.5\sim2.5)I_{N\max} + \sum I_N$。

为防止发生越级熔断、扩大事故范围，上下级（即供电干、支线）线路的熔断器间应有良好级间配合。在选用时，应使上级（供电干线）熔断器的熔体额定电流比下级（供电支线）的大一两个级差。

标准规定额定电流16 A及以上的串联熔断体的过电流选择比为1.6∶1，即上级熔断体电流不小于下级熔断体电流的1.6倍，就能实现有选择性熔断。标准规定熔断体额定电流值也是近似按这个比例制定的，如25，40，63，100，160，250 A相邻级间，以及32，50，80，125，200，315 A相邻级间，均有选择性。

（五）使用和维护熔断器时应注意的事项

上下级熔断器的熔断体额定电流只要符合国标和IEC标准规定的过电流选择比为1.6∶1的要求，就视为上下级能有选择性切断故障电流。

但也有如下缺点：故障熔断后必须更换熔断体；保护功能单一，只有一段过电流反时限特性，过载、短路和接地故障都用此防护，使用范围受限；当发生一相熔断时，对三相电动机将导致两相运转的不良后果等。所以，在使用中应注意以下事项：①所选熔断器参数符合被保护电路的特性及要求，安装时保证接触良好。②熔体熔断后应更换同一规格、型号的熔体。③因熔断器熔断造成缺相运行的电动机控制电路可用带报警信号的熔断器予以弥补。④对熔断器出现故障应正确判断及时处理，避免留下安全隐患。

第三节　常用低压电气设备的安全运行

一、电动机

要保证电动机的安全运行，则需满足其设计规定的额定条件。首先，需要合理选型：根据负载大小选择额定功率；根据工艺、经济等要求选择电动机的类型、额定转数、绕组的接法、工作制方式；根据使用环境选择防护等级、绝缘等级。其次，避免电动机运行时的电压与电流异常、漏电、相序发生错乱等因素造成的损坏。第三，加强对电动机运行维护与检查，提高运行可靠性。

（一）电动机简介

电动机按电源种类可分为直流电动机和交流电动机；按电源相数分类可分单相电动机和三相电动机；按电动机的转速与电网频率之间关系可分为异步电动机和同步电动机；按防护形式可分为开启式、防护式、封闭式、隔爆式、潜水式、防水式。

直流电动机因其具有良好的启动性能，并能经济地实现范围较广的平滑调速，在启动和调速要求较高的机械上广泛使用。因此，凡是在重负载下启动或要求均匀调节转速的机械，如大型可逆轧钢机、卷扬机、电力机车、电车等，都用直流电动机拖动。直流电动机有电流换向的问题，并且成本高，运行中的维护检修也比较麻烦。

异步电动机的结构简单，制造、使用、维护方便，运行可靠性高，重量轻，成本低。以三相异步电动机为例，与同功率、同转速的直流电动机相比，前者重量只及后者的1/2，成本仅为1/3。异步电动机是工农业生产中最常见的电气设备，根据电动机转子结构的不同分鼠笼式和绕线式异步电动机。其工作原理：当三相定子绕组通入三相对称的交流电流时，产生一个旋转磁场，这个旋转磁场磁力线切割转子上的导体，在转子导体中产生感应电流，感应电流在定子磁场作用下产生电磁转矩，从而带动转子转动。电动机转子的旋转方向是由定子绕组建立的旋转磁场的旋转方向决定的，而旋转磁场的方向与三相电流的相序有关，改变通入定子绕组电流相序即改变旋转磁场的方向，也即改变了电动机的旋转方向。当合闸瞬间，转子因惯性还未转起来，旋转磁场以最大的速度切割转子绕组，使转子绕组感应电动势最大，因而在转子导体中流过很大的感应电流，定子电流也增加很大，甚至高达额定电流的5～7倍。随着电动机转子转速增高，定子的旋转磁场与转子导体的相对切割运动减小，转子导体中感应电势减小，转子导体中的电流也减小，于是定子电流中用来抵消转子电流所产生的磁通的影响的那部分电流也减小，定子电流就从大到小，直至正常。①

一般来说，由于起动过程不长，短时间流过大电流，发热不太厉害，电动机是能承受的，但如果正常启动条件被破坏，例如规定轻载启动的电动机作重载启动，不能正常升速，或者电压低时，电动机长时间达不到额定转速以及电动机连续多次启动等，都将有可能使电动机绕组过热而烧毁。

①赵春燕．海洋石油钻井平台设备安全管理探讨[J]．化工管理，2021(21)：191-192.

（二）电动机选型

电动机的选择主要根据生产机械的工艺要求及使用环境，并综合考虑电动机的种类、工作方式及防护形式、额定电压、额定转速、额定功率、经济性等几个方面进行。从安全运行角度来看电动机选择应根据机械设备及电机所处环境选择电机的防护方式，以适应周围环境条件的要求；选用的电动机的额定电压与电源电压相符合；根据实际负荷合理选择电动机功率P_N，如电动机容量选择偏大，造成投资的浪费且效率和功率因数也都不高，使电能浪费很大，电动机的容量选得过小，就会难以启动，或者勉强启动起来工作电流也会超过电动机的额定电流，导致电动机绕组过热乃至烧毁。

决定电动机额定功率的主要因素是电动机的发热及温升。电动机工作时有铜、铁摩擦等损耗，这些损耗变为热能使电机温度升高。当温度升高到一定极限（电动机允许最高温度）时，其绕组、铁芯绝缘将迅速老化，电动机寿命大减，严重时会直接烧毁电动机。电动机选用的绝缘材料也不同，其最高允许温度不同。电动机绝缘材料的最高允许温度就限制了电动机带负载的限度，而电动机功率P_N就代表了该限度，当电动机带额定功率负载运行时，其稳定温度接近绝缘材料的最高允许温度。

除负载要求外，环境温度是影响电动机功率选择的重要因素之一，国标规定：

$$\text{电动机最高允许温升} = \text{绝缘材料的最高允许温度} - \text{环境温度}$$

我国规定标准环境温度是40 ℃。电动机的温升与电动机的工作方式有关，常见电动机的工作方式有连续工作制、短时工作制、断续周期工作制。

连续工作制指电动机在恒定负载下连续运行，如通风机、水泵、纺织机等都选用连续工作制电动机，取使电机稳定温升达到电动机绝缘材料最高允许温升时的输出功率作为该电动机的额定功率。如与水泵、风机等配套的电动机，从节能的观点出发，电动机在80%左右负载率运转时效率最高。

短时工作制指电动机带恒定负载在给定的短时间内运行，如重型吊车、电动闸门等都选用短时工作制电动机，国标规定短时工作制标准时限为10，30，60，90 min，其功率取在规定工作时限内实际达到的最高温升等于电动机绝缘材料最高允许温升时的输出功率作为该工作时限下的额定功率。例如，与电动闸门配套的电动机，可以允许在比额定功率偏大的情况下运行，并依据电动机的转矩是否能满足负载转矩的要求来确定。

断续周期工作制指电动机工作与停歇交替进行，带恒定负载运行时间短，停车时间也短。负载持续率（又称为暂载率）是指每个周期内工作时间所占的百分数，标准负载持续率为15%，25%，40%，60%。工作于断续周期制的电动机，把在规定负载持续率下运行的实际达到的最高温升，等于电动机绝缘材料最高允许温升时的输出功率作为其该负载持续率下的额定功率。

（三）电动机运行安全技术

电动机在运行中会因电压异常、过电流、漏电等各种原因造成设备损坏或人身伤害，常见安全技术措施如下。

电动机电压异常保护：电压异常包括失压、欠压和过压、缺相（断相）、错相等。一般采用接触器和按钮控制电动机的启停就具有失压保护功能，正常工作中电网电压消失，接触器会自动释放而切断电动机电源。

欠电压保护一般采用低压断路器或专门的电磁式电压继电器来实现，其方法是将电压继电器线圈跨接在电源上，其常开触头串接在接触器控制回路中。当电网电压低于指定值时，电压继电器动作使接触器释放。有些场合，当电网电压降到额定电压的60%～80%时，就要求能自动切断电源而停止工作，这种保护称为欠电压保护。

过电压保护采用过电压继电器，电源电压一旦过高，过电压继电器的常闭触头就立即动作，从而控制接触器及时断开电源。过电压继电器的动作电压整定值一般可为电动机额定电压的1.05～1.2倍。

据有关资料统计，三相异步电动机的缺相运行占三相异步电动机所有故障的60%～70%。缺相运行会使电动机绕组发热，破坏电机绝缘，以至于烧毁电机，影响生产，甚至造成事故。造成三相异步电动机缺相运行的原因很多，例如，熔断器一相熔断，供电电源线一相断线，供电变压器一相缺相，电动机绕组接线端子一相松脱，电动机绕组内部断线以及刀开关、低压断路器、接触器等开关电器的一相触头损坏等。电动机未启动时，若缺相因无启动转矩，电机不能转动而容易被发现；而当电动机在运行中发生断相时，常常不易被发现。此时，产生过电流，会导致电机烧坏。断相运行时，通常可以根据电流或电压发生的变化特征检测出断相信号来构成断相保护装置。断相保护有很多方法：用带断相保护的热继电器、电压继电器、欠电流继电器或专门为断相运行而设计的断相保护继电器。

电动机相序发生错乱将无法正常工作甚至损坏，如空气压缩机、空调制冷系统、水泵系统、起重升降设备等。例如，起重机吊钩上升限位开关通过控制电动机上升方向的接触器线圈来实现，如果相序接反电动机反转，则上升限位开关变成控制吊钩下降的极限位置，此时就失去了上升限位保护功能。相序保护可采用相序继电器，取样三相电源并进行处理，在电源相序和保护器端子输入的相序相符的情况下，其输出继电器接通，设备主控制回路接通。当电源相序发生变化时，相序不符，输出继电器无法接通，从而保护了设备，避免事故的发生。

电动机过电流保护：大于额定载流量的回路电流都是过电流。当回路因所接电气负载过多或所供设备过载，如所接电动机的机械负载过大，其电流值只是回路载流量的不多倍，后果则是工作温度超过规定值，使绝缘加速劣化，寿命缩短，但它并不立即导致灾害。当回路短路，其电流可达载流量的几百倍，可产生异常高温和巨大的机械应力导致种种灾害。电动机过电流保护可通过检测过电流值的变化或过电流出现后的温升实现。

常用的短路保护装置有熔断器和断路器，应该满足以下要求：一是必须在很短的时间内切断电源；二是当电机正常启动、制动时，保护装置不应误动作。

过载保护常采用热继电器、过电流继电器或电动机保护器作为保护元件。过电流继电器是由电磁效应来引发保护装置动作，针对电流的瞬时大小；热继电器是由电流的热效应，即电流对时间的累积结果来引发保护装置动作。一般情况下，同一电路中过载保护动作电流值要比过电流小。值得注意的是，短路保护、过载保护不能互相代替。

在电动机电流没有超过额定值时，由于通风不良、环境温度过高、启动次数过于频繁等原因，电动机也会过热。这种情况下用以上的过流保护或过载保护都不能解决问题，需要直接反映温度变化的热保护器。温度保护通常可采用温度继电器。温度继电器主要有双金属片式和热敏电阻式两种，它们都被直接埋置在发热部位。

温度保护与热继电器过载保护都是利用温度来触发保护，但并不完全相同。过载保护是因为电流长时间超出额定值使得继电器触发保护，而温度保护是由于散热不良、环境温度过高等因素使得电机过热从而触发保护。温度保护被触发时，电动机中的电流值有可能是正常的，因此过载保护不一定会起作用。

电动机漏电保护：主要是为了防止直接接触电击和间接接触电击事故，防止电气线路或电气设备接地故障引起电气火灾和电气设备损坏事故。通常在电动机主电路中接入RCD或漏电断路器,防止因电动机漏电所造成的事故。电动机外壳应根据电网的运行方式采用可靠的接零或接地保护。

二、手持式电动工具

手持式电动工具是指由电动机或磁力驱动的交流单相和直流额定电压不大于250 V、交流三相额定电压不大于440 V的工具。它提供或不提供安装到支架上的装置,且被设计成由电动机与机械部分组装成一体,便于携带到工作场所,并能用手握持或支撑或悬挂操作。

随着手持电动工具的广泛使用,其电气安全的重要性更显得突出。手持电动工具是在人的紧握之下运行的,人与工具之间的电阻小,且一旦触电因肌肉收缩而难以摆脱带电体;再加上移动作业,其电源线容易受拉、摩擦而漏电,电源线连接处容易脱落而使金属外壳带电,容易造成触电事故。因此,手持式电动工具主要是防止电击,包括防直接接触和间接接触电击,其核心是绝缘问题。手持式电动工具按其绝缘和防止触电性能可分为3类:

Ⅰ类:防止触电保护不仅依靠基本绝缘,而且还有一个附加的安全保护措施。绝缘结构中全部或多数部位只有基本绝缘。如工具设有接地装置这一附加保护措施,如果绝缘损坏或失效,可触及的金属零件通过接地装置与安装在固定线路中的保护接地或保护接零导线连接在一起,不至于成为潜在的带电体,防止操作者触电。

Ⅱ类:防止触电保护不仅依靠基本绝缘,而且还包含附加的安全保护措施(但不提供保护接地或不依赖设备条件),如采用双重绝缘或加强绝缘。当基本绝缘损坏或失效时,附加绝缘将操作者与带电体隔离,避免触电。Ⅱ类工具在工具的明显部位(如铭牌)标有Ⅱ类绝缘的符号"回"。它的基本类型有:绝缘材料外壳型,系具有坚固的基本上连续的绝缘外壳;金属外壳型,它有基本连续的金属外壳,全部使用双重绝缘,当应用双重绝缘不行时,便运用加强绝缘;绝缘材料和金属外壳组合型。

Ⅲ类:依靠安全特低电压供电。所谓安全特低电压,是指在相线间及相对地间的电压不超过42 V,由安全隔离变压器供电,并能确保在工具内不产生高于特低电压的电压。

(一)手持式电动工具安全管理

工具的管理包括:检查工具是否具有国家强制认证标志、产品合格证和使用说明书;监督、检查工具的使用和维修,工具存放场所是否干燥、无有害气体或腐蚀性物质;使用单位是否建立工具使用、检查和维修的技术档案。

按照工具产品使用说明书的要求及实际使用条件,制定相应的安全操作规程。内容至少包括:工具允许使用范围;工具的正确使用方法和操作程序;工具使用前应着重检查的项目和部位,以及使用中可能出现的危险和相应的防护措施;工具的存放和保养方法;操作者注意事项。电动工具安全操作规程应按照国家标准GB/T 3787—2006、工具的使用说明书、实际使用条件等因素制定。

(二)手持式电动工具检查、维修

工具在发出或收回时,保管人员必须进行一次日常检查。使用前使用者必须进行日常检查,至少应包括以下项目:是否有产品认证标志及定期检查合格标志;外壳、手柄有否裂缝或破损;保护接地线连接是否完好无损;电源线是否完好无损;电源插头是否完整无损;电源开关动作是否正常、灵活,有无缺损、破裂;机械防护装置是否完好无损;工具转动部分是否转动灵活、轻快,无阻滞现象;电气保护装置是否良好,动作可靠。

工具使用单位必须有专职人员进行定期检查:每年至少检查一次;在湿热和温度变化较大的地区或使用条件恶劣的地方还应相应缩短检查周期;在梅雨季节前应及时进行检查;还必须定期检查和测试电动工具的绝缘电阻(带电零件与外壳之间)不应低于下列数值:Ⅰ类工具2 MΩ,Ⅱ类7 MΩ,Ⅲ类1 MΩ。经定期检查合格的工具,应在工具的适当部位粘贴检查“合格”标志,且“合格”标志应鲜明、清晰、正确,并至少应包括工具编号、检查单位名称或标记、检查人员姓名或标记、有效日期。

长期搁置不用的工具,在使用前必须测量绝缘电阻,若不满足要求应进行干燥处理或维修,经检查合格、粘贴“合格”标志后方可使用。

工具如有绝缘损坏,电源线护套破裂、保护接地线脱落、插头插座裂开或有损于安全的机械损伤等故障时,应立即进行修理。在修复之前,不得继续使用。

工具的维修必须由原生产单位认可的维修单位进行;使用单位和维修部门不得任意改变工具的原设计参数,不得采用低于原用材料性能的代用材料和与原有规格不符的零部件;在维修时,工具内的绝缘衬垫、套管不得任意拆除或漏装,工具的电源线不得任意调换;工具的电气绝缘部分经修理后,还必须进行介电强度试验。维修后应测绝缘,并在带电零件与外壳间做耐压试验。由基本绝缘与带电零件隔离的Ⅰ类工具其耐压试验电压为950 V，Ⅲ类工具为380 V，用加强绝缘与带电零件隔离的Ⅱ类工具的试验电压为2 800 V。工具经维修、检查和试验合格后，应在适当部位粘贴“合格”标志，对达不到应用安全技术要求的工具必须办理报废手续并采取隔离措施。

手持式电动工具的安全使用包括：允许使用范围、正确的使用方法、操作程序、使用前应检查的部位和项目、使用中可能出现的危险和相应的防护措施、工具的存放和保养方法、操作者应注意的事项等。此外，还应对使用、保养、维修人员进行安全技术教育和培训，重视对手持电动工具的检查、使用、维护的监督，防震、防潮、防腐蚀。

第四节 主要高压电气设备的安全运行

在发电厂和变电所中，通常把直接生产、输送、分配和使用电能的设备称为一次设备；对电气一次设备和系统的运行状况进行测量、控制、保护和监察的设备称为二次设备。

一次设备按其功能可分为变换设备、控制设备和保护设备等类型。变压器和互感器属于变换设备；各种高低压开关则属于控制设备，如高压断路器、隔离开关、重合器等；限制短路电流的电抗器、熔断器和防御过电压的避雷器等属于保护设备。下面介绍供配电系统的主要设备安全运行。

一、变压器

电力变压器(符号为T或TM)，是变电所中最关键的一次设备，其功能是将电力系统中的电能电压升高或降低，以利于电能的合理输送、分配和使用。变压器的安全、可靠运行直接影响用户的用电可靠性、安全性。为了保证配电变压器的正常工作，必须加强配电变压器的运行维护管理，做好变压器的运行监视，对变压器运行中出现的异常现象进行分析、判断原因及可能发生的事故，采取措施防止事故的发生。

(一)变压器分类

变压器是一种通过改变电压而传输交流电能的静止感应电器。电力变压器按功能分升压变压器和降压变压器，工厂变电所都采用降压变压器，终端变电所的降压变压器也称配电变压器。

变压器按用途分电力变压器、试验用变压器、仪器用变压器、特殊用途变压器；按相数分单相变压器和三相变压器；按绕组形式分自耦变压器、双绕组变压器、三绕组变压器；按绕组绝缘与冷却方式分干式变压器、油浸式变压器（油浸自冷式、油浸风冷式和强迫油循环等）。[①]

1.干式变压器

具有结构简单、维护方便、防火、阻燃、防尘等特点，在国内得到了迅猛发展。根据变压器采用的绝缘材料进行分类有SF6气体绝缘干式变压器、环氧树脂绝缘干式变压器、NOMEX纸绝缘干式变压器。由于SF6气体在金属过热条件下会分解出有毒气体，目前受制造工艺水平限制，这种变压器在我国应用很少。NOMEX绝缘材料是一种高品质的E级绝缘材料，具有很低的介电常数和很好的介电强度与机械强度，对周围的湿度和温度不敏感。它在高温、低温以及在较大湿度的情况下仍有优良的性能；另外，它还有很好的阻燃性，即使在燃烧时，其烟雾中也检测不到有害物质，安全性好。

干式变压器过负荷能力与环境温度、过载前的负载情况、变压器的绝缘散热状况和发热时间常数等有关，运行单位应掌握由厂家提供的干式变压器过负荷曲线。干式变压器以空气或其他气体如SF6等作为冷却介质，一般靠自然风冷，大容量通过风机冷却。冷却方式为自然空气冷却时，变压器应在额定容量下长期连续运行。采用强迫风冷时，变压器输出容量可提高50%，可断续过负荷运行或应急事故过负荷运行。

2.油浸式变压器

根据冷却方式不同油浸式变压器有油浸自冷式、油浸风冷式、油浸水冷式和强迫油循环冷却式，工厂变电所大多采用油浸自冷式变压器。冷却方式是以变压器油作为冷却及绝缘介质，把由铁芯及绕组组成的器身置于一个盛满变压器油的油箱中，通过绝缘油在变压器内部的循环将线圈产生的热带到变压器的散热器（片）上进行散热。

干式变压器和油浸式变压器的应用范围不同：干式变压器大多应用在综合建筑内（商业中心、居民小区、高层建筑、地下室、公共场所等）和人员密集场所等对防火要求高的室内场所，安装在负荷中心区，可减少电压损失和电能损耗；而油浸式变压器由于“出事”后可能有油喷出或泄漏，造成火灾，一般安装在单独的变压器室内或室外，大多应用在室外且有场地以挖设“事故油池”的场所。根据空间来选择干式变压器和油浸式变压

①李庆. 风力发电电气设备安全管理及维护研究[J]. 内蒙古煤炭经济, 2021(12): 127-128.

器，空间较为拥挤时选择前者，空间较大时可以选择后者，区域气候比较潮湿闷热地区，常选用后者。如果使用干式变压器，必须配有强制风冷设备。

两者的容量及电压范围有区别：干式变压器一般适用于配电，容量大都在1 600 kV·A以下，电压在10 kV以下，个别也有35 kV电压等级的；大容量的油浸式变压器比干式变压器多，油浸式变压器可以从小到大做到全部容量，电压等级也做到了所有电压。一般干式变压器应在额定容量下运行，长时间连续工作时对输出电流要适当限制，所配负载以不大于变压器额定输出电流的90%为宜。而油式变压器过载能力比较好。

从外观上比较，干式变压器能直接看到铁芯和线圈，而油式变压器只能看到变压器的外壳；从引线形式来看，干式变压器大多使用硅橡胶套管，而油式变压器大部分使用瓷套管。干式变压器维护与油浸式变压器相比降低了防火、防潮要求，主保护免去了瓦斯保护，每年的预防性试验也取消了绝缘油项目，检修维护工作量比油浸式变压器减小许多。

（二）变压器结构

变压器是利用电磁感应原理，从一个电路向另一个电路传递电能或传输信号的一种电器。一般常用的变压器结构都是相似的，主要由铁芯、绕组及其他部件组成。

铁芯是变压器的磁路部分，把一次电路电能转化为磁能，又把该磁能转化为二次电路的电能。因此，铁芯是能量传递的媒介体。为了减小磁阻、减小交变磁通在铁芯内产生的磁滞损耗和涡流损耗，变压器的铁芯大多采用厚为0.35 ~ 0.5 mm，表面涂有绝缘漆的硅钢片叠装而成。铁芯必须有可靠的一点接地，叫做铁芯的正常接地。运行中变压器铁芯及其他附件都处于绕组周围的电场内，如不接地，铁芯及其他附件必然感应一定的电压，在外加电压的作用下，当感应电压超过对地放电电压时，就会产生放电现象，为了避免变压器内部放电，要将铁芯接地。变压器的铁芯若多点接地，其接地点之间会形成电流回路，造成铁芯局部过热，导致油分解而使气体继电器频繁动作，严重时会造成铁芯局部烧损。大型变压器通常采用的方法是：将铁芯的任意一叠片与上下夹件之间用绝缘隔开，并用0.3 mm厚的铜片与夹件连接好，再引到箱盖上与箱盖上的接地小套管连接好，构成铁芯的一点接地。

绕组是变压器的电路部分，它与铁芯合称电力变压器本体，是建立磁场和传输电能的电路部分，一般用绝缘铜线或铝线绕制而成。电力变压器绕组有高压绕组、低压绕组,不同容量、不同电压等级的电力变压器的绕组形式也不一样。大多数变压器,是把低压绕组布置在高压绕组的里边,这主要是从绝缘方面考虑的。因为变压器的铁芯是接地的,而且低压绕组靠近铁芯,故从绝缘角度容易做到。如果将高压绕组靠近铁芯,则由于高压绕组电压很高,要达到绝缘要求,就要很多的绝缘材料和较大的绝缘距离。这样不但增大了绕组的体积,而且浪费了绝缘材料。再者,由于变压器的电压调节是靠改变高压绕组的抽头,即改变其匝数来实现的,因此把高压绕组安置在低压绕组的外边,引线也较容易。

分接开关装置在变压器油箱盖上面,通过调节分接开关来改变原绕组的匝数,从而使副绕组的输出电压可以调节,以避免副绕组的输出电压因负载变化而过分偏离额定值。分接开关有无载分接开关和有载分接开关两种。一般的分接开关有3个挡位:+5%挡、0挡和-5%挡。若要副绕组的输出电压降低,则将分接开关调至原绕组匝数多的1挡,即+5%档;若要副绕组的输出电压升高,则将分接开关调至原绕组匝数少的1挡,即-5%挡。

油箱是油浸式电力变压器的外壳,内装满高绝缘强度、高燃点变压器油。变压器油是冷却介质,又是绝缘介质,能熄弧及延长变压器寿命。油浸式变压器的器身放置在油箱内,运行时铁芯和绕组产生的热量使变压器油在油箱内发生对流,将热量传送至油箱壁及其上的散热器,再向周围空气或冷却水辐射,达到散热的目的,从而使变压器内的温度保持在合理的水平上。

绝缘套管安装在变压器油箱盖上面,变压器的出线从油箱内穿过油箱盖时必须经过绝缘套管,以确保变压器带电的引出线与接地的油箱绝缘。

(三)变压器保护

大型变压器一般采用以下几种保护方式:瓦斯保护(保护变压器内部短路和油面降低的故障)、差动保护、电流速断保护(保护变压器绕组或引出线各相的相间短路,大接地电流系统的接地短路以及绕组匝间短路)、过电流保护(保护外部相间短路,并作为瓦斯保护和差动保护或电流速断保护的后备保护)、零序电流保护(保护大接地电流系统的外部单相接地短路)、过负荷保护(保护对称过负荷,仅作用于信号)、过励磁保护(保护变压器的过励磁不超过允许的限度)。

变压器油位标上有+40 ℃、+20 ℃、-30 ℃三条刻度线,用来表示安装地点环境温度时的油位高度限值。+40 ℃表示安装地点变压器在环境最高温度为40 ℃时满载运行中油位的最高限额线，油位不得超过此线；20 ℃表示年平均温度为20 ℃时满载运行时的油位高度；-30 ℃表示环境为-30 ℃时空载变压器的最低油位不得低于此线。若油位过低于-30 ℃刻度线，应加油。

吸湿器用以减少当变压器“呼吸”时进入储油柜内空气中的水分和灰尘杂物。吸湿器的主体为一玻璃管，内盛用氯化钴浸渍过的硅胶（变色硅胶）作为吸湿剂。当变压器由于负荷或环境温度的变化导致变压器油的体积发生胀缩，迫使储油柜中的气体通过吸湿器来“呼吸”。

气体继电器（也称为瓦斯继电器）装置在油箱与储油柜的连通管道中，对变压器的短路、过载、漏油等故障起到保护的作用。按GB50062—2008规定，800 kV·A及以上的一般油浸式变压器和400 kV·A及以上的车间内油浸式变压器，均应装设瓦斯保护。

变压器的瓦斯保护是保护油浸变压器内部故障的一种基本保护。瓦斯继电保护的主要元件是瓦斯继电器，它装在变压器的油箱和油枕之间的连通管上。

在变压器正常工作时，瓦斯继电器的上下油枕中不都是充满油的，油枕因其平衡锤的作用使其上下触点都是断开的。当变压器油箱内部发生轻微故障时，由故障产生的少量气体慢慢升起，进入气体继电器的容器，并由上而下地排除其中的油，使油面下降，上油枕因其中盛有剩余的油使其力矩大于另一端平衡锤的力矩而降落，从而使上触点接通，发出报警信号，称之为“轻瓦斯动作”。当变压器油箱内部发生严重故障时，由于故障产生的气体很多，带动流油迅猛地由变压器油箱通过连通管进入油枕，在流油经过瓦斯继电器时，冲击挡板，使下油枕降落，从而使下触点接通，直接动作于跳闸，称之为“重瓦斯动作”。如果变压器出现漏油，则会引起瓦斯继电器内的油也慢慢流尽。这时继电器的上油枕先降落，接通上触点，发出报警信号，当油面继续下降时，会使下油枕降落，下触点接通，从而使断路器跳闸。瓦斯继电器只能反映变压器内部的故障，包括漏油、漏气、油内有气、匝间故障、绕组相间短路等，而对变压器外部端子上的故障情况则无法反映。因此，除设置瓦斯保护外，还需设置过流、速断或差动等保护。

安全气道（也称为防爆管）是装置在较大容量变压器油箱顶上的一个钢质长筒，下筒口与油箱连通，上筒口以玻璃板封口。当变压器内部发生严重故障又恰逢气体继电器失灵时，油箱内部的高压气体便会沿着安全气道上冲,冲破玻璃板封口,以避免油箱受力变形或爆炸。

安全气道与储油柜用连接管连通之后,使安全气道上部的空间与储油柜油面的上部空间连通,所以两空间的气体压强相等,这样可防止气体继电器误动作。当未加连接管时,由于玻璃膜被密封,所以安全气道上部空间与外部大气压隔绝。当油温变化时,安全气道空间的空气收缩或膨胀。若油温升高,安全气道内油面会上升,这时安全气道上空间由于气体部分溶于油内,所以其空间的压力低于大气压。一旦密封破坏,此空间的压力等于大气压力,而安全气道内油压要比大气压力稍大,使油逆流至气体继电器内,造成气体继电器误动作。另外,安全气道与储油柜之间不加连接管时,由于安全气道上部空间的压力将随储油柜内油位的变化而改变,引起玻璃膜的振动,使其密封垫加速老化,导致密封被破坏。

大型变压器还应附有排油注氮灭火装置。变压器着火的主要原因有套管的破损和闪络,油溢出后会在顶部燃烧。变压器内部发生故障会使外壳或散热器破裂,导致燃烧的油溢出。变压器内部短路电流和高温电弧使变压器油迅速老化,而继电保护装置又未能及时切断电源,使故障较长时间持续存在,箱体内部压力持续加大,高压油气从防爆管或箱体其他强度薄弱处喷出造成喷油爆炸事故。对容量较大的变压器,宜安装变压器排油注氮灭火装置。

当变压器内部发生故障,油箱内部压力急剧增加,引起气体继电器跳闸动作。若变压器温度继续升高,探测器达到动作温度,其感温元件熔断,触头接通,中间继电器线圈带电,电磁机构动作,快速把排油阀打开,开始排出高温油层。在中间继电器整定延时过后,延时常开触头接通,常开触点闭合,开启阀将氮气瓶打开,氮气通过减压阀、开启阀、注氮管路进入油箱底部,迫使油箱内部变压器油循环,使油箱下部较低温度的油和顶层高温油混合,消除热油层,并使表层油温度降到闪点之下,油箱内部火焰自动熄灭。温度探测器安装在变压器顶盖上面最可能引起火灾的地方,如变压器盖上用于绕组、控制器、调节器等电接口处。关闭阀安装在瓦斯继电器和变压器油枕之间的水平连接管上,其作用是防止储油柜中的油浇到初燃的火上,加剧火势。

二、互感器

互感器包括电流互感器和电压互感器,其作用是将一次侧的高电压、大电流变成二次侧标准的低电压(100 V)和小电流(5 A或1 A),用以分别向测量仪表、继电器的电压线圈和电流线圈供电,使二次电路正确反映一次系统的正常运行和故障情况。另外互感器将二次回路与一次回路隔离,保证测量仪表、继电器和工作人员的安全。互感器将电压和电流变换成统一的标准值,可使仪表和继电器标准化。同时,互感器二次侧均接地,这样可防止当一、二次绝缘损坏时,在二次设备上发生高压危险。

(一)电流互感器

电流互感器(符号为TA)是变换电流的设备。

1. 电流互感器的工作特性

正常运行时,二次绕组与仪表、继电器电流线圈串联,形成闭合回路,由于这些电流线圈阻抗很小,工作时电流互感器二次回路接近短路工作状态。

一次绕组串联在所测量的一次回路中,一次绕组匝数少而粗,有的型号还没有一次绕组,利用穿过其铁芯的一次电路作为一次绕组(相当于1匝)。因此,一次绕组中的电流大小取决于被测回路的负荷电流,而与二次绕组电流大小无关。

二次绕组匝数很多,导体较细。运行中的电流互感器二次回路不允许开路。电流互感器在正常工作状态时,二次负荷电流所产生的二次磁势对一次磁势有去磁作用,因此合成磁势及铁芯中的合成磁通数值都不大。如果运行中的电流互感器二次绕组开路,二次绕组磁势等于零,而一次磁势不变,且全部用于激磁,此时合成磁通突然增大很多倍,使铁芯的磁路高度饱和。铁芯饱和,使随时间变化的磁通波形变为平顶波。在波形上升和下降处,因磁通急剧变化在二次绕组内所感应的电势可达几千伏甚至更高,威胁人身安全或造成仪表、保护装置、互感器二次绝缘损坏。另外,由于磁路的高度饱和,使磁感应强度骤然增大,铁芯中磁滞和涡流损耗急剧上升,会引起铁芯和绕组过热,甚至烧毁电流互感器。所以,运行中当需要检修、校验二次仪表时,必须先将电流互感器二次绕组或回路短接,再进行拆卸操作。

电流互感器的一次电流变化范围很大。

电流互感器的结构应满足热稳定和电动稳定的要求。

2. 电流互感器使用时应注意事项

电流互感器的接线应保证正确,一次绕组和被测电路串联,而二次绕组应和测量仪表、继电保护装置或自动装置的电流线圈串联。电流互感器二次绕组的接线要求:连接时注意端子极性,否则其二次侧所接仪表、继电器中流过的电流就不是设计时的电流,因而引起计量和测量不准确,并可能引起继电保护装置的误动作或拒动。

电流互感器二次回路应有一个接地点，以防当一、二次侧绕组绝缘击穿时危及设备及人身安全。但不允许有多个接地点，且接地点应尽量靠近互感器。

二次绕组不得开路，且在其二次回路中不准装熔断器。

测量仪表和保护装置不能接在同一个二次绕组上；电流互感器与电压互感器不能互相连接，否则，电流互感器相当于开路，而电压互感器相当于短路，危及设备和人身安全。

电流互感器在运行中应巡视检查，应无异声及焦臭味、连接接头应无过热现象、瓷套应清洁且无裂痕和放电声、注油的电流互感器油位正常，无渗漏油现象等。运行时如果电流互感器有嗡嗡声响，应检查内部铁芯是否松动，可将铁芯螺栓拧紧。当电流互感器二次侧线圈绝缘电阻低于10～20 MΩ时，必须进行干燥处理，使绝缘恢复后方可使用。

（二）电压互感器

电压互感器（符号为TV）是将高电压变成低电压，所以它的一次绕组的匝数较多，而二次绕组的匝数较少，相当于降压变压器。

1. 电压互感器的工作特性

工作时一次绕组并联在电路中，二次回路中仪表、继电器的电压线圈与二次绕组并联，这些线圈的阻抗很大。正常运行时，电压互感器二次绕组近似工作在开路状态。

电压互感器一次侧电压决定于一次电力网的电压，不受二次负载的影响。

运行中的电压互感器二次侧绕组不允许短路。电压互感器二次侧所通过的电流由二次回路阻抗的大小来决定，当二次侧短路时，将产生很大的短路电流损坏电压互感器。为了保护电压互感器，一般在二次侧出口处安装些熔断器或快速自动空气开关，用于过载和短路保护。

2. 电压互感器使用时应注意事项

电压互感器的接线应保证其正确性，一次绕组和被测电路并联，二次绕组应和所接的测量仪表、继电保护装置或自动装置的电压线圈并联，同时要注意极性的正确性。

电压互感器在投入运行前要按照规程规定的项目进行试验检查，如测极性、连接组别、测绝缘、核相序等。

电压互感器各级熔断器应配置适当，二次侧不允许短路。电压互感器可以在二次侧装设熔断器以保护其自身不因二次侧短路而损坏。在可能的情况下，一次侧也应装设熔断器以保护高压电网不因互感器高压绕组或引线故障危及一次系统的安全。

副边绕组连同铁芯必须可靠接地。电压互感器二次绕组必须有一点接地，因为接地后，当一次和二次绕组间的绝缘损坏时，可以防止仪表和继电器出现高电压危及人身安全。

接在电压互感器二次侧负荷的容量应合适，不应超过其额定容量，否则会使互感器的误差增大，难以达到规定的准确度等级。

第十一章 机械制造业控制系统的安全自动化技术

第一节 安全控制系统

一、安全控制系统概念

所谓的安全(控制)系统,是在开车、停车、出现工艺扰动以及正常维护、操作期间对生产装置提供安全保护的系统。一旦当工厂装置本身出现危险,或由于人为原因而导致危险时,系统立即做出反应并输出正确信号,使装置安全停车,以阻止危险的发生或事故的扩散。它包括了现场的安全信号,如紧急停止信号、安全进入信号、阀反馈信号、液位信号等,逻辑控制单元和输出控制单元。无论在机械制造领域还是在流程化工领域,安全控制系统是整个系统运转中不可或缺的一部分。①

安全控制链由输入(如传感器)、逻辑(如控制器)、输出(如触发装置)构成。从逻辑上来说,安全信号的控制功能可以采用普通继电器、普通PLC、标准现场总线或DCS等逻辑控制元器件,从表面上达到我们所需要的逻辑输出。但是,我们可以注意到,普通继电器、普通PLC、标准现场总线或DCS不属于安全相关元器件或系统。它们在进行安全相关控制的时候可能会出现以下安全隐患:处理器不规则、输入/输出卡件硬件故障、输入回路故障(比如短路、触点熔焊)、输出元器件故障(如触点熔焊)、输出回路故障(如短路、断路)、通信错误等。这些安全隐患都会导致安全功能失效,从而导致事故的发生。所以,安全控制系统就是要求能够提供可靠地控制安全输入信号,一旦当安全输入信号变化或安全控制系统中出现任何故障,立即作出反应并输出正确信号,使机器安全停车,以阻止危险的发生或事故的扩散。

安全控制系统的硬件主要采取了以下措施来达到安全要求:采用冗

①陈鼎淇.基于PLC工程的机械电气设备安全控制系统研究分析[J].科学技术创新,2021(31):8-10.

余性控制；采用多样性控制；频繁、可靠的检测（对硬件、软件、通信）；程序CRC校验；安全认证功能块。

常见的安全输入设备包括由紧急停止设备、安全进入装置（安全门开关或连锁装置）、安全光电设备（安全光幕、安全光栅、安全扫描仪）。安全逻辑部分常采用安全继电器、安全PLC和安全总线系统。

二、安全逻辑控制设备

逻辑控制设备是整个安全控制系统中最重要的一部分。它需要接收安全信号，进行逻辑分析，可靠地进行安全输出控制。在现代自动化安全控制领域中，安全系统的控制元器件有安全继电器、安全PLC和安全总线控制系统。

（一）安全继电器

安全继电器，或者称为安全继电器模块，是最简单的安全逻辑控制元器件。其特点是采用了冗余的输出控制和自我检测的功能，实现了对输出负载的可靠控制。该模块有2个安全输出触点，这两个安全输出触点在内部由来自两个不同的特殊继电器K1和K2的常开触点串联而组成。当K1出现故障的时候，K2依然可以实现安全触点断开的功能。同时，安全继电器模块可以通过内部电路进行自检，检测出外部接线故障和内部元器件的故障。

（二）安全可编程控制器

安全可编程控制器采用了多套中央处理器进行控制，并且这些处理器来自不同的生产商。这样的控制方式符合了冗余、多样性控制的要求。这是安全PLC与普通PLC最根本的区别。当一定数量的处理器出现故障后，完好的处理器依然能执行安全功能，切断所有安全输出使系统停机。导致系统停机的处理器的故障数量取决于不同的系统。如1oo2系统（2取1的系统），一旦一个处理器出现故障，系统立刻进入故障安全状态；又如，2oo3系统（3取2的系统），当一个处理器出现故障，系统并不会停机，只有在2个处理器同时出现故障的情况下系统才会停机。前者我们通常称为2重冗余系统，安全可靠性较高、可用性较低；后者我们通常称为3重冗余系统，其安全可靠性和可用性较高，但相比前者成本高。

对于信号的采集、处理和输出的过程，安全PLC都采用了冗余控制的方式。当信号进入PLC后，分别进入多个输入寄存器，再通过对应的多个中央处理器的处理，最后进入多个输出寄存器。这样，安全PLC就构成了多个冗余的通道。整个过程之中，信号状态、处理结果等可以通过安全PLC内部的暂存装置进行相互比较，如果出现不一致，则可以根据不同的系统特性，进入故障安全状态或将故障检测出来。

输入回路可以采用双通道的方式，通过2条物理接线进入安全PLC。安全PLC也可以提供安全测试脉冲，用以检测输入通道中的故障。

安全PLC的输出内部电路也采用了冗余、多样性的方式，对一个输出节点进行安全可靠控制。安全PLC可以通过两种不同的手段，即切断基极信号和切断集电极电源两种不同的方式，将输出信号由1转变为0。无论哪种方式出现故障，另外一种方式依然能完好地执行安全功能。同时，安全PLC提供了内部检测脉冲，以检测内部故障。

安全PLC的扫描时间要求为每千条指令1 ms以下。快速的中央处理功能不仅可以达到紧急停车的要求，同时能够以较短的时间完成整套系统的安全功能自检。在软件方面，安全PLC必须有可靠的编程环境、校验手段，以保证安全。这主要可以通过规范安全功能编程来实现。如Pilz的安全PLC，提供了通过认证的MBS安全标准功能块，以帮助编程人员进行合理、安全的编程。这些安全功能块经过加密，不能够修改。我们只需要在功能块的输入和输出部分填入相应的地址、参数和中间变量，即可以完成对安全功能的编程。这些MBS功能块涵盖了机械制造领域及流程化工领域的安全功能控制。

（三）安全总线控制系统

安全现场总线系统是以安全PLC、安全输入输出模块、安全总线构成一套离散式控制系统。硬件和通信的安全可靠是安全总线控制系统的可靠性判断依据。在硬件上，安全总线系统的模块都采用了冗余、高速的可靠元器件。

第二节 控制系统安全标准

一、安全相关标准简介

目前我们经常使用的机械安全标准分别来自国际（IEC、ISO）、欧盟（EN、DIN）和国家标准（GB）。国际标准以IEC 61508中的IEC 62061为代表，对机械的电气安全相关的设计进行规范和指导。欧盟标准以机械指令为法规，通过相关标准对法规进行细化。中国的机械安全标准分为强制性和推荐性标准，并无法规支撑。

由于欧盟为中国的主要机械出口区域，国内出口欧洲的机械必须符合欧洲机械指令的安全要求。因此，欧盟的标准为国内有出口需求的机械制造厂商所广泛应用。中国的机械安全标准也以EN和ISO标准为主要对口对象。

欧盟和中国的机械安全标准分为ABC三类。A类标准为基础标准，包括基本概念、设计原则和一般特性，如EN/ISO 12100，GB/T 15706；B类标准为通用分类安全标准，主要是对机械中的分类的安全功能进行规范，如控制系统安全相关标准EN 954-1、ENISO 13849-1、GB/T 16855、EN 418、GB 16754；C类标准为各类产品安全标准，主要是对各类机械的安全要求进行规范，如EN 692压力机械安全标准。

对于安全控制系统，国内的机械制造厂商主要参照以EN 954-1为主的B类标准。

二、EN 954-1的安全要求

EN 954-1是在1997年由CENTC114发布的，全称为Safety-related parts of control systems（控制系统的安全有关部分）。其中提及的Category等级的概念，在机械的安全控制自动化领域中是衡量机械危险程度或相关安全控制系统的安全程度的标准。可以依据EN 954-1，按照以下步骤设计安全控制系统：①确定机械的危险区域；②定义风险参数S、F、P；③使用风险图表确定所要求的等级；④根据所要求的等级设计和实施所要求的安全功能。

在EN 954-1的风险评估图中，S表示机械对人员的伤害的程度，S1为轻伤，S2为重伤或死亡；F表示面临危险的时间和频率，F1表示从无到经常发生，F2表示从经常发生到持续发生；P表示避免危险的可能性，P1表示在特定条件下可能避免该危险，而P2则表示几乎不可能避免危险。[①]

在此以一台折弯机为例，首先分析其危险区域为滑块下落区域。滑块下落会导致断指、断手等重度伤害，选择S2；而工作人员需要持续地将工件手动放入折弯机下进行加工，面临危险的时间较长，所以我们根据图表可以选择F2；而滑块下落极快，工作人员几乎不可能躲避此危险，根据图表选择P2。根据图，我们可以得到折弯机的危险等级为4级。

---

①俞伦信．电梯门锁电气系统的检验及失效案例分析[J]．机电工程技术，2021，50(10)：257-260．

在确定了危险等级之后，我们就要设计安全控制系统来降低风险，避免危险。所要求的安全控制系统的安全等级必须与风险评估中的危险等级一致。

根据风险评估图，分析了机器的风险，并确定机器危险部分的等级之后，就可以按照此等级进行安全控制系统的设计。

等级B要求与安全功能有关的控制电路在设计、选择和组装过程中必须使用符合基本安全准则和有关标准的安全开关电器。安全控制电路要能够承受预期的运行强度，能够承受运行过程中工作介质的影响和相关外部环境的影响。等级B是最基本的等级，其他等级都必须满足等级B的要求。

与等级B相比，等级1要求使用成熟的元器件，即在相似的应用领域有过广泛和成功的使用，或是根据可靠的安全标准制造的元器件，以及使用成熟的技术。

等级2除了要符合等级1的要求外，还必须要做到在机器的控制系统中能够对安全控制系统进行测试，在机器启动时和在危险状态出现前，必须对安全功能进行测试。

在满足等级1的要求的基础上，等级3最主要的要求是当安全控制系统中的一个元器件出现故障时，不会导致安全功能失效。但不是所有故障都可以被检测出来，累积的故障会导致安全功能失效。

等级4为最高安全控制等级。在符合等级1要求的同时，还要求安全控制系统中一个元器件的故障不会引起安全功能失效，而且故障能在下一次安全功能起作用时被识别出来，如果无法识别，要求多个故障的积累不会引起安全功能的失效。

在实际应用中，等级2很少使用。因为在等级2中，安全保护功能如果在两次测试之间出现故障，系统将无法检测到，从而有可能在安全保护功能失效时导致机械的损坏或人身伤害事故的发生。并且，等级2的控制系统中的输入和输出电路没有采用冗余的设计。IEC 61508标准规定在所有与安全相关的电子部件中应有冗余的设计，以求在线缆或器件损坏的时候只发生“安全”故障，这可以依靠系统冗余设计，而不是只依靠器件的可靠性来实现。所以大多数的工业机械都应使用等级3或等级4的安全控制系统，特别是对一些极其危险的工业机械，如切纸机械、冲压机械、注塑机械等，必须使用等级4的安全保护措施。

在该控制系统中，急停按钮S1采用双通道的冗余输入；安全模块使用了一个可以达到安全等级4级的安全继电器；输出则采用了2个强制断开结构的交流接触器KM1和KM2的冗余控制，并且这2个接触器的常闭触点作为反馈信号接入安全继电器，用以检测其故障情况。输入和输出的冗余控制，符合国际标准IEC 61508和欧洲标准EN 60204中对控制电路和控制功能的要求——采用冗余技术。控制模块使用了特殊结构的安全继电器。不同于辅助回路中的普通中间继电器，安全继电器甚至在内部出现触点焊死的故障情况下，也能够把电源安全地从负载断开。同时通过内部冗余、强制断开触点的结构以及自检测等功能，检测内部电路和外部输入和输出控制回路的故障情况。

根据EN 954-1进行安全控制系统的设计，在传感器、逻辑控制元件和触发装置这个安全链中，对于逻辑控制元件的要求最高。如果系统的安全等级要求为4级，除了考虑系统的构架之外，还必须选择通过认证公司认证的安全等级为4级的逻辑控制元件。而对于传感器和触发装置，只要求是可靠、长期通过市场验证的产品，没有任何参数指标上的限定。

这样一种安全控制系统的设计方式有一定的缺陷。假设有A和B两套一样的安全控制系统，采用同样的安全传感器、逻辑控制元件和触发装置。安全传感器的动作，通过逻辑控制元件会带动触发装置。如果A套系统的工作负荷较高。一天内安全传感器需要操动100次。根据设定逻辑，逻辑控制元件和触发装置也需要操动100次。而B系统的工作负荷较低，一天内安全传感器只需要操动一次。我们可以想象，在高强度的使用负荷下，A系统的安全生命周期比B系统短。或者可以说，在一定的时间段内，A系统出现故障的概率要比B系统高。但是根据EN 954-1，这两个系统可以达到一样的安全等级。所以EN 954-1需要更新和优化。

三、EN ISO 13849-1的安全要求

随着新兴技术的不断涌现，按照EN 954-1这种设计方法不能满足技术不断进步的要求。首先EN 954-1标准不能适用现在一些新兴技术的要求。其次，该标准主要适用气动、液压、电气和部分确定的电子产品系统，不能涵盖目前所有控制系统，特别是快速发展的电子技术相关系统。第三，使用EN 954-1是建立在一定的经验基础和条件上，对控制系统进行的评估和确定，对于新出现的控制方法则显得力不从心。第四，EN 954-1给大家提供的只是对一个系统定性的评估，没有也无法实现定量化判断系统的安全性。第五，过去的标准对于控制系统组成后的外界因素都假定是一成不变的，而没有考虑到意外因素对系统可靠性和安全性的影响。所以，EN ISO 13849-1被推出，已于2012年1月1日完全替代EN 954-1。

根据EN ISO 13849-1进行安全控制系统的设计步骤如下：①确定机械的危险区域；②定义风险参数S、F、P；③使用风险图表确定所要求的Performance Levels PLr；④设计和实施所要求的安全功能；⑤决定(achieved Performance Levels)PL,通过：等级(Category)、平均无危险故障时间(MTTFd)、故障覆盖率(DC)、共因故障(CCF)；⑥比较(achieved Performance Levels)PL和(required Performance Level)PLr。

在EN ISO 13849-1中，安全控制系统设计的第1和第2步骤与EN 954-1一致。但是，EN 954-1中的Category(等级)不会出现在风险评估图表中，取而代之的是PLr(Required Performance Level)。而Category中所标定的B、1、2、3、4则由PLr中的a、b、c、d、e替代。与EN 954-1的系统性评估不同，EN ISO 13849-1对系统的安全性可以通过PFHD(每小时危险失效概率)进行量化判断。

EN ISO 13848-1中的等级(Category)的概念和描述与EN 954-1中类似。

平均无危险故障时间(MTTFd)已经存在于其他行业很多年了，被引入机器安全控制系统领域，则是刚刚开始。该值可以是一个元件，也可以是针对一个系统的描述。通常，对单个元件，它的MTTFd由该元器件的生产者或供应商提供。在今后的产品样本和说明书中，用户都可以找到该元件对应的MTTFd值。该时间通常以年为单位，对于一个系统，可以通过分段确定每部分的MTTFd，然后计算出该系统的平均无故障时间。

需要说明的是，对于有些存在磨损的元件，使用的次数可能决定了元件首次出现故障的时间。对于这类器件，供应商通常提供的是另外一个参数Bl0d，表示每小时出现危险故障的概率。有了B10d，可以通过公式

$$MTTFd=B10d/(0.1\times Nop)$$

来折算出该元件的MTTFd。其中0.1是一个校正系数，Nop表示每小时操作该元件的平均统计次数。对于常规元器件，也可以在相关标准中找到其MTTFd或B10d值。

诊断覆盖率是进行自动诊断测试而导致的硬件危险失效概率的降低部分。诊断覆盖率可以分为4个等级。

共因失效(CCF)是一种失效，它是由一个或者多个事件导致的结果，在多通道系统中两个或者多个分离通道同时失效，从而导致系统失效。

等级(Category)、平均无危险故障时间(MTTFd)、诊断覆盖率(DC)、共因失效(CCF)为EN ISO 13849-1中的4个重要参数指标，在应用实例中将会通过这四个参数分析安全控制系统的安全性能。

第三节 安全总线系统分析

一、概述

安全控制系统由传感器、逻辑控制元件和触发装置三部分组成，构成一条安全链，其中逻辑控制元件是最为复杂和重要的部分。因为逻辑控制元件需要获取传感器的信号，在内部进行简单或复杂的逻辑运算，然后可靠地控制触发装置。可以说，逻辑控制元件是整个安全系统的心脏、大脑。

安全控制系统中的逻辑控制元件有安全继电器、安全可编程控制器和安全总线系统。安全继电器通常只需要接收单一类型信号，判断信号有误，进而控制外部触发装置。其逻辑功能比较简单，在这里不多做介绍。安全可编程控制器和安全总线系统在20世纪90年代末出现，近年来逐渐被工业控制领域广泛应用。安全总线系统是以安全可编程控制器为其主要硬件平台，以电缆或光纤为通信媒介，通过可靠、安全的通信手段，采集远程IO上的信号，进行输入输出控制。

在20世纪末，当可编程安全控制系统（安全PLC）出现后，安全总线通信就已经在工业自动化领域中应用了。一套安全现场总线系统必然由可编程安全控制系统、远程安全输入输出模块、物理通信介质和通信协议组成。通信通常是在可编程安全控制系统和远程安全输入输出模块之间进行。如果在这些通信中有未诊断的错误，则会使得受控的负载处于非定义的不确定状态，后果将可能是灾难性的。所以，安全现场总线系统整体安全性要求通信可靠、实时、无损地进行。①

最早出现的具有通信协议的安全现场总线是Safety BUS p安全现场总线。随着系统变得越来越庞大，又有不少制造商在系统范围内的通信总线上开发了专有的通信协议，支持安全现场总线通信。以上这些通过安全认证的安全现场总线，根据EN 954-1/EN ISO 13849-1可以达到Catgory4/PLe，或根据IEC 61508可以达到SIL3。这些总线支持很多类型的安全传感输入设备，如紧急停止按钮、安全光幕/光栅、安全门限位开关、激光扫描仪、双手控制按钮、安全地毯等。目前工业自动化领域用得比较多的安

①蒲天旺．电气工程中电力拖动系统自动控制与安全保护的分析[J]．电子元器件与信息技术，2021，5(1)：103-104.

全现场总线有 Safety BUS p、Profisafe、Device Net Safety。

二、基于现场总线的安全控制系统的安全要求

在机械制造领域，采用现场总线的安全控制系统，必须具有失效安全功能。当现场设备，如传感器、电缆、控制器或触发器在发生障碍、错误、失效的情况下，应该具有减轻甚至避免损失的功能，以确保人员和机器的安全，这个要求就是失效安全原则。

失效安全狭义概念是指：当设备发生故障时，能自动导向安全一方的技术；广义概念是指：当设备发生故障时，不仅能自动导向安全一方，而且具有维护安全的手段。

基于失效安全的原则，我们可以对现场总线的通信提出以下安全要求。

（一）现场总线的生存性

现场总线的生存性给出了现场总线在随机性破坏作用下的可靠性，这里随机性破坏是指组成现场总线的节点和链路自然失效。生存性实际上就是现场总线的连通性，使得在任何时刻都可以传送安全信息，因此它是实现现场总线故障安全传输的基本保证。当由于物理原因导致总线介质损坏，安全信息无法传达的时候，这个基于现场总线的安全控制系统必须做出正确的动作，使得机器处于安全的状态（如紧急停车），以保证人和机器的安全。

（二）安全信息传输的完整性

现场总线安全信息传输的完整性，是指现场总线在自身存在故障或外界干扰的条件下，总能以极高的概率将安全信息从源端正确地传输到宿端。

（三）安全信息传输的实时性

现场总线安全信息传输的实时性是指现场总线在自身存在故障或外界干扰的条件下，总能以极高的概率保证在一个可预知的有限时间内完成安全信息的正确传输。为了保证整个现场总线的实时性，还必须满足下列三个时间约束：

应当限定每个节点每次取得通信权的时间上限值。若超过此值，则立即释放通信权。约束条件可以防止某一节点长期占有现场总线而导致其他节点的实时性恶化。

应当保证在某一固定的时间周期内，现场总线的每一个节点都有机会取得通信权，以防止个别节点因为长时间得不到通信权而使其实时性

太差甚至丧失。

对于紧急任务，当其实时性要求临时变得很高时，应当给予优先服务。对于实时性要求比较高的节点，也应当使它取得通信权的机会比其他节点多一些。如果能采用静态(固定)的方式赋予某些节点较高的优先权，则将使紧急任务及重点节点的实时性得到满足。

(四)安全性信息传输的可测性

现场总线故障安全传输的实质就是实现安全信息的完整性和实时传输性，而现场总线传输的可测性就是指它能以极高的概率在一个预知的有限时间内检测到崩溃、遗漏、瑕疵和超时等失效，并能在预知的有限时间内进行校正。如果不能校正，通信控制器能以最小的执行时间和最高的概率成功地向主机报告失效。

三、数据安全的常用原则

现场总线系统可以通过发送器的故障检测和重复发送作为标准的方式来保证数据传输的安全性。可以通过发送冗余信息来进行故障检测:

每一个字符提供一个校验位是最为简单的故障安全的原则。

通过冗余循环校验码(CRC)保证数据安全(如Profibus)。

循环的测试顺序(如Safety BUS p、INTERBUS、CAN)。

其他的故障检测措施如微监控(如Safety BUS p、ASI、CAN)。

第四节 安全控制系统的实现

一、Safety BUS p的硬件平台

在Safety BUS p总线系统中，有三种类型的节点，分别是管理设备(MD)、逻辑设备(LD)、IO设备(I/OD)。PSS(programmable safety systems)可编程安全系统包含了这三种类型的节点。这些设备可以通过Safety BUS p组态或通过应用程序激活。

PSS可编程安全系统是采用了冗余结构的PLC。其CPU由三个不同的处理器组成。PSS的类别可以包括模块化构架、紧凑型构架。

处理器A的运行速度最快，需要运行安全部分和非安全部分的程序。在各个处理器完成程序任务之后，进行同步，然后向输出寄存器输出结

果。每一个循环中，处理器都需要运行动态实施自检，以确保本系统的安全可靠性。

（一）Safety BUS p 管理设备

管理设备是每一个 Safety BUS p 总线系统的核心。它是一个负责管理总线的逻辑设备单元。在 Safety BUS p 系统中，管理设备是来自 PSS 系列可编程控制系统中的设备，如 PSS SB 3006-3DP、PSS SB 3000/3100 等。通常，一个 Safety BUS p 总线系统中必须有一个管理设备。

管理设备的功能：构建总线通信，并且设置通信速率；使用组态工具配置所有的总线节点；在 Safety BUS p 总线系统中，对所有连接在总线上的节点进行连接检测；启动 I/O 组群；管理所有在总线系统中备案的故障的错误堆栈；准备诊断信息 Prepares diagnostic information；分配 I/O 设备地址。①

（二）Safety BUS p 逻辑设备

逻辑设备作为 Safety BUS p 总线系统中的一个节点，能够处理来自 I/O 设备的信息。至少需要一个逻辑设备在总线系统中执行控制功能。

逻辑设备的功能：在操作过程中，对本设备分配的 I/O 设备进行连接检测；评估所有 I/O 组群中的输入信息；对信息进行逻辑处理；对本设备所分配的 I/O 组群中的输出进行控制。

（三）Safety BUS p I/O 设备

I/O 设备是总线系统上的从站，不带有自我的信息逻辑处理能力。一个 I/O 设备可以是总线上的物理输入和输出模块。这些模块安装在现场，就近连接至现场传感器和触发装置。在 Safety BUS p 总线系统中，I/O 设备也可以是虚拟的输入/输出。这些虚拟的输入/输出由一个智能控制器（如 PSS）通过应用程序驱动。在这种情况下，逻辑设备读写这些虚拟 I/O 的内存，如 PSS 的数据块。

物理的 I/O 设备：数字输入模块（光幕）；数字输出模块（阀）；数组输入和输出模块（PSS SB DI808 或 PSSu）。

虚拟 I/O 设备：数字输入和输出模（PSS SB 3000/3100）}34}L35]。

二、Win pro 编程软件

Win pro 是 Pilz 开发的用于 PSS & Safety BUS p 安全系统的编程软件。

---

①张爱琴．电力系统及其自动化技术的安全控制问题和对策[J]．现代制造技术与装备，2020，56（11）：189-190.

该软件可以用于安全和非安全相关部分的编程、网络组态、地址分配、系统配置、诊断等功能。

(一)编程界面

由于是安全相关部分的编程,要求安全与非安全部分之间没有任何反馈。所以,Win pro提供了两种界面的编程,分别用于非安全与安全应用:灰色界面的为非安全相关部分的编程;黄色界面的为安全相关部分的编程。进入安全相关部分编程界面需要输入密码。非安全部分的程序不能够直接影响安全部分的程序。两部分之间可以通过特殊的变量进行数据交换。

(二)编程

Win pro提供了多种编程语言:语句表、梯形图和功能块。程序结构以OB、PB、FB、DB和SB的方式实现。OB是组织结构块,也可以成为主系统块。每一个程序必须有相应的OB块。PB是程序块,用于存放用户程序,可以在OB中被调用。FB是用户定义功能块,可以被调用。DB是数据块,用于存放数据信息。SB是标准功能块,是专门开发的、通过安全认证的功能块。

为了保证安全相关功能的编程安全,必须使用SB块。SB块能够在OB、PB中被调用,编程人员只需要输入相应参数和地址,就可以实现安全功能的编程。如针对紧急停止按钮的功能块SB61。在功能块左端,SB61提供了功能块序号、复位信号、紧急停止按钮地址、复位设定等输入参数。在功能块右端,SB61提供一个输出参数。输入参数和输出参数之间的逻辑关系,在SB61内部已经编译完成,无须编程人员考虑。这样,就可以保证不同的编程人员对安全功能编译的安全性。

三、Safety BUS p的网络组态

在Win pro中可以非常方便地通过Safety BUS p Configuration对网络进行组态。需要对Safety BUS p进行以下组态。

选择硬件模块:包括管理设备、I/O设备。

对所选择的设备进行地址分配:Safety BUS p规定地址范围为32至95,其中地址32为管理设备的地址。I/O设备可以分配33至95的不同地址。

分配组群:为了达到高的可用性,Safety BUS p提供的组群分配功能可以将不同的设备划分至不同的组群。系统最多可以分配64个组群。当本

组群中的某个设备出现的问题,仅导致本组群内的设备停止运行,而不影响其他组群的正常工作。

网络参数设定:包括通信速率、事件响应时间、循环检测时间等。

第五节 安全自动化技术应用

一、安全自动化技术在汽车制造业的应用

在汽车制造业中有冲压、焊装、涂装、总装和动力总成几大工艺。其中,冲压车间是这几个工艺中最危险的。所以安全自动化技术在冲压车间的应用最多,要求也最高。

一条冲压生产线一般由5至6台压机顺序组成。压机与压机之间由机械自动化装置连接,进行加工件的传递。这些机械自动化装置通常由机器人手臂组成。加工件在第一台压机完成冲压成形之后,由机械手传递至下一台压机,完成第二次冲压成形。以此类推,从最后一台压机运送出来的加工件就是目标成形产品。这样的一条高速冲压生产线,对自动化的要求非常高。由于其复杂程度高,在保证工艺功能的同时,还必须保证生产线的安全性。其安全性就是要保证生产线在生产运行、调试、清洗、维修过程中,不会对工作人员造成任何的伤害。通常,机器生产商或系统集成商会采用各种各样的安全保护功能来提高冲压生产线安全性。

(一)紧急停止装置

为了消除直接的或即将出现的危险,压机生产线中的每一个操作台、每一个现场电箱上必须装有紧急停止装置。紧急停止功能可以通过一个或多个紧急停止装置来实现。在实际使用过程中,紧急停止装置只能被作为机器设备附加的预防危险的措施,而不能用来取代必需的安全保护装置,也不能用作自动的安全装置。

紧急停止装置有一个特殊的要求,即在给出紧急停止的命令信号之后,控制装置的操动头必须能够通过预先设置在内部的机械结构来自动运动到切断位置。这就意味着只有那些内部具有弹簧结构,在操动力达到了压力点之后,能够自动锁定的装置才能满足这个要求,而那些通过内部升起动作来实现锁定功能的装置则不能满足这个要求。

紧急停止装置是为了在机器设备的控制过程中,能够更好地防止无

意之中的重新启动。在使用传统的控制装置时存在着一定的危险因素，即操动头很容易动作，不需要锁定和触发一个紧急停止信号。在这种情况下，对启动按钮的错误动作将会导致无意之中的，甚至可能是危险的重新启动，因为没有锁定功能，紧急停止设备的安全触点将不会再保持断开状态。

除了对颜色、形状的要求外，EN 418—1992标准中，还对紧急停止装置进行如下规范。

控制装置及其操动元件应该应用肯定的机械动作原理；在操动元件动作后，紧急停止装置应该可以消除机器设备的危险动作，或是自动地以最有可能的方式降低危险；紧急停止装置的操动元件动作后，在产生一个紧急停止命令信号的同时，应该使控制装置锁定在停止状态，这样，当操动元件恢复原状后，紧急停止命令信号仍将保持，直到控制装置被复位（解锁）。在紧急停止命令信号没有产生时，不允许使控制装置处于锁定状态。在控制装置出现故障的情况下，产生紧急停止命令信号的功能应该比锁定功能具有优先权。

在控制装置处于动作期间，由紧急停止命令信号产生的机器设备的安全状态应该不会被无意更改。

在产生紧急停止信号后，机器设备可以有停止类别0或1两种形式，因此紧急停止应该具有如下功能：符合停止类别0，也就是通过立即切断机器设备动作元件的工作电源使机器设备停止下来，或者是使机器设备的危险部件与它们的机械操动元件之间形成机械脱离，如果有必要的话，产生不受控制的制动；符合停止类别1，也就是机器设备的动作元件在通电的情况下其停止过程受到控制，在达到停止状态后再切断其工作电源。

（二）安全门防护设备

为了防止人员在压机内遇到危险，可以采用多种方法，安装可移动的防护门是其中非常普遍的一种。设计压机生产线的防护门时，应该能够做到在机器的危险运动停止之前，或其他危险因素被排除之前，工作人员无法进入危险区域。安全门开关和电磁开关锁可以用来对可移动的防护门进行位置监控和锁紧。安全门开关和电磁开关锁最大的特点是，具有一个单独的分离式的操动件（也可称为插片或操动钥匙）。

二、安全自动化技术在钢铁制造业的应用

在钢铁行业中，不论是冷轧生产线，还是整卷钢板的开卷、剪裁、再卷等生产过程都会对操作人员造成伤害。以济南钢铁集团冷轧厂为例，

热轧带钢作为原料，进入酸洗流水线。由于热轧带钢经过轧制和冷却后在表面形成一层氧化铁皮，必须在冷轧之前进行酸洗以清除掉这层氧化铁膜，露出新鲜干净的带钢基体金属表面。带钢经过酸洗线之后，就被传送至冷轧设备，被加工至客户所要的厚度。然后，经过退火工序，令钢带内部晶体结构重组，使钢带的韧性得到增强。最后经过平整流水线，消除带钢表面的凹凸不平现象后，得到成品。整个生产过程中，冷轧流水线的工艺最为复杂、安全性要求最高。在轧制过程中，工作人员或调试人员需要在现场进行检测、设定、调试、润滑、清洗、手动装载和故障排除等操作。在这些操作过程中，带钢的开卷、再卷、乳酸液喷射、换辊、钢卷小车移动、X射线测厚以及轧制过程等都可能对工作人员或调试人员造成碾压、碰撞、冲击、切割、缠绕、拖拽、灼伤、辐射等伤害。所以，必须采用安全保护和控制设备，来减少机器的风险，保护人和机器的安全。

现场分为15个安全区域。在现场的各个操作区域，都装有紧急停止按钮，用以终止机器异常的工作状况。在安全区城6和7——轧机冷轧区域，采用卷帘门进行保护，防止高速运转的工作辊和高速移动的钢带对人员的伤害。当进梁上钢卷移动的时候，使用安全地毯和安全门，以确保处于该危险区域的人员的安全。模式转换开关和使能按钮的组合使用，保证轧机在正确的生产流程下运行。在工作区域，当有危险动作出现的时候，必须可靠地发出声光报警。以上安全功能必须由可靠的安全系统进行控制，经过逻辑运算后，执行安全的输出，控制电机的运转或伺服系统。

所有的安全输入输出点多达700个，并且分散分布在地下油库、乳酸区、轧机工作区、主控操作区域等。显然，采用集中式的控制系统是不合适的。所以，在该条生产线中，使用了Pilz的Safety BUS p安全总线系统，进行离散的安全自动化控制。

现场的安全信号直接进入安全远程I/O模块。安全I/O模块通过Safety BUS p，与主站PSS SB 3000可编程安全控制器进行安全数据交换。安全PLC在进行安全控制的同时，通过Ethernet通信扩展模块进入Ethernet，与控制液压、乳酸部分的普通PLC以及人机界面、TCS等工艺控制或诊断部分进行数据交换。

系统中使用安全功能块保证了安全相关功能编程的可靠性。如SB63紧急停止功能块、SB66安全门功能块、SB67输出反馈监控功能块，以及针对LOTO功能的SB173和SB174功能块。

在钢铁工业中，人员需要经常进入机械工作区域进行维修、清洗和调试的工作。而钢铁工业中的机器控制功能非常复杂，在人员进入危险的机械工作区域时,为了保证机器不会意外启动,需要增加额外的安全保护手段,保护人员的安全。LOTO功能即为实现这一目的的安全保护功能。

参考文献 REFERENCES

[1]田怀青.电气工程自动化中的问题与应对措施分析[J].集成电路应用,2022,39(4):84-86.

[2]曹淑童.电气自动化系统中的继电保护安全措施分析[J].集成电路应用,2022,39(2):244-245.

[3]陈鼎淇.基于PLC工程的机械电气设备安全控制系统研究分析[J].科学技术创新,2021(31):8-10.

[4]陈帆.关于矿山电气安全管理与技术研究[J].冶金管理,2022(7):43-45.

[5]陈光柱.机床电气控制技术[M].北京:人民邮电出版社,2013.

[6]高莹.铝电解多功能机组安全控制的发展[J].有色设备,2020,34(3):8-11.

[7]高云聚.自动化控制技术在仪器仪表中的应用[J].集成电路应用,2022,39(4):286-287.

[8]郝强.发电厂中的自动化技术应用[J].集成电路应用,2022,39(4):272-273.

[9]李慧.PLC在煤矿电气自动化过程中的应用研究[J].矿业装备,2022(2):4-5.

[10]李磊,胡勇.石油化工电气工程的安全管理策略[J].中国石油和化工标准与质量,2021,41(20):67-68.

[11]李庆.风力发电电气设备安全管理及维护研究[J].内蒙古煤炭经济,2021(12):127-128.

[12]李吴荣.PLC技术在电气自动化设备中的应用[J].集成电路应用,2022,39(4):242-243.

[13]梁国美.铜冶炼设备圆盘浇铸机组电气自动化控制设计[D].南昌:南昌大学,2019.

[14]刘嘉玮.电气自动化在电气工程中的应用探究[J].矿业装备,2022(2):102-103.

[15]刘小龙.浅析化工企业电气工程的安全管理策略[J].石河子科技,2022(3):47-48.

[16]刘月波.基于PLC的化工自动化控制系统设计和实现[J].科技资讯,2022,20(14):70-72.

[17]罗金博.电气自动化仪表工程的安装调试技术研究[J].造纸装备及材料,2022,51(3):64-66.

[18]米捷.PLC技术在电气工程及其自动化控制中的应用分析[J].中国设备工程,2022(7):185-186.

[19]欧娟娟,段向军,王春峰.基于PLC技术的电气设备自动控制系统[J].淮阴师范学院学报(自然科学版),2022,21(2):132-137.

[20]蒲天旺.电气工程中电力拖动系统自动控制与安全保护的分析[J].电子元器件与信息技术,2021,5(1):103-104.

[21]舒冬梅.化工厂电力线路和电气设备及其消防安全检查控制[J].化工管理,2021(2):129-130.

[22]宋宗发.瑞龙煤矿综放工作面机电设备管理分析[J].能源与节能,2022(3):207-208.

[23]孙庆峰.工业自动化PLC控制的应用与调试研究[J].南方农机,2022,53(12):144-146.

[24]王杰.数字化矿山系统及智能化在矿井中的应用[J].矿业装备,2022(2):194-195.

[25]吴官韬.探讨电气自动化技术在水处理中的应用趋势[J].技术与市场,2022,29(3):104-105.

[26]吴铭莉.架空输电线路电气施工安全管理思考[J].科技创新与应用,2020(30):183-184.

[27]谢飞久.水利工程电气自动化系统防雷技术探讨[J].长江技术经济,2022,6(Suppl.1):56-58.

[28]熊锐.火电厂电气控制系统设计与应用[D].南昌:南昌大学,2020.

[29]许福鹿,蔡长春.基于六大协同安全管理的变电设备运维提升策略研究[J].农电管理,2021(12):58-59.

[30]杨馥华.电气自动化专业实训教学方法创新与实践[J].电气电子教学学报,2022,44(2):188-190.

[31]姚佳兴.电气自动化在水利水电工程中的应用分析[J].长江技术经济,2022,6(Suppl.1):119-121.

[32]俞伦信.电梯门锁电气系统的检验及失效案例分析[J].机电工程技术,2021,50(10):257-260.

[33]岳鹏飞.人工智能技术在电气自动化控制中的应用分析[J].电脑知识与技术,2022,18(8):83-84.

[34]张爱琴.电力系统及其自动化技术的安全控制问题和对策[J].现代制造技术与装备,2020,56(11):189-190.

[35]张桂林.有关钢铁冶金电气自动化控制技术的创新探讨[J].中国金属通报,2022(3):58-60.

[36]张银.电气工程安全风险的排除案例分析[J].电子技术,2022,51(2):238-239.

[37]赵春燕.海洋石油钻井平台设备安全管理探讨[J].化工管理,2021(21):191-192.

[38]赵榕.电气自动化控制技术在煤矿生产中的应用探讨[J].矿业装备,2022(2):6-7.

[39]赵三虎.电气工程及其自动化的质量控制与安全管理[J].石河子科技,2022(2):11-12.

[40]朱三妹.电子信息工程技术的应用和安全管理[J].电子元器件与信息技术,2021,5(9):169-170.

[41]朱晓斌.浅谈海洋石油平台钻修机防爆电气设备管理[J].电气防爆,2022(1):33-36.